松辽流域水资源保护系列丛书（四）

黑龙江省典型河湖水生态监测、评价与修复关键技术

郑国臣　张静波　冯玉杰 等　著

科学出版社

北　京

内 容 简 介

本书通过调查黑龙江省典型河湖水生生物情况，构建黑龙江省典型河湖水生态风险预警系统，开展黑龙江省典型河湖水生态监测、评价与修复技术，探讨黑龙江省水生态文明建设思路等。主要内容包括：河湖水生生物监测方法及规程、黑龙江省典型湖库水生态调查、黑龙江省典型河流水生生物调查、嫩江流域典型区域水生态风险评价、嫩江流域示范区水生态风险预警与决策、叶绿素a测定方法的研究实验、低污染水源生物菌剂的构建及其应用和黑龙江省水生态文明建设。

本书可供生态水利领域从事水生态文明建设研究等的科研人员及管理人员参阅，并可用作大专院校有关专业教师、研究生的参考书。

图书在版编目（CIP）数据

黑龙江省典型河湖水生态监测、评价与修复关键技术 / 郑国臣等著. —北京：科学出版社，2016.6

松辽流域水资源保护系列丛书（四）

ISBN 978-7-03-048679-0

Ⅰ. ①黑… Ⅱ. ①郑… Ⅲ. ①河流-水环境-环境监测-黑龙江省②河流-水环境质量评价-黑龙江省③湖泊-水环境-环境监测-黑龙江省④湖泊-水环境质量评价-黑龙江省 Ⅳ. ①X832②X824

中国版本图书馆 CIP 数据核字（2016）第 131697 号

责任编辑：张 震 孟莹莹/责任校对：刘亚琦

责任印制：张 倩/封面设计：无极书装

科学出版社 出版

北京东黄城根北街 16 号

邮政编码：100717

http://www.sciencep.com

文林印务有限公司印刷

科学出版社发行 各地新华书店经销

*

2016 年 6 月第 一 版 开本：720×1000 1/16

2016 年 6 月第一次印刷 印张：16 1/2 插页 6

字数：295 000

定价：99.00 元

（如有印装质量问题，我社负责调换）

编著委员会名单

主　任：

郑国臣　（松辽流域水资源保护局）

张静波　（松辽流域水资源保护局）

副主任：

冯玉杰　（城市水资源与水环境国家重点实验室

哈尔滨工业大学）

周绪申　（海河流域水环境监测中心）

刘冰峰　（城市水资源与水环境国家重点实验室

哈尔滨工业大学）

参加编写人员：

官　涤　（哈尔滨工程大学航天与建筑学院）

金　羽　（东北农业大学资源与环境学院）

邵文彬　（松辽流域水资源保护局）

吴　戈　（水利部综合事业局）

张继民　（松辽流域水资源保护局）

戴　欣　（松辽流域水资源保护局）

前　言

水在生态系统中居于中心地位。水生态监测及评价是水生态保护的关键和基础，也是确保水生态安全、分析水体变化趋势的前提。由于水生生物是生态环境的重要组成部分，直接反映了环境变化对生物的危害程度，有效实现水环境监测目的。因此，开展水生生物的监测势在必行。水生生物评价法的优势如下：①理化指标的监测只能在特定条件下检测水环境中污染物的类别和含量，而生物监测可以反映出多种污染物在自然条件下对生物的综合影响；②理化监测只能代表取样期间的污染情况，而在一定区域内生活的生物，却可以将长期的污染状况反映出来；③与理化监测相比，生物监测更具多功能性，因为一种生物可以对不同的污染物产生反应而表现出不同症状，可以有效简洁地辨析污染物类别及来源；④生物处于生态系统中，通过食物链可以把环境中微量有毒物质予以富集，当到达该食物链末梢时，可将污染物浓度提高数万倍，因此，通过对富集污染物后的生物进行监测，能更好地评价河湖的健康水平；⑤某些监测生物对一些污染物非常敏感，它们能够对微量污染物产生反应，并表现出相应受损伤的症状。

河湖生态监测采用生物学方法评价河湖的健康水平，由于污染与非污染因子综合影响生物群落的结构、功能，单一的生物学方法很难准确地反映河湖的健康状况，必须采用多种生物评价指数，遴选出适合的生物指数，并结合种群、个体生态学、理化监测资料等进行环境生物学的综合分析。水生生物监测要对结果进行时间和空间的综合分析，还要加强生物多样性指标、富营养化问题、水生态调控机理、水生生物毒理学等方面的研究。在实际水环境中，污染物之间的相互作用复杂，多种污染物自身的含量低，更多的生态破坏是由复合污染造成，故应注重对污染物的联合作用的毒理研究。通过了解其联合毒理效应和致毒机理，确定复合污染物组分间的联合或相互作用的剂量范围等。流域中污染物种类众多，研究清楚所有污染物的生态毒理效应和相互作用是一项艰巨的工作，而污染物的作用方式直接影响了复合污染物的生态毒理效应，故可以考虑进行污染物的分类管理。同时，不断出现的新型污染物已经对水环境造成影响，对新型污染物的生态毒理的研究将基于化学和生物学新型分析测试手段的进步与发展。

黑龙江省历来被认为是资源大省，环境良好、发展潜力大。中华人民共和国成立以来，黑龙江省为国家输出了大量的资源和商品，为国家提供了七分之一的商品粮、五分之二的原油、十分之一的煤炭和三分之一的木材。在发展经济的同时，由于采用粗放经营和掠夺式经营方式，黑龙江省的生态环境受到极大的破坏，特别是河湖水生态环境退化日趋严重，河湖生态健康评估受到广泛关注。目前，黑龙江省主要河湖水生态文明建设处于推进发展阶段，亟待开展生态文明建设，走上健康发展轨道，使经济、生态、社会复合系统进入良性循环，为我国水生态文明建设提供科学的方法和新的思路。

本书由郑国臣、张静波统稿，冯玉杰、周绪申、刘冰峰主笔。

主要内容和分工如下：

第 1 章绪论由郑国臣、张静波编写；

第 2 章河湖水生生物监测方法及规程由刘冰峰、冯玉杰编写；

第 3 章黑龙江省典型湖库水生态调查由周绪申、张静波、邵文彬编写；

第 4 章黑龙江省典型河流水生生物调查由周绪申、刘冰峰、郑国臣编写；

第 5 章嫩江流域典型区域水生态风险评价由冯玉杰、金羽编写；

第 6 章嫩江流域示范区水生态风险预警与决策由官涤、张继民、吴戈、邵文彬编写；

第 7 章叶绿素 a 测定方法的研究实验由官涤、戴欣编写；

第 8 章低污染水源生物菌剂的构建及其应用由郑国臣、吴戈、邵文彬编写；

第 9 章黑龙江省水生态文明建设由金羽、张继民、戴欣编写。

感谢吉林大学王宪恩教授、中国科学院地理所李怀博士的帮助；感谢东北电力大学建筑工程学院郭静波老师以及张崇军等硕士研究生为本书的编写所做的大量工作；感谢部分专家、学者和管理人员提出的宝贵建议。特别指出的是，本书得到水利部 948 项目“水生态风险监控系统技术引进”（201416）、国家杰出青年科学基金项目（51125033）的支持。由于作者水平有限，书中难免存在错误，望广大读者给予批评指正。

作 者

2016 年 3 月

目　　录

1 绪　论

目前，我国河流、湖泊和水库等水生态问题依然严重，水生态监测与评价是水生态保护的关键和基础，也是确保水生态安全、分析水体变化趋势的前提。水生态是指水环境因子对水生生物的影响和水生生物对各种水分条件的适应。水生生物是生活在各类水体中的生物的总称。水生生物主要包括微藻类以及水生高等植物、底栖生物和鱼类等。近年来，黑龙江省河湖生态监测开展频繁，如何评价河湖生态健康水平、提高河湖生态修复关键技术成为黑龙江省河湖管理中迫切需要解决的问题。

1.1 河湖水生态监测的意义和目的

水生生物的调查给河湖生态监测提供了一个测量方法，以解决生物完整性相关联的需求，整合比直接测量评估有更大空间和时间尺度的化学和物理胁迫因子，如丰度、年龄结构、生物量信息，也可以提供信息并加强评价。生物区也整合了多重胁迫在空间和时间上的影响，针对人为胁迫因子（人口密度、陆地覆盖、入河排水口、河岸环境、大坝等）展开调查。淡水生物学最初是研究水生生物的分类检索和形态特征，在水生生物营养动力学理论发表以后，水生生物学就越来越跳出原来水生动物、植物和微生物分类学的圈子，趋向于以生态系统作为指导原则来研究水域生态系统的结构和功能。生态系统的健康受到人为因素和自然因素的制约，如污染物排放、过度捕捞、围湖造田、水土流失、外来物种入侵、水资源不合理利用、水灾、河流改道、地震、病虫害爆发等。一般用自然生态系统的指示类群来监测生态系统健康，即依据生态系统的关键物种、特有物种、指示物种、濒危物种、长寿物种和环境敏感物种等的数量、生物量、生产力、结构指示、功能指标及其某些生理生态指标来描述生态系统的健康状况（唐克旺等，2013）。

美国、澳大利亚、南非和英国等国家先后开展了河湖生态调查，并建立河湖健康评价的技术方法。美国环境保护局编制了快速生物评估草案和水生生物栖息地评估手册。澳大利亚政府开展“国家河流健康计划”，提出了河流评价体系、溪流状态指数等。南非水事务及森林部发起了“河流健康计划”，发展了河流栖息地综合评价体系。英国提出河流保护评价系统，并构建一种评价河流健康状况的技术方法；还以 RIVP ACS 为基础建立河流生物监测系统。美国率先启动了长期生态研究计划，美国长期生态研究网络的发展不断完善，因其深刻认识到生态学研究的长期性和网络化发展的重要性，长期生态研究网络的主要任务为生态系统观测、研究和优化管理模式示范，具体任务包括：①按统一规范对山林、草地、荒漠、沼泽、湖泊和河流生态系统的主要环境因子和生物群落及其基本生态过程进行长期观测，定期提供主要类型生态系统的动态信息；②全面、深入研究主要生态系统的结构、功能和动态特征及管理途径、方法；③提供生态系统优化管理的示范样板；④向流域机构提供关于水生态、环境的科学依据（左其亭，2013）。美国《清洁水法》认为河流保护的目标是维持河流生态系统的生物完整性。另外，评价方法还有表述生物种群或群落在生态系统内物质转移及能量流指标、生物个体或群体的几种化合物或元素的残留量等。

1.2 河湖水生生物监测主要内容

1.2.1 生境评价

生境涉及物理和化学环境及生态系统生物交互作用的各个方面，影响着水生群落的结构和功能。改变生境的结构被认为是对水生系统的主要胁迫，这导致生物完整性的丧失。生境评价的主要内容包括：对位点的常规描述、物理特性和水质评价以及河岸生境质量的感官评价。通过特征性地选择与物理结构的系统评价相关联的物化参数，完成对大型河流生境质量的评估。生物类群是生物监测项目的核心，因为其提供了一个与生物完整性相关的直接生物环境测量，生物区整合了多重胁迫在空间和时间上的影响。水环境哨兵提供了一种在时间或空间上可变的胁迫的方法。多种分类类群已经被应用到生物监测中，如藻类、浮游动物、大型无脊椎动物和鱼类等（孟伟等，2011）。

1.2.2 理化生境质量

生境与生物多样性有着密切的关系，生境的减少或损坏是对生物区的重要胁迫。生境评价方案多种多样，旨在描述河湖的生物区生境环境的高度定量方法，为了给生物区和独立生境分级而使用的定性方法。物理生境由河流环境结构特征组成，评估物理生境质量主要是为了描述潜在驱动力、使用生物学模式作为最终生态环境测量。生物数据并非独立收集，也伴随着许多物理和化学的测量。这些数据是关键的评价要素。许多化学测定常常伴随着生物采样进行，包括溶解氧、电导率、浊度、pH、营养盐等的测定。其分析成本低，是常规监测的一部分。另外，近年来非常规的化学监测也越来越受到重视，如重金属、农药、杀虫剂、内分泌干扰物以及抗生素等新兴污染物。

1.2.3 遥感应用于生境评价

遥感数据是指由传感器搜集的目标光谱质量上的数据。对于生境评价，遥感数据往往有三个来源：人造卫星图片、航空摄影图片或红外图片。所收集的图像用于建立流域土地利用和土地覆盖数据层的GIS数据库，也被用于测量许多内河生境的参数。遥感技术正越来越多地被用来收集数据和分析环境要素。图像特性决定了图像在收集生境和流域数据上的效率。遥感信息对河湖的生境评价有着独特的用途，因为这种系统的大小更有利于广泛的空间分析。遥感是一项重要的附加工具，能有效、安全和廉价地表现大空间范围的许多重要的生境特性。随着技术的进步与发展，遥感在河湖水生态评价项目中的应用会不断增加（刘永等，2012）。

1.2.4 水文变更

当开展农业灌溉和水力发电时，大坝和河流改道引起了蓄水的富营养化，改变了水文行为。这些变更可能给外来入侵物种创造理想的生境、降低河道复杂性或完全消除一些水生环境。种类分布、丰度和竞争性的交互作用都依赖于自然流动体制。人类干扰和生物响应的生态观点需要考虑到人类行动怎样直接和间接地影响河流的流量。许多人类干扰直接通过引发过多的沉降来改变河道。人类通过疏浚、湿地和漫滩区排水、河道拉直，甚至积极的河道填充和开发来直接改变河道。这些活动用于导航、防洪及河岸线的开发，在执行中伴随着额外的生境胁迫。

1.2.5 非自然干扰

目前，解决非点源污染的效率仍不太高，这些污染已经成为河湖生态系统污染的主要来源，并且很难管理。由于人类的干扰，已经改变了全球范围内的生态系统，并将陆地覆盖量定为任何生态系统环境研究的必要组成。由人类引起的大型河湖的主要变化有三类：陆地使用变更、直接水文变化和河道变更。因此，大型河湖的评价包括对水体受干扰历史的粗略调查，导致生态环境胁迫的生境内变化就能够与其联系起来。

1.3 我国河湖水生态调查研究现状

1.3.1 关于水生生物的生态因子的研究

近年我国关于水生生物的生态因子的研究包括：①水中污染物在微生物铁载体与铁离子共存情况下的光化学转化机制；②淡水绿藻对典型环境雌激素类内分泌干扰物的去除机制；③氮浓度升高对湖泊中螺类-附着藻类-沉水植物关系的影响及其机理；④多环芳烃/表面活性剂复合污染体系对小球藻生长的影响及机制；⑤重金属与有机弱酸碱类污染物复合体系对水生生物的联合毒性及作用机理；⑥紫外线对热带珊瑚礁海区浮游藻类光合作用的生态效应；⑦典型河口区外源磷的迁移转化及其对藻类生长的影响；⑧典型药物与个人护理品在水生生物体内的吸收、转化和净化代谢过程；⑨底栖藻类对浅水湖泊沉积物/水层磷循环的调节过程及机理（基于放射性同位素示踪研究）；⑩内源磷的非常态释放及其与水生生物的关系等。

1.3.2 关于水生生物区系分类方面的研究

针对不同的研究目的，选择合适的指示物种进行生态评价是获得可靠评价的基础。指示物种在某种特殊环境条件下很敏感，因此可作为环境变化的早期预警指标。有些指示物种的出现可以表明其他物种的存在，其缺失则表明了整个种群的缺失。指示物种在一个生态系统的出现或消失都会导致其他物种的多度和出现率发生重要变化；另外，指示物种构成了一个地区的大部分生物量或个体数量的优势物种，能反映生态压力影响的效果。一般来说，选择指示物种的原则包括：指示物种必须对被评价的环境条件非常敏感；指示物种必须能准确地对目标环境作出响应；指示物种的活动范围比其他生物的活动范围要大。近年来关于水生生物区系分类方面的研究主要包括：①中国内地并殖吸虫淡水蟹类宿主动物起源；②中小型浮游动物的数字全息成像探测与分析方法；③养殖鱼类气单胞菌感染的病原追踪；④中国气生、亚气生藻类橘色藻科的区系；⑤湖南省鱼类单殖吸虫区系分类；⑥田螺科的分子分类和进化；⑦中国淡水曲壳藻属分类学；⑧白洋淀湿地腹毛类纤毛虫的区系与多样性；⑨黄河三角洲淡水真菌种类与分布；⑩东海、黄海沿海不同纬度浮游动物优势种分布差异的成因分析等。

1.3.3 生物多样性指标评价

生物多样性指标是一个地区生态质量优劣的重要量度，生物多样性指数和各种指数已被应用于水质的生物学评价。目前我国学者研究生物多样性指标评价的主要内容包括：①小型浮游动物在我国近海浮游生态系统中的作用；②三峡库区地质层富磷河流藻类多样性及初级生产力时空演变特征；③全球变暖对海洋微型浮游动物摄取浮游植物的影响；④长江和密西西比河冲淡水区域碳酸盐系统和海气二氧化碳通量的比较研究；⑤马尾藻海藻场水生生物资源养护机制；⑥福寿螺入侵对稻田水体生物多样性的影响及其作用机理；⑦环渤海、黄海山东沿岸潮间带藻生真菌物种多样性；⑧杨树人工林对洞庭湖湿地植物多样性的影响及机理；⑨南海浮游藻类脂类标志物和群落丰度的关系。

1.3.4　关于水体富营养化研究

水体富营养化是指在人类活动的影响下，氮、磷等营养物质大量进入湖泊、河口、海湾等缓流水体，引起藻类及其他浮游生物迅速繁殖、水体溶解氧量下降、水质恶化、鱼类及其他生物大量死亡的现象。关于水体富营养化研究的内容主要包括：①巢湖富营养化湖泊沉积物甲烷厌氧氧化作用；②水华拟多甲藻的孢囊形成和萌发机理；③富营养淡水环境中金属腐蚀后期反转加速行为与机理；④基于浮游植物色素反演的富营养化湖泊主要藻类遥感识别机理；⑤附植藻类在浅水富营养化湖泊沉水植被衰退中的作用及机理；⑥铁对富营养化湖泊典型藻类生长及光谱特征的影响；⑦湖库藻类水华形成机理建模与预测方法；⑧湖水游离细菌和附着细菌与藻类之间的营养耦联关系；⑨黄海、渤海低营养级关键鱼种对浮游动物的捕食及其时空变化；⑩城镇溪流底栖藻类和底栖动物群落的退化规律与机制研究等。

1.3.5　关于水生生物对水生态调控机理方面的研究

水质问题的本质是水生态问题，由于河湖生态系统复杂，关于水生生物对水生态调控机理方面的研究也非常多，主要包括：①水库浮游微型扁虫对后生浮游动物群落的控制及其下行效应；②太阳光催化氧化对复合污染水源中藻类的控制效能及机理；③生物结皮中藻类分泌胞外聚合物的生态调控机理；④以滇池藻类生物为模版合成太阳光催化产氢催化剂的研究；⑤在鲢、鳙捕食压力下的亚热带水源地水库藻类增长非线性动力学；⑥泥沙淤积对洞庭湖湿地植被演替的调控机理；⑦深水型水源水库藻类垂向被动迁移特性及取水调控；⑧淡水鱼体内多溴联苯醚的代谢过程解析及其代谢物污染现状与危害性；⑨藻类毒素污染暴露人群生物标志物；⑩淡水底栖藻类对磷的滞留作用等。

1.3.6　流域水生态保护与修复工作

目前，在《松花江流域水资源保护规划》（以下简称《规划》）编制过程中，以实现水质、水量、水生态统一保护为目标，对流域内河湖开展水生态调查评价，《规划》拟定了生态需水保障、水源涵养、河岸带生态保护与修复、湿地保护与修复、重要生境保护与修复、河湖水系联通、水生态综合治理等各类水生态工程措施，明确了流域未来水生态保护与修复格局。

近几年来，霍林河流域生态环境需水量研究、扎龙湿地生态需水研究、嫩江廊道生态修复、松辽流域与水有关生态补偿机制案例研究、松辽流域重要河湖健康评估、水生态风险监控系统的技术引进及在嫩江流域的应用等与水生态保护相关的科研工作先后开展，对松辽流域内扎龙、向海等重要湿地需水情况、调水工程生态补偿情况、重要河湖健康状况开展了技术研究（金春久，2013）。流域内很多水利工程建设时以鱼类生物多样性保护为重点，建设鱼类增殖放流站或过鱼设施。流域内各省区在黑龙江、辽河、图们江、鸭绿江、乌苏里江等大江大河，设立了多个鱼类增殖放流站，每年定期开展鱼类增殖放流。

1.4 河湖水生生物监测主要研究内容

1.4.1 藻类

藻类是繁殖效率高且生命周期短的初级生产者，这就意味着藻类属于短期影响指标。作为初级生产者，许多藻类都对营养盐污染特别敏感，并会作出直接响应。藻类既能够以单独的分类转变形式来体现，也能够以整个类群的生物量响应来表现。藻类拥有单细胞再生结构高度多变的光合作用生物体，作为有机物的生产者在水生生境中有重要的功能，并在无机营养盐的保持、运输和循环上起着至关重要的作用。使用藻类调查来实现生物评价项目主要有两个目的：①量化生物量；②表现种类组成特性。藻类的组成被用于监测项目中，水污染能改变自然藻类的结构和功能，因此，藻类对生物评价非常有用。许多藻类度量和指标已经被开发并用于指示不同的环境变化。河流中的底栖藻类越来越多地被用做环境状况的一项指标。在流动和底层特性所引起水和底栖藻类有效的相互作用的溪流中，底栖藻类反映近期的水化学（李小平等，2013）。藻类的生物量一般能通过不同测量方式表现出来，包括细胞密度/生物体积、叶绿素 a、脱氢酶活性的测量等。

1.4.2 浮游动物

浮游动物是一类经常在水中浮游，本身不能制造有机物的异养型无脊椎动物和脊索动物幼体的总称。浮游动物是在水中营浮游生活的动物类群，或者完全没有游泳能力，或者游泳能力微弱，不能远距离移动，也不足以抵挡水的流动力。浮游动物的种类极多，包括低等的微小原生动物、腔肠动物、栉水母、轮虫、甲壳动物、腹足动物等，以及高等的尾索动物，其中以种类繁多、数量极大、分布又广的桡足类最为突出。此外，也包括阶段性浮游动物，如底栖动物的浮游幼虫和游泳动物（如鱼类）的幼仔、稚鱼等。浮游动物在水层中的分布也较广。

浮游动物是经济水产动物，是中上层水域中鱼类和其他经济动物的重要饵料，对渔业的发展具有重要意义。由于很多种浮游动物的分布与气候有关，因此，也可用作暖流、寒流的指示动物。许多种浮游动物是鱼类、贝类的重要饵料来源，有的种类如毛虾、海蜇可作为人的食物。此外，还有不少种类可作为水污染的指示生物，如在富营养化水体中，裸腹溞（*Moina*）、剑水蚤（*Cyclops*）、臂尾轮虫（*Brachionus*）等种类的一般形式优势种群。有些种类，如梨形四膜虫（*Tetrahymena phriformis*）、大型溞（*Daphnia magna*）等在毒性毒理实验中用来作为实验动物。浮游动物摄食比它们更小的动植物，主要有藻类、细菌、桡足类和一些食物碎屑。

1.4.3　大型底栖动物

大型底栖动物是肉眼可见的无脊椎动物，它们生活在底质附近，在大部分溪流和河流中种类都非常丰富。它们在大部分系统中充当初级消费者，并且是初级资源和更高级营养水平间的重要链接，这些生物体能相对简单地鉴定到科，其中许多能简单地鉴定到属。大型底栖动物栖息于沉积物中或生活在水生系统的底质底部。底栖动物在将水生食物网中的基础能源转化给脊椎动物的过程中起着关键作用，并且它们作为初级食物源供许多鱼类食用。大型底栖动物是在浅水型溪流和河流生物评价中最常用的动物类群。在使用标准野外收集方法进行仔细采样后，通过实验室种类鉴别和计数、类群的结构和功能特征来评估生物环境。大型无脊椎动物在大部分溪流和河流中普遍存在且种类很丰富，它们是反映当地环境的良好指标。大部分无脊椎动物是相对固着生长的，也就是说它们能很好地评估指定位点的影响。无脊椎动物有多种生命周期，既有短寿命的也有长寿命的类群，这就提供了一个整合不同时间尺度环境评价的方法。

1.4.4　鱼类

鱼是一类多变的生物群体，表现出多样的生境用途。鱼是生命周期相对较长的生物体，包括许多可移动的种类，因此它们能潜在地整合在更长的空间和时间尺度之上的环境评价。鱼类常用做生态环境的指标，因为它们的生存时间相对较长、可移动、可以在任何营养水平喂养，并能相对简单地鉴定到种。当开展一个大型河流生物评价项目时应考虑到使用鱼类做指标，其优点包括：①鱼类是长期影响和明朗生态环境很好的指标，因为鱼类寿命相对较长；②可以一年采一次鱼样，但必须考虑到分布区域的季节变化；③鱼类一般包含一定范围的种类，这些种类表现为不同的营养级水平；④鱼类的收集相对简单，并且能轻易地被熟练的渔业专家鉴定到种；⑤大部分鱼类样品可以在现场鉴定并无害地释放，仅需要少部分的实验室研究；⑥许多鱼类的环境需求、生命史和分布都被大家熟知；⑦污染物常常会引起鱼类形态学上的畸形，因此这些现象能作为环境条件的指标；⑧鱼类处在水生食物网的顶端并被人类所消耗，使得它们在评价生态和人类健康风险方面意义重大。

Karr 开发了类似生物完整性指数（IBI）的鱼类评价方法，该方法常用于生物评价和监测项目。该方法将动物地理学、生态系统和鱼的类群数量合并成一个整体，即以生态学为基础的指数，为一个特定区域计算和阐释一系列的行动：鱼类的收集、数据表、区域性的度量选择和预期值的度量校准。许多研究显示鱼类 IBI 结果、理化生境以及改变溪流和河流生境的人类活动之间有着密切的关系。使用鱼类完整性指数的大部分研究已经被引入浅水型溪流系统中。

1.4.5 生物综合评价

度量是生物类群结构和功能的特殊方面，因对其的鉴定有重要的生态学意义及其能对干扰作出响应而备受关注。度量包括生物分类组成、丰度、胁迫耐受性、生物环境和喂养类型。这些度量大部分被综合到生物指标中用于表现与参照环境相对的生物环境。美国采用多度量指数（如生物完整性指数），即将少数类群属性整合到一个无量纲的指数中。独立度量被用来反映生物多样性，以预测和一致的方式对人类影响作出响应。同样的，这些度量反映了一个更宽范围内关于类群结构和功能的信息。

研究者根据鱼类和大型底栖动物开发了生物环境的多度量指数，这些指数一般用于水质的生物评价。例如，IBI、RBP（快速生物评价方案）、ICI（无脊椎动物环境指数）、B-IBI（底栖生物完整性指数）等。多度量指数是一些标准度量的简单加和或平均。针对评价指数的发展，度量作为生物区的特性而以一致的方式响应人为胁迫，因此，这些度量成为了胁迫的有用指标。一个多度量指数的开发由以下三部分组成：①将自然生物类群分成相对均衡的组织，这样才能够准确预测种类组成；②鉴定对人为胁迫作出响应的度量；③聚集标准的、非冗余的度量以表现指数的多样性、组成、灵敏度和功能。

1.5 黑龙江省河湖生态调查概况

1.5.1 黑龙江省简介

黑龙江省位于中国东北部，东经 121°11′～135°05′，北纬 43°26′～53°33′，土地面积为 47.3 万平方千米。黑龙江省北部以黑龙江、东部以乌苏里江为界与俄罗斯隔江相望，西部与内蒙古自治区毗邻，南部与吉林省接壤，有长度超过 10km 的河流 1700 多条，多处平原海拔 50～200m。西部属松嫩平原，东北部为三江平原，北部、东南部为山地。黑龙江省属寒温带与温带大陆性季风气候。冬季长而寒冷，夏季短而凉爽，南北温差大，北部甚至长冬无夏。1 月气温-31～-15℃，极端最低气温达-52.3℃，7 月气温 18～23℃，无霜期仅 3～4 个月，年平均降水量 300～700mm。

黑龙江省有国家级自然保护区 15 个，国家重点风景名胜区 2 个，即五大连池、镜泊湖。全省有 96 座森林公园，其中国家级森林公园 54 座、省级森林公园 42 座。著名的森林公园有五营国家森林公园、哈尔滨国家森林公园、宁安火山口国家森林公园、牡丹江国家森林公园等。黑龙江省有地质公园 15 座，其中世界地质公园 1 座、国家级地质公园 5 座（五大连池既是世界地质公园，也是国家级地质公园）、省级地质公园 9 座。黑龙江省丰富的自然地质及森林资源造就了丰富的多样的生态环境及生物多样性资源。

1.5.2 黑龙江省重要江河湖泊水功能区及其监测评价状况

2014 年黑龙江省对全省境内列入全国重要江河湖泊水功能区的 116 个水功能区进行了水功能区全因子水质达标评价。2014 年全年共监测水功能区 116 个，评价河长 8499.3km，达标水功能区 47 个，达标河长 2322.7km。其中，一级水功能区 49 个，评价河长 4882.0km，达标水功能区 17 个，达标河长 982.3km；二级水功能区 67 个，评价河长 3617.3km，达标水功能区 30 个，达标河长 1340.4km。未达标水功能区主要污染物指数为高锰酸盐指数、氨氮、化学需氧量。

一级水功能区包括保护区 19 个，河长 2457.4km；保留区 13 个，河长 1198.7km；缓冲区 17 个，河长 1225.9km；二级水功能区包括饮用水源区 13 个，河长 353.9km；工业用水区 8 个，河长 686.1km；农业用水区 24 个，河长 2066.1km；景观娱乐用水区 2 个，河长 78.6km；过渡区 20 个，河长 432.6km。

1.5.3 调查河湖与主要测试项目

调查湖库主要有镜泊湖、五大连池、磨盘山水库、兴凯湖与尼尔基水库。

调查河流主要有嫩江、哈尔滨二水源、拉林河与牡丹江等。

相关资料的收集与调查：①自然环境资料包括水文气象、自然地理、河岸形态、水体交换、周边工农业布局、土地利用、水土流失、植被分布状况等；②水生生物资料包括水生植物群落、主要经济鱼类、珍稀和特有生物的种类、生物量分布及群落结构组成状况。

调查主要内容为浮游植物、浮游动物、大型底栖动物、鱼类等水生生物，以及水体各项理化参数，主要包括：水温、pH、浊度、透明度、电导率、溶解氧、盐度、总硬度、叶绿素、总磷、总氮、硝氮、氨氮、高锰酸盐指数、生化需氧量、铜、铅、汞、镉等。

1.6 本书的研究意义及内容

1.6.1 本书的研究意义

随着黑龙江省河湖生态环境问题的日益突出，河湖健康评价和生态修复已经成为当前的研究热点。随着研究的持续深入，人类对河湖生态系统的复杂性和动态性有了更深刻的理解，对河湖水质、河湖形态、水文及水生生物等方面开展综合性研究。以实际调查为基础，充分收集流域历史资料，分析黑龙江省典型河湖水生生物多样性，开展包括水生生物、水质、水文水资源、河岸带物理结构和社会服务功能等方面的基础调查与评价工作。

1.6.2 本书主要研究内容

本书研究的主要内容包括：

（1）河湖水生生物监测方法及规程。开展黑龙江省典型河湖生态调查可为水质监测、河湖生态健康诊断及主要影响因子的识别、生态修复方案制订等工作作技术支持，结合当前开展的河湖生态调查技术，以流域环境、河岸带植被、河道物理栖息地环境、水体物理化学以及水生生物为对象，归纳黑龙江省典型河湖水生生物的调查方法。

（2）黑龙江省典型湖库水生态调查。通过黑龙江省重要的五大湖库（五大连池、磨盘山水库、境泊湖、兴凯湖、尼尔基水库）的水质分析、水生物监测（藻类、浮游动物、底栖生物）等开展现场采样，通过实验室的分析，基于大量的文献资料，结合五大湖库的自然经济概况，针对目前黑龙江典型湖库所存在的主要生态问题进行了分析，并提出了建议。

（3）黑龙江省典型河流水生生物调查。开展调查的黑龙江省典型河流主要有嫩江、哈尔滨二水源、拉林河与牡丹江等，调查内容包括自然环境资料和水生生物资料。自然环境资料包括水文气象、自然地理、河岸形态、水体交换、周边工农业布局、土地利用、水土流失、植被分布状况等；水生生物资料包括水生植物群落、主要经济鱼类、珍稀和特有生物的种类、生物量分布及群落结构组成状况。

（4）嫩江流域典型区域水生态风险评价。为实现对嫩江流域水生态状况的合理管理，从水质、排污、监控、预警、决策进行多方位多监督水生态风险监控与评估，并提出合理的水生态风险管理方案成为实现流域管理、缓解流域内水资源水生态风险的重中之重。同时，加强对尼尔基水库上游水质状况的调查，掌握嫩江上游水质、水生态状况的第一手材料，为后续深入推进嫩江上游水质水生态管理打下坚实基础。

（5）嫩江流域示范区水生态风险预警与决策。采用系统动力学模型及贝叶斯网络技术，从控制反馈的角度出发，构建COD、氨氮、总磷、总氮等水质指标的上游来水、支流汇入、沿江排污、非点源汇入成因，以及其与嫩江县社会经济发展的联系，依据水质变化的预警结果结合评价指标体系对尼尔基水库的水生态风险情况进行预警，从而实现预警功能。

（6）叶绿素a测定方法的研究实验。叶绿素a是水体中浮游生物的重要组分，是水体营养状态评价和富营养化评价的重要参数。准确的测定叶绿素a的含量，对于评价水体富营养化程度具有重要意义。共采用三种测定叶绿素a的方法（分光光度法、高效液相色谱法和活体叶绿素荧光法）进行比较研究。

（7）低污染水源生物菌剂的构建及其应用。虽然流域低污染水中污染物氮磷浓度较低，但对于河湖水质保护目标仍造成较大威胁，在低污染水水量较大的河湖流域，污染源得到工程系统治理后，低污染水对湖泊污染的作用凸现，甚至成为流域水污染治理的瓶颈。

（8）基于我国水生态文明建设存在的问题及对策分析，介绍松辽流域水生态文明建设内容与要求，结合海绵城市的内涵、意义及原则的解析，开展黑龙江省水生态监测，推进生态文明建设的健康发展，使经济、生态、社会复合系统进入良性循环，为我国水生态文明建设提供科学的方法和新的思路。

2

河湖水生生物监测方法及规程

河湖是水生植物、浮游生物、底栖生物和鱼类的栖息场所，为人类提供赖以生存的淡水资源。地球约有 71%的表面为水所覆盖，已经描述鉴定过的生物包括：植物 34.1 万种，动物 135.8 万种，昆虫约 80 万种，鱼类 3 万余种。目前，黑龙江省河湖生态调查和评价的工作基础薄弱，在较大尺度的河湖水生态监测中研究尤为滞后，缺乏广泛的监测信息。开展黑龙江省典型河湖生态调查可为水质监测、河湖生态健康诊断及主要影响因子的识别、生态修复方案制订等工作作技术支持。本章结合当前开展的河湖生态调查技术，以流域环境、河岸带植被、河道物埋栖息地环境、水体物理化学以及水生生物为对象，归纳黑龙江省典型河湖水生生物的调查方法。

2.1　样品采集

水质理化参数测定样品的采集按照《水环境监测规范》（SL219—2013）规定方法进行，于水体表层下采集混合水样。

浮游植物定性样品用 25 号浮游生物网（200 目），在水下 0.15m 处作“∞”型拖曳 3min，入样品瓶后加 3mL 甲醛固定，保存于 100mL 标本瓶中带回实验室分析；浮游植物定量样品则取 1L 水样于样品瓶中，加 15mL 鲁哥氏液固定，带回实验室静置后分析。

浮游动物定性样品采用 13 号浮游动物网于水平及垂直方向“∞”形缓慢拖网，用甲醛固定（5%）。浮游动物定量样品分别在水体的表层 0.5m 处取水样 10L，用 25 号浮游生物网当场过滤，取过滤水样 30mL，用甲醛固定（5%），在实验室分为若干次全部计数。

大型底栖动物定量样本采集用改良的 Peterson 采泥器（$1/16m^2$），定性样品结合 D 型抄网采集。在采样现场对泥样用 40 目不锈钢网筛过滤，分检出动物，然后立即用甲醛溶液固定（10%）。在实验室内对采集的水生昆虫样本进行整理，保存于酒精（75%）中等待鉴定。

鱼类结合渔业捕捞生产采集鱼类标本，对非渔业水域、非经济鱼类或稀有、珍贵的鱼类标本，可用拉网、刺网、抄网、旋网、定置渔具等进行专门采捕，也可从鱼市场、收购站购买标本，同时了解其捕捞产地或水域情况（胡鸿钧和魏印心，2006）。

2.2 样品分析方法

2.2.1 水体理化参数分析

水温、pH、电导率、溶解氧、盐度等采用 YSI 6600 型多参数水质监测仪现场测定，透明度采用萨氏盘法进行测定，叶绿素 a 采用叶绿素 a 测定仪测定。

总磷、总氮、正磷酸盐、硝氮、氨氮、高锰酸盐指数、生化需氧量、铜、铅、汞、镉等参数参照《水和废水监测分析方法》（国家环境保护总局，2002）方法进行测定。

2.2.2 浮游植物分析

浮游植物镜检以蔡司 Scope A1 显微镜进行，定性样品分类主要依据形态学分类方法，种类鉴定参照 *Freshwater Algae of North America: Ecology and Classification*（John and Robert，2003）、《中国淡水藻类——系统、分类及生态》（胡鸿钧和魏印心，2006）和《水生生物监测手册》[国家环境保护总局（水生生物监测手册）编委会，1993]；定性样品带回实验室静置 24h，然后浓缩至 30mL，以浮游生物计数框对其进行计数，根据浓缩倍数计算藻细胞密度。

2.2.3 浮游动物分析

原生动物和轮虫的鉴定和定量用处理过的浮游植物的样品。原生动物的鉴定主要参照沈韫芬等的《微型生物监测新技术》（沈韫芬等，1990），轮虫的种类鉴定主要参照王家辑的《中国淡水轮虫志》（王家辑，1961）。原生动物的定量计数和生物量计算同浮游植物。轮虫的计数是从摇匀的样品中吸取 1mL 注入计数框中，在 10×10 倍视野下计数。一般计数两片，取平均值。轮虫生物量按照黄祥飞的方法估算（黄祥飞，2000）。浮游甲壳动物按照蒋燮治等的方法进行鉴定（蒋燮治和堵南山，1979），生物量依据体长估算。

2.2.4 底栖动物分析

参照王备新和杨莲芳（2004）的研究对大型底栖动物样本进行鉴定，将样本中的寡毛类和软体动物鉴定至种，水生昆虫鉴定至属，区分到种，并计数，计数后换算单位面积内数量，调查的大型底栖动物生物量以湿重计算。

2.2.5 鱼类分析

鱼类分析包括鱼的种类、区系组成，地理分布，生境特征，产卵场、索饵场和越冬场等。

2.3 水质及富营养化评价标准

河流水质类别按照《地表水环境质量标准》（GB3838—2002）进行评价，评价项目为水温、pH、溶解氧、高锰酸盐指数、总磷、总氮共 6 项，评价标准如表 2-1 所示。

表 2-1 水质评价标准 单位：mg/L

项目	Ⅰ类	Ⅱ类	Ⅲ类	Ⅳ类	Ⅴ类
水温	人为造成的环境水温变化应限制在：周平均最大温升≤1℃；周平均最大温降≤2℃				
pH	6～9	6～9	6～9	6～9	6～9
溶解氧	≥7.5	≥6	≥5	≥3	≥2
高锰酸盐指数	≤2	≤4	≤6	≤10	≤15
总磷	≤0.01	≤0.025	≤0.05	≤0.1	≤0.2
总氮	≤0.2	≤0.5	≤1.0	≤1.5	≤2.0

湖库水体富营养化按照《地表水资源质量评价技术规程》（SL395—2007）进行评价，评价指标包括叶绿素 a、总磷、总氮、高锰酸盐指数和透明度等 5 项，湖库营养状态评价标准及方法见表 2-2，采用内线插值法进行计算，营养状态指数 EI 的计算公式为

$$\mathrm{EI}=\sum_{n=1}^{N}\frac{E_n}{N} \tag{2-1}$$

式中，EI——营养状态指数；

E_n——评价项目赋分值；

N——评价项目个数。

表 2-2　湖、库营养状态评价标准及分级方法　　单位：mg/L

营养状态分级		E_n	总磷	总氮	叶绿素a	高锰酸盐指数
贫营养 0≤EI≤20		10	0.001	0.02	0.0005	0.15
		20	0.004	0.05	0.001	0.4
中营养 20<EI≤50		30	0.01	0.1	0.002	1
		40	0.025	0.3	0.004	2
		50	0.05	0.5	0.01	4
富营养	轻度富营养 50<EI≤60	60	0.1	1	0.026	8
	中度富营养 60<EI≤80	70	0.2	2	0.064	10
		80	0.6	6	0.16	25
	重度富营养 80<EI≤100	90	0.9	9	0.4	40
		100	1.3	16	1	60

2.4　生物多样性评价

多样性指数：Shannon-Wiener 指数，计算公式为

$$H'(S) = -\sum_{i=1}^{S} \frac{n_i}{N} \log_2 \frac{n_i}{N} \tag{2-2}$$

式中，$H'(S)$ 为多样性指标；S 为种类个数；N 为同一样品中的个体总数；n_i 为第 i 种的个体数。$H'(S)$ 值为 0～1 指多污带；$H'(S)$ 值为 1～2 指 α-中污带；$H'(S)$ 值为 2～3 指 β-中污带；$H'(S)$ >3 指寡污带。

Margalef 指数：计算公式为

$$R = \frac{S-1}{\ln N} \tag{2-3}$$

将 R 值划为 4 个等级，R>5 表示水质清洁；R>4 表示寡污型；R>3 表示 β-中污型；R<3 表示 α-中污-重污型。

Simposon 多样性指数：计算公式为

$$D = \frac{N(n-1)}{\sum_{i}^{S} n_i(n_i-1)} \tag{2-4}$$

式中，D<2 表示严重污染；D 为 2～3 表示中度污染；D 为 4～6 表示轻度污染；D>6 表示水质清洁。

2.5 浮游生物计数分析智能鉴定系统

2.5.1 主要性能指标

（1）显微成像：可人工控制显微图片的观察、拍摄、存储并连续自动等间隔拍摄 200 张图片。具有实时预览饱和警告、自动背景矫正特性。

（2）各图库属种和内容可自行扩充，要求有效图库量在 16.931 万张以上。中文、拉丁文双语显示的浮游生物专家图库共 15 个门、1447 个属、11 523 个种的藻类共 12 大类、1289 个属、4456 个种的浮游动物。

（3）藻类、浮游动物计数及形态测量功能：①浮游生物分类标记，采用不同颜色、不同大小的色圈标记各种浮游生物，并对 200 张所拍摄图片内的各种浮游生物，按类点击、自动累积计数（可合并不同倍率计数结果、多个样品计数结果）；②优势种自动排序、按门（类）排序、优势群落组成百分比分析；③可自动计算 Shannon-Wiener 指数、均匀性指数，自动换算藻密度、浮游动物丰度；④用大量形状模型来辅助计算浮游生物的生物量（内置 34 种几何模型，通过测量少量参数即可计算个体/细胞体积），内置常见淡水藻、常见海洋藻等计数表，并可自行编辑、导出、导入计数表，可按视野面积、藻群体面积、浮游动物个体面积测量，按细胞直径、藻丝、鞭毛长度、浮游动物体长及触角测量，以及按枝角分枝角度测量等。

（4）微囊藻分析模块能自动学习与自动分析团状微囊藻群体的细胞数，并可自动计数颗粒性或单细胞微藻、链状微藻细胞、线虫等类的浮游动物。

（5）藻类、浮游动物智能鉴定：具有有效的按图像形状、颜色、纹理等相似度来自动比对浮游生物图像的智能式以图搜图特性。并通过形态学搜索、模糊关键词搜索、常见藻及浮游动物搜索、分类学搜索，以及图像、文字对比，快速鉴定浮游生物。

（6）超强的景深扩展的多聚焦融合三维高清晰成像。多视野图像的自动拼接、剪裁编辑修正特性。有藻类、浮游动物的颜色、形状自动学习分类特性，可监视修正转换藻类、浮游动物类别，并二次学习和保存分类特征。

（7）具有浮游生物细胞的自动抠图特性，可快速提取其主边缘特征图像。具有对模糊、重叠的浮游生物图像的清晰化处理特性。

2.5.2 配置

（1）专业级 1400 万像素彩色显微 CMOS 相机、三目显微镜的转接口。

（2）浮游生物计数分析智能鉴定系统软件 1 套。

（3）联想一体机电脑（双核 CPU、4GB 内存、1GB 独立显卡、500G 硬盘、20"彩显、DVD 光驱、无线网卡、Windows7 或 Windows XP 操作系统）1 台。

2.6 浮游动物

浮游动物是水域生态系统中一类重要的消费者生物，它们既可以作为许多经济鱼类的优质食物，又可调节及控制藻类和细菌的发生、发展。浮游动物的组成十分复杂，但在淡水水域中主要由原生动物、轮虫、枝角类和桡足类这四大类水生无脊椎动物组成。

2.6.1 监测方法

在获得的浓缩样品中取部分子样品，并通过显微镜计数获得其中浮游动物数，乘以相应的倍数获得单位体积（一般为 1L 或 $1m^3$）中浮游动物数量（丰度），再根据近似几何图形测量长、宽、厚，并通过求积公式计算出生物体积，并假定密度为 1，即可获得生物量。

2.6.2 试剂

鲁哥氏液：将 40g 碘溶于含 60g 碘化钾的 1000mL 水溶液中。

甲醛固定液：甲醛 4mL、甘油 10mL、水 86mL，配制成 100mL 溶液。

2.6.3 仪器与设备

显微镜（附目测微尺）一台，配置 10×、15×目镜各 1 对，5×、10×、20×、40×物镜各 1 个；实体显微镜（附目测微尺）一台，配置 10×目镜 1 对，2×、4×、6×、8×物镜各 1 个，最好用连续变换倍数的实体显微镜；0.1mL、1mL、5mL 的计数框各两块；不同容量的刻度吸管若干支等。

2.6.4 测定步骤

2.6.4.1 采样

1. 采样点位的设置

江河：应在污水汇入口附近及其上下游设点，以反映受污染和未受污染的状况。在排污口下游要多设点，以反应不同距离受污染和恢复的程度。

较宽的河流：河水横向混合较慢，往往需要在近岸的左右两边设点。受潮汐影响的河流，涨潮时污水可能向上游回溯，设点时也应考虑。

湖泊或水库：若水体是圆形或接近圆形，则应从此岸至彼岸至少设两个相互垂直的采样断面；若是狭长的水域，则至少应设三个相互平行、间隔均匀的断面，第一个断面设在排污口附近，另一个断面设在中间，第三个断面设在靠近湖库的出口处。

采样点的设置尽可能与水质监测的采样点一致，以便与所得结果相互比较。若有浮游生物历史资料，拟设的点位应包括过去的采样点，以便于与过去的资料作比较。在一个水体里，要在非污染区设置对照采样点，如若整个水体均受污染，则往往须在附近找一个非污染的类似水体设点作为对照点，在整理调查结果时可作比较。

2. 采样深度

湖泊和水库中，水深 5m 以内的，采样点可在水表面以下 0.5m、1m、2m、3m 和 4m 五个水层采样，混合均匀，从其中取定量水样。

水深 2m 以内的，仅在 0.5m 深处采集亚表层水样即可，若透明度很小，可在下层加取一次水样，并与表层样混合制成混合样。

深水水体可按 3～6m 间距设置采样层次。变温层以下的水层，由于缺少光线，浮游动物数量很少，可适当少采样。

对于透明度较大的深水水体可按表层、透明度 0.5 倍处、透明度 1 倍处、透明度 1.5 倍处、透明度 2.5 倍处、透明度 3 倍处各取一水样，再将各层样品混合均匀后从中取样，作为定量样品。

江河中，由于水不断流动，上下层混合较快，采集水面以下 0.5m 处亚表层水样即可。若需了解浮游动物垂直分布状况，不同层次分别采样后，不需混合。

3. 采样量

采集定量标本：浮游动物密度高，采水样可少；浮游动物密度低则采水量要多。常用于浮游生物计数的采水量：对原生动物和轮虫，以 1L 为宜；对甲壳动物则为 10～50L，并通过 25 号网过滤浓缩。

采集定性标本：小型浮游动物用 25 号浮游生物网，大型浮游动物用 13 号浮游生物网，在表层至 0.5m 深处以 20～30cm/s 的速度作“∞”形循环缓慢拖动 1～3min，或在表层拖滤 1.5～5.0m^3 水体积。

4. 采样频率

浮游动物由于漂浮在水中，群落分布和结构随环境的变更而变化较大，条件允许时，采样频率最好是每月一次。根据排污状况，必要时可随时增加采样次数。

5. 采样工具

定量标本：湖泊、水库和池塘等水体可用有机玻璃采水器采样，现有

1000mL、1500mL、2000mL 等各种容量和不同深度的型号；在河流中采样，要用颠倒式采水器或其他型号的采水器。

定性标本：用浮游生物网采集。浮游生物网呈圆锥形，网口套在铜环上，网底管（有开关）接盛水器。网本身用筛绢制成，根据筛绢孔径不同划分网的型号。25 号网网孔直径 0.064mm，用于采集原生动物和轮虫；13 号网网孔直径 0.112mm，用于采集枝角类和桡足类。

2.6.4.2 水样处理

1. 水样固定

固定：水样采集之后，马上加固定液固定，以免时间延长标本变质。对原生动物和轮虫水样，每升加入 15mL 鲁哥氏液固定保存。可先将 15mL 鲁哥氏液加入 1L 的玻璃瓶中，带到现场进行采样，固定后，送实验室保存；对枝角类和桡足类水样，在 100mL 水样中加 4～5mL 甲醛固定液保存。

2. 水样浓缩

首先，加入鲁哥氏液的 1000mL 水样静置沉淀 24h 后，用虹吸管小心抽掉上层清液，余下 20～25mL 沉淀物转入 30mL 定量瓶或量杯中，用少量上层清液冲洗容器并倒入 30mL 定量瓶中。

然后，再静置沉淀 24h，用塑料吸管将少量上清液移出，最终剩余 10～15mL 液体，即为水样浓缩液。

3. 保存

用鲁哥氏液固定的水样，如作为长期保存的样品，在实验室浓缩至一定体积后加入 1mL40%的甲醛溶液然后密封保存，或存放在 4℃冰箱中。

4. 转移

为避免样品损失，样品不能多次转移。浮游动物也可以进行浓缩。中间带有橡皮吸球的玻璃管用于吸掉滤液，圆柱筒底部的筛网必须足以阻止浮游动物进入。另外可采用医用输液泵、输液管浓缩浮游动物，该方法比较简便、实用。浮游动物中的甲壳类动物样品用 5%甲醛溶液固定。

2.6.4.3 计数

原生动物：吸出 0.1mL 样品，置于 0.1mL 计数框内，盖上盖玻片，在 10×20 倍显微镜下全片计数。每瓶样品计数两片，取其平均值。

轮虫：吸出 1mL 样品，置于 1mL 计数框内，在 10×10 倍显微镜下全片计数。每瓶样品计数两片，取其平均值。

枝角类、桡足类：用 5mL 计数框将样品分若干次全部计数。如样品中个体数量太多，可将样品稀释至50mL或100mL，每瓶样品计数两片，取其平均值。

无节幼体：如样品中个体数量不多，则和枝角类、桡足类一样全部计数；如数量很多，可把过滤样品稀释，充分摇匀后取其中部分计数，计数3～5片并取其平均值，也可在轮虫样品中同轮虫一起计数。

计数前，充分摇匀样品，吸出要迅速、准确。盖上盖玻片后，计数框内无气泡，无水样溢出。

2.6.4.4 生物量的测算

假定浮游动物的密度为1，只要求得其体积即可得到其体重。

1. 体积法

原生动物体积近似计算公式为

$$V=0.52\times a\times b^2 \tag{2-5}$$

式中，V——原生动物体积（μm^3）；

a——体长（μm）；

b——体宽（μm）。

在实际工作中轮虫体积近似计算公式为

$$V\approx 0.13\times a^3 \tag{2-6}$$

式中，V——原生动物体积（μm^3）；

a——体长（μm）。

2. 排水容积法

将样品容器放入已知液体体积的滴定管中以获得空容器的体积，然后把采得的浮游动物放入样品容器，尽量用力摔出黏附在样品空隙中的液体，量其体积，如此重复5次，计算平均值则获得浮游动物的体积。

3. 沉淀体积法

用网具捞取的浮游动物样品放在有刻度的滴定管中，经一段时间沉淀后读出沉淀体积适用于大型浮游动物占优势的水体，此法采水量越大则结果越接近正确值。

4. 直接称重法

把要测定体重的生物体用微量天平直接称重。

原生动物、轮虫体重的测定方法：根据虫体大小用适当口径的吸管逐个吸出尽量少的干净水样放在滤膜上，并置于干燥箱中（70℃左右），干燥24h后，用解剖针把滤膜上的动物逐个挑出，根据个体大小挑选30～50个个体放在已称重的铂片上，并迅速在电子天平上称重，即可获得每个原生动物或轮虫体重的平均值。

甲壳动物体重的测定方法：把新鲜的或固定（需在水中漂洗 1h）的标本，通过不同孔径的铜筛作初步分级，筛选出不同的长度组。在解剖镜下自行挑选体型正常，长度接近的个体并集中在一起，枝角类测量从头部顶端（不含头盔）至壳刺基部长度，桡足类则测量从头部顶端至尾翼末端的长度，把同一长度组的个体放在已称重至恒重的已编号薄玻片上。根据个体大小确定称重个体数目，一般为30～50个，体长小于0.8mm的个体则称重150个以上。如有精度为0.1μg的电子天平，则称重个体可适当减少。把待称重的标本选好后用滤纸吸到没有水痕的程度，迅速在天平上先称其湿重，然后在恒温干燥箱中（70℃左右）干燥 24h，再放在干燥器中 2h，之后把样品放在天平上称其干重，并应用统计方法获得相应的体长–体重回归方程。

2.6.4.5 结果计算

单位体积浮游动物的数量计算公式为

$$N = \frac{V_s \cdot n}{V \cdot V_a} \tag{2-7}$$

式中，N——1L 水样中浮游动物的数量（个/L）；

V——采样的体积（L）；

V_s——样品浓缩后的体积（mL）；

V_a——计数样品体积（mL）；

n——计数所获得的个体数（个）。

2.6.5 浮游动物多样性评价指数

浮游动物调查结束后，整理出各类群的种类和数量，如何利用这些数据来说明受污染的程度或污染消除的状况，目前尚无统一的表达方式。多样性指数和各种生物指数早就被应用于水质的生物学评价。在浮游动物方面，可以用 Shannon-Wiener 多样性指数、Simpson 指数和 Margalef 指数进行评价。

浮游动物的 Shannon-Wiener 多样性指数计算公式如下：

$$H' = -\sum_{i=1}^{S} P_i \log_2 P_i \tag{2-8}$$

$$P_i = \frac{N_i}{N} \tag{2-9}$$

式中，H' 为多样性指数；N_i 为站位中第 i 种的个数；N 为站位中浮游动物总个数；S 为站位中浮游动物总种数。

浮游动物的 Simpson 指数计算公式如下：

$$P=\frac{N(N-1)}{\sum_{i=1}^{n} n_i(n_i-1)} \tag{2-10}$$

式中，N 为某样点浮游动物个体数；n_i 为第 i 种的个体数；n 为物种总数目。

P 的值为 0～1 表示重度污染；P 的值为 1～2 表示重污染；P 的值为 2～3 表示中度污染；P 的值为 3～6 表示轻度污染；$P>6$ 表示水质清洁。

浮游动物的 Margalef 指数计算公式如下：

$$M=\frac{S-1}{\ln N} \tag{2-11}$$

式中，M 为多样性指数；S 为种类数；N 为个体数。

M 的值为 0～1 表示重度污染；M 的值为 1～2 表示 α-中污型；M 的值为 2～3 表示 β-中污型；M 的值为 3～4 表示寡污型；$M>4$ 表示清洁水体。

浮游植物和浮游动物采样记录表模板如表 2-3、表 2-4 所示。

表 2-3　浮游植物采样记录表

采样日期：　　　　　　　　　　　　　　　　河、湖、库名称：

水体名称		采样点		样品编号	
采样时间		采样工具		采样层次	
样品类别		样品量		固定剂	
天气		风力风向		底质	
水深/m		透明度/cm		流速/（m/s）	
气温/℃		水温/℃		pH	
采样点生物（大型水生植物、水华等）状况					
周围环境					
备注					

记录：　　　　　　　　　　　　校核：　　　　　　　　　　审核：

表 2-4 浮游动物计数记录表

采样时间：

采样点号	浮游动物总量		各类浮游动物现存量							
	数量 N	生物量 B	原生动物		轮虫		枝角类		桡足类	
			N	B	N	B	N	B	N	B
平均										
注：N 单位为 ind/L；B 单位为 mg/L										

记录： 校核： 审核：

2.7 底栖动物监测规程

底栖动物指栖息在水体底部淤泥内、石块及砾石的表面或其间隙中，以及附着在水生植物之间的肉眼可见的水生无脊椎动物。一般指体长超过2mm，不能通过40目分样筛的种类，所以亦称为底栖大型无脊椎动物。其广泛分布在江、河、湖、水库、海洋和其他小水体中，包括了许多动物门类，主要有水生昆虫、大型甲壳类、软体动物、环节动物、圆形动物、扁形动物及其他无脊椎动物。

2.7.1 器材及试剂

一般需要下列器具：水温度计、酸度计、天平（精度0.01g及精度0.0001g）、彼得逊采泥器、带网夹泥器、三角拖网、抄网、分样筛（40目）、小镊子、脸盆、放大镜、解剖镜、显微镜、解剖针、解剖盘、培养皿、标签、铅笔、记录表格、水桶、指管瓶（30～50mL）、广口瓶（250mL）、量筒（1000mL）、试剂瓶（1000mL）、毛巾、纱布、胶布、塑料袋、吸管、绳索、毛笔、滤纸。

需要的试剂为：甲醛、酒精。

2.7.2 采样

2.7.2.1 采样点及频率

在确定采样点的位置时，尽量选择具有代表性的断面，如有可能，与水质监测点重合或接近，便于对水体的综合分析。如果调查的水体是较大的河流，则在断面上设左、中、右三个采样点。对于湖泊、水库则应根据水体的形态和大小设置若干个代表采样点。由于底栖动物生活在水体的底部，与底质的形态、性质关系较大，因此采样点要选择相似的底质情况，并注意其他水体局部特征的差异。

底栖动物不仅活动范围小，而且大多数生活周期长，常年的调查结果表明，有较明显的季节变化。因此每季度调查监测一次较适宜，最低一年必须保证两次，可以定为春季（4～5月）、秋季（9～10月）。

采集样品时要记录采样点周围环境，测量水深、水温和流速，测定透明度、溶解氧、水色及底质性质。

2.7.2.2 定性采样

定性采样可以收集到更多的有代表性的种类或某些种类的更多个体。在定量标本数量不多时，定性标本更有意义。

常用的工具有三角拖网，应用时将拖网在水体中拖拉一段距离，经过分样筛（40目），将标本挑出固定。

也可用手抄网在水草中或更浅的水体岸边对底栖动物采样。手抄网的柄应大于1.3m。

还可在河流、湖泊、水库的浅水区涉水用手捡出卵石、石块或其他基质，用镊子轻轻取下标本，随即固定保存。

2.7.2.3 定量采样

定量采样可以客观反映河流、湖泊、水库等水体底部底栖动物的不同部位的种类组成和现存量。常用的底栖动物采样设备有彼得逊采泥器、人工基质篮式采样器。

彼得逊采泥器重8～10kg，每次采样面积为1/16m^2。每次采样两次，采样时将采泥器打开，挂好提钩，将采泥器缓慢地放至水体底部，然后轻轻上提20cm，估计两页闭合后，将其拉出水面，置于桶或盆内，用双手打开两页，使底样倾入桶内，经40目分样筛筛去污泥浊水后，把筛内剩余物装入塑料袋或其他无毒容器内，带回实验室将底栖动物捡出。彼得逊采泥器主要用于采集较坚硬的底质和淤泥底质。

人工基质篮式采样器或称篮式采样器，通用规格是直径为18cm、高20cm的圆形铁笼。使用时底部铺一层40目尼龙筛绢，内装长度为7～9cm的卵石，其重量6～7kg。每个采样点放置两个铁笼，用棉蜡绳固定在桥下、码头下或木桩上。经14d后取出，卵石倒入盛有小量水的桶内，用猪毛刷将每个卵石、筛绢上存在的底栖动物洗下，经40目分样筛洗净，将生物在白解剖盘内肉眼捡出固定。

2.7.3 样品处理与保存

（1）样品采集后，为防止加入酒精后脱色，加固定液前记录好样品色泽。

（2）根据现场采样种类的数量，将较硬的甲壳类与软体动物分开，分别装入塑料瓶中，个体小的放入指管中。

（3）为防止软体动物断体、脱水、收缩，现场加入1%甲醛或30%酒精固定。

（4）样品带回实验室后，用70%酒精、5%甲醛或混合固定液长期保存。

2.7.4 检测

2.7.4.1 鉴别

在实验室中对样品进行种类鉴定和个体计数（显微镜）。底栖动物门类众多，鉴定过程复杂，对于水环境监测，多数情况下软体动物、水栖寡毛类鉴定到种，摇蚊幼虫鉴定到属，水生昆虫鉴定到科。

2.7.4.2 称重

用滤纸吸除底栖动物表面固定液，置于电子天平（精度0.1mg）上称重，并将结果换算成单位面积的密度和生物量。

2.7.5 底栖动物优势种评价

由于不同种类底栖动物密度和生物量差异较大，因此采用相对重要性指数（IRI）来确定各水系中的优势种。

IRI综合考虑大型底栖动物的密度、生物量以及分布状况，其计算公式为

$$\mathrm{IRI}=(W+N)\times F \tag{2-12}$$

式中，W为某一种类的生物量占各水系大型底栖动物总生物量的百分比；N为该种类的密度占各水系大型底栖动物总密度的百分比；F为该种类在各水系中出现的相对频率。底栖动物采样记录表模板如表2-5所示。

表 2-5 底栖动物采样记录表

监测日期：　　年　月　日　　采样时间：　　到　　天气：　　风向：
风级：　气温：
水体名称：　　监测点：　　水深：　m　　透明度：　m　　水流方向：
底泥类别：淤泥、泥砂、黏土、粗砂、砾石、岩石，其他
水草生长程度：一、+、++、+++

续表

周围环境：					
采集工具：	采集面积：			采集次数：	
所采底栖动物名录	个数	湿重/g	个/m^2	克/m^2	备注
其他：					

采样人：　　　　　　　　　校核：　　　　　　　　审核：

3

黑龙江省典型湖库水生态调查

黑龙江省境内现有湖泊、水库6000多个。本章通过黑龙江省五大湖库（五大连池、磨盘山水库、境泊湖、兴凯湖、尼尔基水库）的水质分析、水生物监测（藻类、浮游动物、底栖生物）等开展现场采样，通过实验室的分析，基于大量的文献资料，根据对五大湖库的自然经济概况，针对目前黑龙江典型湖库所存在的主要生态问题进行了分析，并提出了建议。

3.1 五大连池

3.1.1 自然地理概况

五大连池自上而下分别为五池、四池、三池、二池和头池。池中最高水位一般出现在8月，总水面面积40.22km^2，其中头池0.19km^2，二池7.5km^2，三池21.5km^2，四池0.53km^2，五池10.5km^2，容量170 243.75万m^3；最低水位为4月，总水面面积16.5km^2，容量8259.85万m^3；正常水位总水面面积18.98km^2，容量10 439万m^3。

主要河流为石龙河，发源于五大连池，注入讷谟尔河，河长61km，流域面积613.5km^2。地理位置为东经125°57′～126°31′，北纬48°33′～48°52′。流域内最高海拔600m，最低海拔248m。地形总趋势是东、北、西地势较高，中南部地势较低。流域内有14座新老期火山，喷发年代为200多万年前到280多年前，石龙河干流由于火山熔岩堵塞，形成了5个大小不等互相连通的堰塞湖，是我国第二大火山堰塞湖。

该地区属中温带大陆性季风气候，冬季严寒漫长，夏季凉爽短促。年平均气温为0.5℃，最低气温在1月，平均气温为-24℃，最高气温在7月，平均气温为21.1℃。年平均降水量为514.3mm，雨期一般集中在6～8月，年平均蒸发量为1217.9mm。

社会经济状况：区内包括1个镇、2个农场、1个乡、1个林场、3个部队农场，还有4个农场的部分村屯。总人口为56 730人，人口密度53人/km^2，人口自然增长率为5.4‰，现有矿泉水生产、矿泉日化等企业，并且发展了旅游业及疗养业。

五大连池独特的火山地貌格局铸就了其完整的火山自然生态系统。保护区内有植物 143 科、428 属、1044 种，其中珍稀濒危物种 47 种，如国家一级保护植物东北石竹、钝叶瓦松、岳桦等。此外，区内的野生动物有 61 科、144 种，如一级保护动物秋沙鸭、丹顶鹤等。丰富的动植物资源，为探索研究火山自然生态系统物种演变提供了重要依据。

3.1.2 采样断面布设

因五大连池中三池面积最大，又有旅游业等的相关设施，对其调查具有较好的代表性，且交通便利，故取五大连池中三池作为调查湖库，分别在其上游、湖中和下游布设监测断面，对其进行采样和分析。三池上游为北纬 48°44′25″、东经 126°12′5″，三池湖中为北纬 48°43′43″、东经 126°12′42″，三池下游为北纬 48°42′42″、东经 126°12′18″。

3.1.3 富营养化及水质状况

五大连池中三池主要水质及富营养化状况如表 3-1 所示，以高锰酸盐指数（COD_{Mn}）、总磷（TP）、总氮（TN）、透明度（SD）、叶绿素 a（Chl-a）评价，上游、湖中、下游的水质类别均为Ⅳ类，如果总磷、总氮不参评则均为Ⅲ类，主要原因为总磷浓度超过 0.05mg/L，使水质类别降低。三断面富营养化指数分别为 53.44、53.8 和 53.36，营养状态均为轻度富营养，在受人为干预影响较小的自然湖泊中，富营养化程度较高。

三池中三断面水体的盐度均为 0.11μg/L，浓度较低。三断面水体氨氮浓度为 0.17～0.21mg/L，平均为 0.19mg/L，浓度值相对较小，为Ⅱ类标准。三断面水体总硬度范围为 60～64mg/L，平均值为 61.3mg/L，地表水评价种为软水。三断面水体铜、铅、汞浓度均低于检测限，镉浓度均低于 0.005mg/L，均未超过国标地表水环境质量标准规定的标准限值。

表 3-1 五大连池中三池主要水质及富营养化状况

断面	参数	水体富营养化状况										
		T/℃	pH	DO/（mg/L）	COD_{Mn}/（mg/L）	TP/（mg/L）	TN/（mg/L）	SD/m	Chl-a/（mg/L）	综合水质类别		营养状态
										TN、TP参评	TN、TP不参评	
上游	数值	24.7	8.43	9.08	6	0.05	1.34	0.96	0.008 8	Ⅳ	Ⅲ	轻度富营养
	指数	—	—	—	55	50	63.4	50.8	48			

续表

断面	参数	水体富营养化状况										营养状态
		T/℃	pH	DO/（mg/L）	COD_{Mn}/（mg/L）	TP/（mg/L）	TN/（mg/L）	SD/ m	Chl-a/（mg/L）	综合水质类别 TN、TP参评	综合水质类别 TN、TP不参评	
湖中	数值	24.7	8.39	8.97	6	0.06	1.37	0.91	0.00798	Ⅳ	Ⅲ	轻度富营养
	指数	—	—	—	55	52	63.7	51.8	46.5			
下游	数值	24	7.68	6	6	0.07	1.39	0.94	0.00568	Ⅳ	Ⅲ	轻度富营养
	指数	—	—	—	55	54	63.9	51.2	42.7			

3.1.4 浮游植物状况

本次五大连池中三池浮游植物调查中，共发现浮游植物 7 门、93 种（变种），详细种类构成如表 3-2 所示，其中蓝藻门 41 种，占调查种类的 44.1%；绿藻门 24 种，占调查种类的 25.8%；硅藻门 17 种，占调查种类的 18.3%；裸藻门 7 种，占调查种类的 7.5%；黄藻门、甲藻门和隐藻门种类较少，分别为 1 种、2 种、1 种。蓝藻门、绿藻门和硅藻门占总调查种类数的 88.2%，为三池浮游植物的优势类群，如图 3-1 所示。三池上游种类最丰富，共发现浮游植物 69 种，中游和下游种类相对较少。

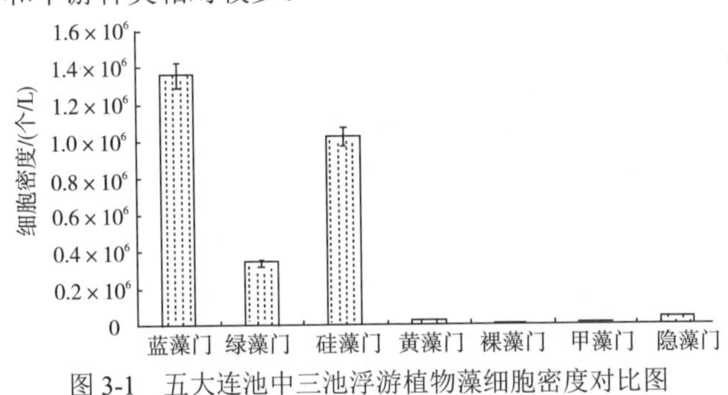

图 3-1　五大连池中三池浮游植物藻细胞密度对比图

五大连池中三池浮游植物细胞密度计算中，三断面的细胞密度分别为 2.804×10^6 个/L、5.902×10^6 个/L 和 3.601×10^6 个/L，其中湖中断面的藻细胞密度最高，其次为下游和上游断面。因三池上游物种类群最丰富，具有较好的代表性，故取上游断面藻细胞密度作图，如图 3-1、表 3-2 所示。蓝藻门细胞密度为 1.36×10^6 个/L，在构成门类中密度最高，占总藻细胞密度的 48.5%；绿藻门为 0.34×10^6 个/L，占总藻细胞密度的 12.1%；硅藻门为 1.02×10^6 个/L，占总藻细胞密度的 36.4%；裸藻门、黄藻门、甲藻门和隐藻门细胞密度较小，均未超过总藻细胞密度的 2%。故蓝藻门、硅藻门和绿藻门构成了总藻细胞密度的 97.1%，为构成五大连池中三池浮游植物的主要类群。

表 3-2　五大连池浮游植物组成

门类	种类组成	细胞密度		
		上游	湖中	下游
	卷曲鱼腥藻 *Anabaena circinalis*	+		
	波森鱼腥藻 *Anabaena poulseniana*	+		
	螺旋鱼腥藻收缢变种 *Anabaena spiroides* var.*contracta*		+	
	鱼腥藻 *Anabaena* sp.		+	
	阿氏项圈藻 *Anabaenopsis arnoldii*	+	+	+
	点型念珠藻 *Nostoc punctiforme*	+		
	球状念珠藻 *Nostoc sphaeroides*	+		
	罗氏藻 *Romeria* sp .	+	+	+
	微小色球藻 *Chroococcus minutus*	+		
	棕黄粘杆藻 *Gloeothece fusco-lutea*	+		
	中华尖头藻 *Raphidiopsis sinensia*	+		
	尖头藻 *Raphidiopsis* sp.	+		+
	中华平裂藻 *Merismopedia sinica*	+		+
	微小平裂藻 *Merismopedia tenuissima*	+	+	+
	细小平裂藻 *Merismopedia minima*		+	
	优美平裂藻 *Merismopedia elegans*	+		
蓝藻门 Cyanophyta	点形平裂藻 *Merismopedia punctata*			
	针晶蓝纤维藻 *Dactylococcopsis rhaphidioides*	+	+	+
	针晶蓝纤维藻镰刀形 *Dactylococcopsis rhaphidioides* f.*falciformis*		+	
	湖生束球藻 *Gomphosphaeria lacustuis*	+		
	柔软腔球藻 *Coelosphaerium kuetzingianum*	+		
	假鱼腥藻 *Pseudanabaena* sp.	+	+	
	巨颤藻 *Oscillatoria princeps*	+		
	强壮微囊藻 *Microcystis robusta*	+		
	衣藻叶绿素 *amydomonas* sp.		+	
	集星藻 *Actinastrum hantzschu*	+		+
	针形纤维藻 *Ankistrodesmus acicularis*	+	+	
	卷曲纤维藻 *Ankistrodesmus convolutus*		+	
	狭形纤维藻 *Ankistrodesmus angustus*			+
	二形栅藻 *Scenedesmus dimorphus*	+		
	四尾栅藻 *Scenedesmus quadricanda*	+	+	+
	双尾栅藻 *Scenedesmus bicaudatus*		+	+
	斜生栅藻 *Scenedesmus obliquus*	+	+	

续表

门类	种类组成	细胞密度		
		上游	湖中	下游
蓝藻门 Cyanophyta	双对栅藻 *Scenedesmus bijuga*	+	+	
	栅藻 *Scenedesmus* sp.			+
	四足十字藻 *Crucigenia tetrapedia*	+	+	+
	四角十字藻 *Crucigenia quadrata*	+		+
	四刺藻 *Treubaria crassispina*	+	+	+
	粗肾形藻 *Nephrocytium obesum*	+		+
	二角盘星藻纤细变种 *Pediastrum duplex* var.*gracillimum*	+	+	+
	四角盘星藻 *Pediastrum tetras*	+		
绿藻门 Chlorophyta	短棘盘星藻 *Pediastrum boryanum*	+		
	纤细角星鼓藻 *Staurastrum gracile*	+		
	集球藻 *Palmellococcus miniatus*			+
	小空星藻 *Coelastrum microporum*	+		+
	并联藻 *Quadrigula chodatii*	+		+
	纺锤藻 *Elakatothrix gelatinosa*		+	
	单棘四星藻 *Tetrastrum hastiferum*	+		
	四刺顶棘藻 *Chodatella quadriseta*		+	
	长刺顶棘藻 *Chodatella longiseta*			
	粗刺四刺藻 *Treubaria crassispina*			+
	微小四角藻 *Tetraedron minimum*	+	+	+
	三角四角藻 *Tetraedron trigonum*	+	+	
	集星藻 *Actinastrum hantzschu*		+	
	韦斯藻 *Westella botryoides*	+		
	钝角星鼓藻 *Staurastrum retusum*	+	+	
	湖生卵囊藻 *Oocystis lacustris*	+	+	+
	螺旋弓形藻 *Schroederia spiralis*	+	+	+
	拟菱形弓形藻 *Schroederia nitzschioides*			+
	小型月牙藻 *Selenastrum minutum*	+	+	
	非洲团藻 *Volvox africanus*	+		
	小齿凹顶鼓藻 *Euastrum denticulatum*	+		+
	实球藻 *Pandorina morum*	+		
	二角盘星藻长角变种 *Pediastrum duplex*	+	+	
	疏刺多芒藻 *Golenkinia paucispina*	+	+	+
硅藻门 Bacillariophyta	颗粒直链藻 *Melosira granulate*		+	+
	螺旋直链藻 *Melosira granulata* var.*angustissima* f.*spiralis*	+	+	
	螺旋颗粒直链藻 *Melosira graunlata* var. *angustissim*	+		
	变异直链藻 *Melosira varians*	+		+

续表

门类	种类组成	细胞密度		
		上游	湖中	下游
硅藻门 Bacillariophyta	意大利直链藻 *Melosira talica*	+	+	+
	扭曲小环藻 *Cyclotella comta*	+	+	+
	冠盘藻 *Stephanodiscus* sp.		+	+
	尖针杆藻 *Synedra acus*	+	+	+
	钝脆杆藻 *Fragilaria capucina*	+	+	+
	短小舟形藻 *Navicula exigua*		+	+
	双头舟形藻 *Navicula dicephala*		+	
	近线形菱形藻 *Nitzschia sublinearis*	+		
	缢缩异极藻头状变种 *Gomphonema constrictum* var. *capitatum*	+		
	斜纹长篦藻 *Neidium kozlowi*	+		
	胡斯特桥弯藻 *Cymbella hustedtii*	+		
	美丽星杆藻 *Asterionella formosa*	+		
	扁圆卵形藻 *Cocconeis pladentula*		+	
裸藻门 Euglenophyta	细粒囊裸藻 *Trachelomonas granulosa*	+	+	+
	尾裸藻 *Euglena caudata*	+	+	+
	绿裸藻 *Euglena viridis*	+	+	
	密集囊裸藻 *Trachelomonas crebea*	+	+	
	螺旋囊裸藻 *Trachelomonas spirogyra*		+	
	粗刺囊裸藻 *Trachelomonas horrida*			+
	瓣胞藻 *Petalomonas mediocanellata*	+		
黄藻门 Xanthophyta	小型黄丝藻 *Tribonema minus*	+		+
甲藻门 Pyrrophyta	微小多甲藻 *Peridinium pusillum*	+		+
	埃尔多甲藻 *Peridinium elpatiewskyi*	+	+	
隐藻门 Cryptophyta	啮蚀隐藻 *Cryptomonas erosa*	+	+	+
合计	93 种（变种）	2.804×10^6 个/L	5.902×10^6 个/L	3.601×10^6 个/L

五大连池中三池水体浮游植物三断面中，占优势的种类为蓝藻门的假鱼腥藻、硅藻门的尖针杆藻、扭曲小环藻。这三类在三断面中所占的比例均不相同，

上游假鱼腥藻密度最高，占总细胞密度的 34.1%，其次为尖针杆藻；湖中鱼腥藻密度最高，占总细胞密度的 14%，其次为扭曲小环藻；下游扭曲小环藻密度最高，占总细胞密度的 37.9%，其次为尖针杆藻。

五大连池中三池水体浮游植物在三断面的多样性指数如表 3-3 所示，Shannon-Wiener 指数 $H'(S)$ 值为 3.46～4.34，依据 $H'(S)$ 值评价，则五大连池中三池水体介于 β-中污带与寡污带之间；Margalef 指数 R 值为 2.45～4.58，依据 R 值评价，则五大连池中三池水体介于 β-中污带与寡污带之间。两种多样性指数评价结果一致，说明五大连池中三池水体质量尚处于较好的情况，污染程度较小。

表 3-3　浮游植物多样性指数

指数	指数值		
	上游	湖中	下游
Margalef 指数	4.58	3.02	2.45
Shannon-Wiener 指数	3.6	4.34	3.46

3.1.5　浮游动物状况

五大连池中三池浮游动物调查中，发现轮虫、枝角类、桡足类三类浮游动物，共计 18 种，无节幼体 1 类。其中轮虫种类较多，共 13 种，其次为枝角类 3 种，桡足类 2 种。其中上游断面发现 14 种，湖中和下游断面各发现 11 种。详细种类构成如表 3-4 所示。

表 3-4　浮游动物种类及分布

种类		上游	湖中	下游
轮虫 Rotifera	月形腔轮虫 *Lecane luna*	+	+	+++
	针簇多肢轮虫 *Polyarthra trigla*	+	+	+
	圆筒异尾轮虫 *Trichocerca cylindrical*		++	++
	长刺异尾轮虫 *Trichocerca longiseta*	+		
	裂足轮虫 *Schizocerca diversicornis*	+	+	+
	前节晶囊轮虫 *Asplanchna priodonta*	+++	+	
	长三肢轮虫 *Filina longiseta*	+++	+	
	萼花臂尾轮虫 *Brachionus calyciflorus*	+		
	角突臂尾轮虫 *Brachionus angularis*	+		
	蒲达臂尾轮虫 *Brachionus budapestiensis*	++	+	++
	剪形臂尾轮虫 *Brachionus forficula*	+	+	
	镰状臂尾轮虫 *Brachionus falcatus*	+		
	四角平甲轮虫 *Platyias quadricornis*			+

续表

	种类	上游	湖中	下游
枝角类 Cladocera	简弧象鼻蚤 *Bosminidae coregoni*	+		+
	僧帽蚤 *Daphnia cucullata*		+	
	短尾秀体蚤 *Diaphanosoma brachyurum*			+
桡足类 Copepoda	锯缘真剑蚤 *Eucyclops serrulatus*	++	++	+
	近邻剑水蚤 *Cyclops vicinus*			+
无节幼体 Nauplius		+++	+	+
种类数	18	14	11	11

注：加号数目表示多少和优势情况，+++表示数量大；++表示个体较多；+表示个体少。

五大连池三断面浮游动物密度组成和分布如表 3-5 所示，上游、湖中和下游的密度分别为 101 个/L、248 个/L 和 891 个/L，平均密度为 413.33 个/L，浮游动物密度从上游到下游逐渐增大，轮虫的密度变化趋势一致。桡足类的密度在湖中最大，其次为下游，上游密度最小。浮游动物中密度最大的为轮虫，比例占总浮游动物的 87.02%，其次为桡足类及无节幼体，枝角类密度最少。

表 3-5 浮游动物密度组成和分布

种类	上游/（个/L）	湖中/（个/L）	下游/（个/L）	平均/（个/L）	比例/%
轮虫	88	209	782	359.67	87.02
枝角类	0	0	0	0	0
桡足类	7	23	12	14	3.39
无节幼体	6	16	97	39.67	9.6
合计	101	248	891	413.33	—

五大连池中三池三断面浮游动物生物量组成和分布如表 3-6 所示，上游、湖中和下游的密度分别为 0.2692mg/L、0.8376mg/L 和 1.0608mg/L，平均生物量为 0.72mg/L，其中比例最大的为桡足类，平均生物量占总生物量的 58.13%，其次为无节幼体和轮虫。

表 3-6 浮游动物生物量组成和分布

种类	上游/（mg/L）	湖中/（mg/L）	下游/（mg/L）	平均/（mg/L）	比例/%
轮虫	0.0352	0.0836	0.3128	0.14	19.91
枝角类	0	0	0	0	0
桡足类	0.21	0.69	0.36	0.42	58.13
无节幼体	0.024	0.064	0.388	0.16	21.96
合计	0.2692	0.8376	1.0608	0.72	—

五大连池中三池三断面浮游动物 Margalef 多样性指数 *R* 变化情况如表 3-7 所示，上游、湖中和下游的多样性指数 *R* 分别为 3.03、1.81 和 1.47，平均值为 2.11，自上游到下游多样性指数 *R* 有依次减小的趋势。

表 3-7　浮游动物 Margalef 多样性指数

指数	上游	湖中	下游	平均
Margalef 指数	3.03	1.81	1.47	2.11

3.1.6　底栖动物状况

五大连池中三池及四池底栖动物的种类组成及生物量统计如表 3-8 所示，因三池中采集到的底栖样品较少，故在四池湖中又加采 1 个样品。四断面共发现 5 种底栖动物，其中淡水单孔蚓在上游和湖中中均有发现，个体数最多的底栖动物也是淡水单孔蚓，生物量最大的是中华米虾，为 0.237g/m^2。

表 3-8　底栖动物密度和生物量统计

	种类	密度/（个/m^2）	生物量/（g/m^2）
上游	淡水单孔蚓 *Monopylephorus limosus*	36	0.18
三池湖中	中华摇蚊 *Chironomus sinicus*	12	0.06
下游	淡水单孔蚓 *Monopylephorus limosus*	24	0.012
	幽蚊 *Chaoborus* sp.	12	0.036
四池湖中	小划蝽 *Sigara substriata*	1	0.025
	中华米虾 *Caridina denticulata sinensis*	7	0.237

3.1.7　其他生态组分

五大连池鱼类共 6 目、12 科、39 属、46 种，包括鲶科、鳢科、鳅科、鲤科、塘鳢科、狗鱼科、胡爪鱼科、丝足鲈科、七鳃鳗科、鲑科、鮨科和鲇科。常见的种类有鲫鱼、鲤鱼、鳌条、鲢鱼、鳙鱼、草鱼等。鱼类中数量最大的是鲤科鱼类——鲤鱼、鲦鱼及相近鱼类，占物种总数的 63.04%以上，鲤科鱼类分布广泛、数量庞大、种类繁多。五大连池还分布有不少具有良好冷水性的北方鱼种，如东北雅罗鱼和黑斑狗鱼。除此之外还分布有圆口纲鱼类——雷氏七鳃鳗。

树木主要有蒙古栎、白桦、黑桦、山杨、红松、兴安落叶松、红皮云杉、樟子松等，还有少量紫椴、核桃楸、春榆、木槭、黄菠萝、鱼鳞云杉等。

挺水群落主要由芦苇、香蒲、泽泻、慈姑、水葱、蔗草等组成。漂浮群落以槐叶萍、浮萍、紫萍等为多。浮叶群落以菱、荇菜、睡莲、两栖荇菜为主。沉水群落的代表有眼子菜、菹草、金鱼藻、狐尾藻、茨藻等。

大型野生动物主要有灰鹤、松鸡、白顶鹤、小耳枭、水獭、黑熊等。珍稀动物有麋鹿、丹顶鹤、中华秋沙鸭、鸨等，均为国家一级保护动物。

3.1.8 存在的问题

水土流失线性严重。五大连池地区土壤肥沃，雨量适中，适于耕种。但近年来，大片林木被垦为耕地，水土流失逐年加重，头池、二池、五池等水域沿岸绿色植被的破坏造成了严重的水土流失，河流和湖泊混浊度加大，湖水变浅，有机质含量越来越高，水生藻类生长旺盛，水质下降。特别是五池，湖床与20世纪50年代相比已上升1.1m，北岸不断坍塌，水土流失严重，严重破坏了生态平衡。

化肥和农药的使用。本区现有耕地200km^2，由于化肥和农药的大量使用，部分残余农药随大气降水产生的地表径流流入河流和湖泊，污染了地表水；还有部分残余农药被雨水淋溶下渗，污染了地下水。当地居民及旅游疗养人员形成的医疗垃圾、生活垃圾和污水以及工业废水，不经处理随意排放，造成水环境的污染。

3.2 磨盘山水库

3.2.1 自然地理概况

磨盘山水库为拉林河干流大型控制性工程，位于拉林河干流沙河子镇沈家营村上游1.8km处，地理坐标为东经127°41′，北纬44°23′，距河口343km，距哈尔滨市约180km，控制流域面积为1151km^2，水库总库容5.23亿m^3，死水位298m，正常蓄水位318m，坝顶高程324.5m。

磨盘山水库供水工程是以供水为主，主要为哈尔滨市供水，兼向沿线山河、五常等城镇供水，并结合下游防洪、农田灌溉、环境用水等综合利用的水利枢纽工程。2005年完成其一期工程建设，2006年年底向哈尔滨市供水，年城镇供水总量为3.372亿m^3，补充灌溉面积为2.8万hm^2，防洪保护村屯111个、耕地2.09万hm^2。

磨盘山水库的主要入库河流是拉林河、大沙河和洒沙河。磨盘山水库属拉林河流域，年降水量为800mm。磨盘山地区植被覆盖率达83%，坝址年径流量最大为9亿m^3，最小为2.8亿m^3，多年平均为5.6亿m^3。水库坝址上游耕地总面积约为3448hm^2，其中水田为692km^2，旱田为2756hm^2，人口约1.77万人。磨盘山水库地处张广才岭西坡，地带性植被为红松阔叶混交林，由于林区开发久远，并被多次反复采伐，具有超过100年的采伐历史，现多为次生森林植被。

拉林河流域属中温带大陆性季风控制地区，天气较为寒冷，年平均气温在

3℃左右，极端最低气温-40.9℃，极端最高气温 35.6℃，无霜期 110～140 天，初霜 9 月中下旬，终霜 5 月中旬。土壤最大冻深达 2m。多年降水量 500～800mm，上游山区大，下游平原小，降水量年内分配极不均匀，多集中在 6～8 月份，约占全年降水量的 70%。年平均蒸发量 1000～1500mm（20cm 蒸发皿），上游山区小，下游平原大。年积温 2500～2700℃。全年日照时数 2400～2600h。

由于五常气象台无气温刊印资料，所以本书参考了双城气象台的气温资料。多年平均气温 3.5℃，极端最高气温 35.5℃，出现时间为 1972 年 7 月，极端最低气温-39.0℃，出现时间为 1970 年 1 月，无霜期 110～140 天，初霜 9 月中下旬，终霜 5 月中旬。年积温 2500～2700℃，多年平均日照时数 2600h。

3.2.2 采样断面布设

磨盘山水库属于山谷型水库，为狭长的深水水库，上游为浅滩或淤积区域，且磨盘山水库的坝上和库中具有较好的代表性，故分别在其水库坝上（北纬 44°23′45″、东经 127°41′36″）、水库湖中（北纬 44°24′11″、东经 127°42′46″）布设监测断面，对其进行采样和分析。

3.2.3 富营养化及水质状况

磨盘山水库主要水质及富营养化状况如表 3-9 所示，以高锰酸盐指数（COD_{Mn}）、总磷（TP）、总氮（TN）、透明度（SD）、叶绿素 a（Chl-a）评价，湖中、坝上的水质类别为Ⅳ类和Ⅲ类，如总磷、总氮不参评则为Ⅲ类和Ⅱ类，主要原因为总氮浓度较高，湖中和坝上断面水体总氮浓度分别超过 1mg/L 和 0.5mg/L，从而使水质类别降低。两断面富营养化指数分别为 46.02 和 46.69，营养状态均为中营养，富营养化程度较低。

表 3-9　磨盘山水库主要水质及富营养化状况

断面	参数	水体富营养化状况										营养状态
		T/℃	pH	DO/（mg/L）	COD_{Mn}/（mg/L）	TP/（mg/L）	TN/（mg/L）	SD/m	Chl-a/（mg/L）	综合水质类别：TN、TP参评	综合水质类别：TN、TP不参评	
坝上	数值	25.8	8.34	9.25	5	0.02	1.01	1.8	0.0057	Ⅳ	Ⅲ	中营养
	指数	—	—	—	52.5	36.7	60.1	38	42.8			
湖中	数值	25.8	8.85	8.96	3.7	0.04	0.88	1.5	0.0048	Ⅲ	Ⅱ	中营养
	指数	—	—	—	48.5	46	57.6	40	41.3			

磨盘山水库两断面氨氮浓度分别为0.17mg/L、0.19mg/L，平均为0.18mg/L，浓度值相对较小，均小于0.5mg/L，为地表水环境质量Ⅱ类标准；五日生化需氧量均为0.9mg/L，数值较小，小于3mg/L，为Ⅰ类标准；总硬度范围为35.7～38.5，平均值为37.1，地表水评价中为软水；水体铜、铅、汞、镉浓度均低于检测限，均不超过国标地表水环境质量标准。

3.2.4 浮游植物状况

磨盘山水库浮游植物调查中，共发现浮游植物6门、35种（变种），详细种类构成如图3-2、表3-10所示。其中蓝藻门7种，占调查种类数的20%；绿藻门14种，占调查种类的40%；硅藻门10种，占调查种类的28.6%；黄藻门、甲藻门和隐藻门种类较少，分别为1种、2种、1种，所占种数比例较小。蓝藻门、绿藻门和硅藻门占总调查种类数的88.6%，为磨盘山水库浮游植物种类组成的优势类群。水库坝上（下游）和水库湖中（中游）种类数分别为25种和24种，分别占发现种数的71.4%和68.6%。

磨盘山水库坝上（下游）和湖中（中游）两断面浮游植物细胞密度分别为8.75×10^6个/L和17.9×10^6个/L，其中湖中断面的藻细胞密度较高。磨盘山水库两断面蓝藻门和硅藻门所占比例较大，其次为绿藻门。

蓝藻门和硅藻门在两断面分别占藻细胞的98.4%和96.3%，为磨盘山水库浮游植物细胞的主要构成类群。绿藻门在湖中和坝上两断面分别占藻细胞的1.26%和 2.15%，比例较小。黄藻门、甲藻门和隐藻门细胞密度较小，均未超过总藻细胞的0.5%。

图3-2 磨盘山水库浮游植物藻细胞密度对比图

磨盘山水库水体浮游植物在两断面中，占优势的种类为蓝藻门的假鱼腥藻、硅藻门的扭曲小环藻、弧形短缝藻，在两断面中所占的比例均不相同。湖中假鱼腥藻密度最高，占总细胞密度的41.9%；其次为扭曲小环藻，占总细胞密度的21.8%；再次为弧形短缝藻，占总细胞密度的16.1%。三者共占总细胞密度的 79.8%。坝上扭曲小环藻密度最高，占总细胞密度的 34.6%；其次为弧形短缝藻，占总细胞密度的 33.7%；再次为假鱼腥藻，占总细胞密度的 18.6%。三者共占总细胞密度的 86.9%。假鱼腥藻、扭曲小环藻和弧形短缝藻构成了磨盘山水库水体浮游植物藻细胞密度的主要类群，为本水库的优势种类。

表 3-10 磨盘山水库浮游植物组成

门类	种类组成	细胞密度	
		水库坝上（下游）	水库库中（中游）
蓝藻门 Cyanophyta	假鱼腥藻 *Pseudanabaena* sp.	+	+
	点形念珠藻 *Nostoc punctiforme*	+	+
	微小平裂藻 *Merismopedia tenuissima*	+	
	罗氏藻 *Romeria* sp.	+	+
	小席藻 *Phormidium tenue*	+	
	鱼腥藻 *Nabaena*.sp.	+	+
	针晶蓝纤维藻 *Dactylococcopsis rhaphidioides*	+	+
绿藻门 Chlorophyta	四尾栅藻 *Scenedesmus quadricanda*	+	
	双对栅藻 *Scenedesmus bijuga*	+	+
	斜生栅藻 *Scenedesmus obliquus*	+	
	双尾栅藻 *Scenedesmus bicaudatus*		+
	衣藻叶绿素 *Amydomonas* sp.		+
	微小四角藻 *Tetraedron minimum*	+	+
	四链藻 *Tetradesmus wisconsinense*	+	
	月牙藻 *Selenastram bibrainum*	+	+
	二角盘星藻纤细变种 *Pediastrum duplex* var.*gracillimum*	+	
	钝角星鼓藻 *Staurastrum retusum*		+
	纤细角星鼓藻 *Staurastrum gracile*		+
	疏刺多芒藻 *Golenkinia paucispina*		+
	肥壮蹄形藻 *Kirchneriella obesa*		+
	多毛棒形藻 *Baculiphyca*	+	
硅藻门 Bacillariophyta	纤细羽纹藻 *Pinnularia gracillima*	+	+
	扭曲小环藻 *Cyclotella comta*	+	+
	尖针杆藻 *Synedra acus*	+	+
	钝脆杆藻 *Fragilaria capucina*		
	美丽星杆藻 *Asterionella formosa*		+
	弧形短缝藻 *Eunolia arcus*	+	+
	缢缩异极藻 *Gomphonema constrictum*	+	
	短小舟形藻 *Navicula exigua*	+	+
	扁圆卵形藻 *Cocconeis pladentula*		+
	线形舟形藻 *Navicula graciloides*	+	

续表

门类	种类组成	细胞密度	
		水库坝上（下游）	水库库中（中游）
黄藻门 Xanthophyta	膝口藻 *Gonyostomum semen*		+
甲藻门 Pyrrophyta	微小多甲藻 *Peridinium pusillum*	+	+
	埃尔多甲藻 *Peridinium elpatiewskyi*	+	
隐藻门 Cryptophyta	啮蚀隐藻 *Cryptomonas erosa*	+	+
合计	35 种	8.7535×10^6 个/L	17.9319×10^6 个/L

磨盘山水库水体浮游植物两断面的多样性指数如表 3-11 所示，Shannon-Wiener 指数 $H'(S)$ 值为 2.17～2.37，依据 $H'(S)$ 值评价，磨盘山水库水体属于 β-中污带。Margalef 指数 R 值为 1.5，依据 R 值评价，则磨盘山水库水体属于 α-中污-重污型。通过两种多样性指数评价结果说明磨盘山水库水体质量处于 β-中污带与 α-中污-重污型之间，污染程度中等。

表 3-11　浮游植物多样性指数

指数	指数值	
	坝上	湖中
Margalef 指数	1.50	1.50
Shannon-Wiener 指数	2.17	2.37

3.2.5　浮游动物状况

磨盘山水库水体浮游动物调查中，发现轮虫、枝角类、桡足类三类浮游动共计 14 种，无节幼体 1 类。其中轮虫种类较多，共 10 种；其次为枝角类和桡足类，各 2 种。湖中共发现 10 种，坝上断面共发现 11 种。湖中断面针簇多肢轮虫、圆筒异尾轮虫、蒲达臂尾轮虫和剪形臂尾轮虫数量较多，其余种类数量较少；坝上断面剪形臂尾轮虫数量较多，其余种类数量较少。详细种类构成如表 3-12 所示。

表 3-12　浮游动物种类及分布

种类		湖中	坝上
轮虫 Rotifera	月形腔轮虫 *Lecane luna*	+	+
	针簇多肢轮虫 *Polyarthra trigla*	++	+
	圆筒异尾轮虫 *Trichocerca cylindrical*	++	
	冠饰异尾轮虫 *Trichocerca lophoessa*		+
	前节晶囊轮虫 *Asplanchna priodonta*	+	+
	长三肢轮虫 *Filina longiseta*		+
	角突臂尾轮虫 *Brachionus angularis*	+	
	壶状臂尾轮虫 *Brachionus urceus*	+	

续表

种类		湖中	坝上
	蒲达臂尾轮虫 *Brachionus budapestiensis*	++	+
	剪形臂尾轮虫 *Brachionus forficula*		+++
枝角类 Cladocera	短尾秀体蚤 *Diaphanosoma brachyurum*	+	
	筒弧象鼻蚤 *Bosminidae coregoni*		+
桡足类 Copepoda	锯缘真剑蚤 *Eucyclops serrulatus*	+	+
	近邻剑水蚤 *Cyclops vicinus*		+
无节幼体 Nauplius		+	+
种类数	14	10	11

注：加号数目表示多少和优势情况，+++表示数量大；++表示个体较多；+表示个体少。

磨盘山水库两断面浮游动物密度组成和分布如表 3-13 所示，湖中和坝上的密度分别为 46 个/L 和 8 个/L，平均密度为 27 个/L，浮游动物密度从湖中到坝上逐渐下降，各类群浮游动物密度变化趋势一致。其中密度最大的为轮虫，占浮游动物的 79.6%；其次为桡足类及无节幼体，分别占浮游动物的 11.1%和 9.3%；枝角类密度最小。

表 3-13　浮游动物密度组成和分布

种类	湖中/（个/L）	坝上/（个/L）	平均/（个/L）	比例/%
轮虫	36	7	21.5	79.6
枝角类	0	0	0	0
桡足类	5	1	3	11.1
无节幼体	5	0	2.5	9.3
合计	46	8	27	100

磨盘山水库两断面浮游动物生物量组成和分布如表 3-14 所示，湖中和坝上的生物量分别为 0.1844mg/L 和 0.0328mg/L。平均生物量为 0.1086mg/L。其中比例最大的为桡足类，平均生物量占总生物量的 82.9%；其次为无节幼体和轮虫，分别占浮游动物总生物量的 9.2%和 7.9%；枝角类生物量最少。

表 3-14　浮游动物生物量组成和分布

种类	湖中/（mg/L）	坝上/（mg/L）	平均/（mg/L）	比例/%
轮虫	0.0144	0.0028	0.0086	7.9
枝角类	0	0	0	0
桡足类	0.15	0.03	0.09	82.9
无节幼体	0.02	0	0.01	9.2
合计	0.1844	0.0328	0.1086	100

磨盘山水库两断面浮游动物 Margalef 多样性指数 R 变化情况如表 3-15 所示，湖中和坝上的多样性指数 R 分别为 2.84 和 4.33，平均值为 3.58。湖中和坝上多样性指数 R 有依次增大的趋势。

表 3-15 浮游动物 Margalef 多样性指数

指数	湖中	坝上	平均
Margalef 指数	2.84	4.33	3.58

3.2.6 底栖动物状况

磨盘山水库底栖动物的密度及生物量统计如表 3-16 所示，湖中共发现 3 种底栖动物，坝上未采获底栖动物。个体数最多的底栖动物为台湾长跗摇蚊，共发现 256 个/m^2；其次为小云多足摇蚊，有 96 个/m^2。生物量最大的为台湾长跗摇蚊，有 0.192g/m^2。

表 3-16 底栖动物密度和生物量统计

站位	种类	密度/（个/m^2）	生物量（g/m^2）
湖中	小云多足摇蚊 *Polypedilum nubeculosum*	96	0.08
	德永雕翅摇蚊 *Glyptotendipes tokunagai*	16	0.096
	台湾长跗摇蚊 *Tanytarsus formosanus*	256	0.192
坝上	未采获底栖动物	—	—

3.2.7 其他生态组分

磨盘山水库地区林区植被类型以胡桃楸、水曲柳、黄菠萝和枫、榆、色树等硬阔树种为主，局部地区有红松、云冷杉、柞树和杨、桦林。丘陵区植被以乔木、灌木次生林为主，其次为草本植物。森林覆盖率为 13%，林型以杨、桦、椴为主，局部地区有三大硬阔混交林，山顶有柞林。

动物种类繁多，林中主要有狼、野猪、貉、猞猁、野兔、黄鼬、狐狸、鼠类等，此外还有百余种鸟类以及昆虫类、爬行类等在区域内广泛分布。但库区动物资源以家禽家畜为主，如牛、马、猪、羊、兔等，野生动物则由于人类活动的干扰而日趋减少。输水管线所经地区动物资源以鼠类为主。

水生生物据以往库区河段调查，共有浮游植物 2 门、20 种，其中硅藻门类 16 种，浮游动物种类很少，水声维管束植物种类多、数量少。河段中天然鱼类资源较贫乏，仅有鲤鱼、麦穗鱼、泥鳅、狗鱼等，且没有形成生产力。

3.2.8 存在的问题

磨盘山水源地最直接的农业面源污染主要是农药、化肥等污染。这里的农田中农药、化肥和除草剂的施用量相对较多，其中部分随地表径流进入拉林河和磨盘山水库，在水源地形成潜在的有机污染，对水库水质安全造成威胁。磨盘山水源地附近农民仍在开荒种地，水库核心区内现在还有上千户农民没有迁移，水库核心区内尚有1万多亩农田仍属水源保护区内农民所有，并用于农业生产。另外，磨盘山水库周边的农村生活污水、生活垃圾和畜禽养殖等也是面源污染的重要来源。

凤凰山为拉林河的源头，水库上游的凤凰山已建成凤凰山国家森林公园。凤凰山慢慢成为旅游、观光和娱乐的场所，凤凰山森林湿地开发建设以及人为活动的增加必将破坏凤凰山生态环境，拉林河上游森林植被的开发如果得不到有效制止，森林集水区面积将减少，拉林河的源头水质状况将难以保证。

3.3 镜泊湖

3.3.1 自然地理概况

镜泊湖，历史上称阿卜湖，在行政区划上属于黑龙江省宁安县，位于黑龙江省东南部张广才岭与老爷岭之间，即宁安市西南 50km 处，距牡丹江市区 110km，地处东经 120°30′～129°10′，北纬 43°46′～44°18′，总面积约 200km^2，南接吉林省敦化县，西靠海林市，北连牡丹江。镜泊湖为第四纪的中晚期火山爆发后，玄武岩浆堵塞牡丹江道而形成的火山熔岩堰塞湖，是中国最大的典型熔岩堰塞湖。

镜泊湖平均深度为40m，由南向北逐渐加深，最深处达62m，湖身纵长50km，最宽处 9km，最窄处枯水期也有 300m。在 350m 高程水位时（平均水位）湖岸线长 198km，湖面面积 91.5km^2，湖泊容积 11.8 亿 m^3。全湖分为北湖、中湖、南湖和上湖四个湖区，由西南至东北，蜿蜒曲折，呈“S”形，湖岸多港湾。湖盆形态由南向北逐渐加深；底质在南部多为腐泥，北部多为砂岩，并有少量的砂、淤泥沉积。湖周围尚有 30 多条入湖河流，较大者有大夹吉河、松乙河。

夏季（6～8 月）炎热，湿润多雨，7 月平均气温 19～20℃，最高气温达 38℃，降水量 200～400mm，占全年的 60%～70%，由于降水集中，且间有暴雨，易发生洪涝灾害，需防洪防涝。

镜泊湖属中营养湖，表现为富营养化为期半年，以 7 月、8 月、9 月这三个月最为严重，主要是磷含量高。冬季水温为0～0.8℃（表层）；夏季表层水温最高可达27℃，全湖年平均气温2.5℃。水温分层明显，湖水的分层期为每年的5～9月，7月温跃层出现在10～21m，平均深度11m，温度递减率为0.79℃/m；9月温跃层出现深度为19～31m，比7月下移10m左右，斜温层平均深度93m，温度递减率为0.61℃/m。11月初期湖面开始结冰；冰层厚0.6～1m。镜泊湖鱼类组成在20世纪80年代有10科、40种，有文献记载的镜泊湖鱼类共计52种。春季（3～5月）易发生春旱和大风，气温回升快而且变化无常，升温或降温一次可达10℃。春季平均降水量50～80mm，仅占全年的15%左右。

3.3.2 采样断面布设

镜泊湖属于山谷型水库，为狭长的深水水库，且中游有一重要支流汇入。分别在镜泊湖湖口（镜泊山庄附近，北纬44°21′22″、东经128°55′8″）、湖中（大姜窑沟附近，北纬43°54′24″、东经128°58′48″）和湖尾（东大泡，北纬43°48′21″、东经128°51′8″）布设监测断面，对其进行采样和分析。

3.3.3 富营养化及水质状况

镜泊湖主要水质及富营养化状况如表3-17所示，镜泊湖三段面水体pH均显示出其为碱性，以高锰酸盐指数（COD_{Mn}）、总磷（TP）、总氮（TN）、透明度（SD）、叶绿素a（Chl-a）评价，湖口、湖中、湖尾的水质类别分别为劣Ⅴ类、Ⅲ类和Ⅲ类，如总磷、总氮不参评则三断面均为Ⅲ类。三断面富营养化指数分别为50.2、47.2和50.5，湖口和湖尾均为轻度富营养，湖中为中营养，在受人为干预影响较小自然湖泊中，富营养化程度较高。

表3-17 镜泊湖主要水质及富营养化状况

断面	参数	水体富营养化状况										营养状态
		T/℃	pH	DO/（mg/L）	COD_{Mn}/（mg/L）	TP/（mg/L）	TN/（mg/L）	SD/m	Chl-a/（mg/L）	综合水质类别 TN、TP参评	综合水质类别 TN、TP不参评	
湖口	数值	27.0	9.3	12.6	4.3	0.04	0.79	0.6	0.0119	劣Ⅴ	Ⅲ	轻度富营养
	指数	—	—	—	50.8	46	55.8	58.0	51.2			
湖中	数值	27.7	8.6	9.4	4.9	0.02	0.79	1.1	0.006	Ⅲ	Ⅲ	中营养
	指数	—	—	—	52.3	36.7	55.8	48.0	43.4			
湖尾	数值	27.2	8.7	9.7	4.6	0.02	0.72	1.5	0.0647	Ⅲ	Ⅲ	轻度富营养
	指数	—	—	—	51.5	36.7	54.4	40.0	70.1			

镜泊湖三断面水体的盐度为0.04～0.05mg/L，浓度较低。三断面水体总硬度为44.7～52.4mg/L，按地表水评价标准其为极软水。三断面水体氨氮浓度为0.14～0.16mg/L，平均为0.147mg/L，浓度值相对较小，为地表水Ⅰ～Ⅱ类标准。三断面五日生化需氧量为1.3～1.9mg/L，平均为0.163mg/L，为地表水Ⅰ类标准。三断面水体铜、铅、镉浓度均低于检测限，浓度值较小。

3.3.4 浮游植物状况

镜泊湖浮游植物调查中，共发现浮游植物8门、54种（变种），详细种类构成如表3-18所示。其中蓝藻门13种，占调查种类的24.1%；绿藻门20种，占调查种类的37%；硅藻门13种，占调查种类的24.1%；甲藻门3种，占调查种类的5.6%；黄藻门、金藻门、裸藻门和隐藻门种类较少，分别为1种、1种、2种和1种，所占比例较小。蓝藻门、绿藻门和硅藻门占总调查种类数的85.2%，为镜泊湖浮游植物种类组成的优势类群。湖口、湖中和湖尾种类数分别为37种、15种和26种，分别占发现种数的68.5%、27.8%和48.2%，湖口断面发现种类最多，湖中断面发现种类最少。

表3-18 镜泊湖浮游植物组成

门类	种类组成	藻细胞密度		
		湖口	湖中	湖尾
蓝藻门 Cyanophyta	假鱼腥藻 *Pseudanabaena* sp.	+	+	+
	强壮微囊藻 *Microcystis robusta*	+	+	+
	罗氏藻 *Romeria* sp.	+	+	+
	微小平裂藻 *Merismopedia tenuissima*	+		
	球孢鱼腥藻 *Anabaena sphaerica*			+
	螺旋鱼腥藻收缢变种 *Anabaena spiroides* var.*contracta*	+		+
	等长鱼腥藻 *Anabaena aequalis*			+
	阿氏项圈藻 *Anabaenopsis arnoldii*	+		
	针晶蓝纤维藻 *Dactylococcopsis rhaphidioides*	+	+	
	针晶蓝纤维藻镰刀形 *Dactylococcopsis rhaphidioides* f.*falciformis*	+		
	中华小尖头藻 *Raphidiopsis sinensia*	+		
	螺旋藻 *Pirulina* sp.	+		
	微小色球藻 *Chroococcus minutus*	+		

续表

门类	种类组成	藻细胞密度		
		湖口	湖中	湖尾
绿藻门 Chlorophyta	双尾栅藻 *Scenedesmus bicaudatus*		+	
	四尾栅藻 *Scenedesmus quadricanda*	+		
	双对栅藻 *Scenedesmus bijuga*	+		
	弯曲栅藻 *Scenedesmus arcuatus*	+		
	二形栅藻 *Scenedesmus dimorphus*	+		
	集星藻 *Actinastrum hantzschu*	+		
	实球藻 *Pandorina morum*			+
	二角盘星藻长角变种 *Pediastrum duplex*	+		+
	二角盘星藻纤细变种 *Pediastrum duplex* var.*gracillimum*	+		
	纤细角星鼓藻 *Staurastrum gracile*	+		+
	四足十字藻 *Crucigenia tetrapedia*	+	+	
	多芒藻 *Golenkinia radiata*			+
	小球藻 *Chlorella vulgaris*	+		
	针形纤维藻 *Ankistrodesmus acicularis*			+
	镰形纤维藻 *Ankistrodesmus falcatus*	+		
	三角四角藻 *Tetraedron trigonum*	+		
	湖生卵囊藻 *Oocystis lacusrtis*			+
	椭圆卵囊藻 *Oocystis elliptica*	+	+	
	细链丝藻 *Hormidium subtile*			+
	小转板藻 *Maugeotia parvula*			+
硅藻门 Bacillariophyta	扭曲小环藻 *Cyclotella comta*	+	+	+
	尖针杆藻 *Synedra acus*	+		
	钝脆杆藻 *Fragilaria capucina*	+	+	+
	中型脆杆藻 *Fragilaria intermedia*			
	意大利直链藻 *Melosira talica*	+		+
	螺旋直链藻 *Melosira granulata* var.*angustissima* f.*spiralis*	+		
	颗粒直链藻 *Melosira granulate*	+	+	+
	颗粒直链藻最窄变种 *Melosira granulate* var. *angustissima*			+
	短小舟形藻 *Navicula exigua*	+		
	微小舟形藻 Nadcula *perminma*			+
	斜纹长篦藻微细变种 *Neidium kozlowi* var.*parva*	+	+	
	胡斯特桥弯藻 *Cymbella hustedtii*		+	+
	美丽星杆藻 *Asterionella formosa*		+	+
金藻门 Chrysophyta	变形单鞭金藻 *Chromulina parcheri*			+
黄藻门 Xanthophyta	棕色刺棘藻 *Centritractus brunneus*	+		

续表

门类	种类组成	藻细胞密度		
		湖口	湖中	湖尾
裸藻门 Euglenophyta	密集囊裸藻 *Trachelomonas crebea*	+	+	
	尾裸藻 *Euglena caudata*			+
甲藻门 Pyrrophyta	微小多甲藻 *Peridinium pusillum*	+	+	
	楯形多甲藻 *Peridinium umbonatum*			+
	飞燕角甲藻 *Ceratium hirundinella*			+
隐藻门 Cryptophyta	啮蚀隐藻 *Cryptomonas erosa*	+	+	
合计	54 种（变种）	10.062×10^6 个/L	6.008×10^6 个/L	1.672×10^6 个/L

镜泊湖湖口、湖中和湖尾三断面浮游植物细胞密度分别为 10.06×10^6 个/L、6.01×10^6 个/L 和 1.67×10^6 个/L。湖口断面的藻细胞密度最高，其次为库中，湖尾密度最小，从上游至下游水体藻细胞密度有逐渐减小的趋势。镜泊湖三断面各门浮游植物细胞密度如图 3-3 所示，蓝藻门和硅藻门所占比例较大，其次为绿藻门。

在湖口、湖中和湖尾三断面水体中，浮游植物细胞密度组成差异较大，其中湖口断面蓝藻门所占比例较大，为 71.8%，是该断面的优势门类，其次为硅藻门类群，占 17.7%；湖尾和湖中断面硅藻门所占比例较大，分别为 81.5%和 97.4%，为该断面的优势门类，其次为蓝藻门类群，分别为 8.4%和 2.2%，湖中断面优势类群较单一；绿藻门在湖口、湖中和湖尾三断面藻细胞密度组成中，分别占 9.5%、0.2%和 3.9%，较蓝藻门和硅藻门所占比例小；此外在湖尾断面金藻门占总细胞密度的 5.5%，为该断面重要组成部分，而在湖口和湖中断面所占比例较小；黄藻门、裸藻门、甲藻门和隐藻门细胞密度较小，所占比例均未超过 1%。

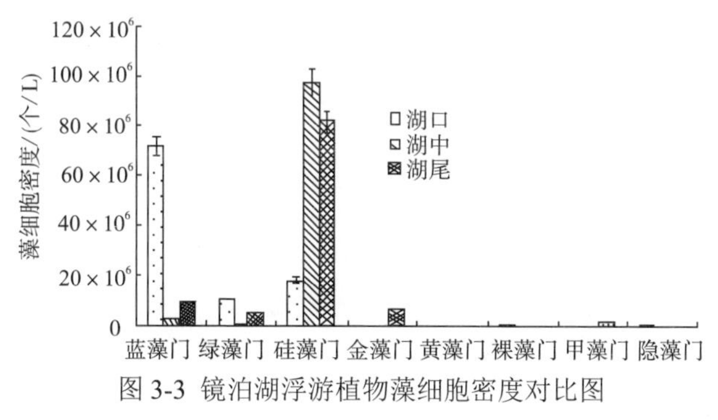

图 3-3 镜泊湖浮游植物藻细胞密度对比图

镜泊湖浮游植物组成如表 3-18 所示，镜泊湖水体浮游植物在三个断面中，占优势的种类为蓝藻门的微小平裂藻、假鱼腥藻、罗氏藻，以及硅藻门的扭曲小环藻、钝脆杆藻，三断面中所占的比例均不相同。湖口水体微小平裂藻密度最高，占 37%；其次为假鱼腥藻，占 17.9%；再次为扭曲罗氏藻和小环藻，分别占 12.8%和 12.3%。四者共占 80.1%。湖中水体钝脆杆藻密度最高，占 88.2%；其次为颗粒直链藻，占 8.3%。两者共占总细胞密度的 96.5%。湖尾断面水体钝脆杆藻密度最高，占 61.9%；其次为扭曲小环藻，占 17.9%。两者共占总细胞密度的 79.8%。其余种类藻细胞所占比例均未超过 5%。

镜泊湖水体浮游植物在三断面的多样性指数如表 3-19 所示，Shannon-Wiener 指数 $H'(S)$ 值为 0.74～3.07，依据 $H'(S)$ 值评价，镜泊湖水体介于多污带与寡污带之间；Margalef 指数 R 值为 0.90～2.23，依据 R 值评价，则镜泊湖水体介于 α-中污-重污型与 β-中污型之间。从两种多样性指数评价结果分析，镜泊湖水体湖口多样性指数最高，其次为湖尾，再次为湖中，两种多样性指数变化趋势相一致，镜泊湖水体质量存在一定的污染，尤其在湖中和湖尾断面，值得注意。

表 3-19　浮游植物多样性指数

指数	指数值		
	湖口	湖中	湖尾
Margalef 指数	2.23	0.90	1.75
Shannon-Wiener 指数	3.07	0.74	2.02

浮游动物种类及分布如表 3-20 所示，镜泊湖浮游动物调查中，发现轮虫、枝角类、桡足类三类浮游动物共计 15 种，无节幼体 1 类。其中轮虫种类较多，共 11 种，其次为桡足类和枝角类，各 2 种。其中湖口断面发现种类最多，共发现 13 种，其次为湖中和湖尾断面，分别发现 8 种和 7 种。

表 3-20　浮游动物种类及分布

	种类	湖口	湖中	湖尾
轮虫 Rotifera	月形腔轮虫 *Lecane luna*	++	++	+
	前节晶囊轮虫 *Asplanchna priodonta*	+	+	
	针簇多肢轮虫 *Polyarthra trigla*		+	+
	圆筒异尾轮虫 *Trichocerca cylindrical*		+	+
	冠饰异尾轮虫 *Trichocerca lophoessa*	+		+
	裂足轮虫 *Schizocerca diversicornis*	+		

续表

	种类	湖口	湖中	湖尾
轮虫 Rotifera	长三肢轮虫 *Filina longiseta*	+		
	壶状臂尾轮虫 *Brachionus urceus*	+		
	角突臂尾轮虫 *Brachionus angularis*	+	+	
	蒲达臂尾轮虫 *Brachionus budapestiensis*	+++	+	
	剪形臂尾轮虫 *Brachionus forficula*	+		
枝角类 Cladocera	僧帽溞 *Daphnia cucullata*	+		
	短尾秀体溞 *Diaphanosoma brachyurum*	+		
桡足类 Copepoda	锯缘真剑溞 *Eucyclops serrulatus*	+	+	+
	近邻剑水蚤 *Cyclops vicinus*			+
无节幼体 Nauplius		+	+	+
种类数	15	13	8	7

注：加号数目表示多少和优势情况，+++表示数量大；++表示个体较多；+表示个体少。

镜泊湖三断面浮游动物密度组成和分布如表 3-21 所示，镜泊湖湖口、湖中和湖尾三断面浮游动物密度分别为 429 个/L、571 个/L 和 201 个/L，平均密度为 400.3 个/L，无节幼体密度变化趋势相一致。

轮虫类密度所占比例最大，平均密度占总浮游动物密度 47.8%，其中湖中断面密度最大，为 290 个/L；其次为无节幼体，湖口密度最大，为 298 个/L；再次为桡足类；枝角类密度最小。

表 3-21　浮游动物密度组成和分布

种类	湖口/（个/L）	湖中/（个/L）	湖尾/（个/L）	平均/（个/L）	比例/%
轮虫	95	290	189	191.3	47.8
枝角类	2	2	0	1.3	0.3
桡足类	34	142	11	62.3	15.6
无节幼体	298	137	1	145.3	36.3
合计	429	571	201	400.3	—

镜泊湖三断面浮游动物生物量组成和分布如表 3-22 所示，湖口、湖中和湖尾的生物量分别为 2.316mg/L、4.99mg/L 和 0.4096mg/L，平均生物量为 0.72mg/L，其中比例最大为桡足类，平均生物量占总生物量的 58.13%；其次为无节幼体和轮虫；枝角类生物量最少。

表 3-22 浮游动物生物量组成和分布

种类	湖口/（mg/L）	湖中/（mg/L）	湖尾/（mg/L）	平均/（mg/L）	比例/%
轮虫	0.038	0.116	0.0756	0.14	19.91
枝角类	0.066	0.066	0	0	0
桡足类	1.02	4.26	0.33	0.42	58.13
无节幼体	1.192	0.548	0.004	0.16	21.96
合计	2.316	4.99	0.4096	0.72	—

镜泊湖三断面浮游动物 Margalef 多样性指数 *R* 变化情况如表 3-23 所示，湖口、湖中和湖尾的多样性指数 *R* 分别为 1.81、1.10 和 1.89，平均值为 1.60，其中湖尾和湖口多样性指数较大，稍高于湖中。

表 3-23 浮游动物 Margalef 多样性指数

指数	湖口	湖中	湖尾	平均
Margalef 指数	1.81	1.10	1.89	1.60

3.3.5 底栖动物状况

镜泊湖底栖动物的种类组成及生物量统计如表 3-24 所示，三断面共发现 11 种底栖动物，其中密度最大的为湖口和湖中断面，都是 240 个/m^2，湖尾为 112 个/m^2。生物量最大的是湖尾断面，为 43.38g/m^2；其次是湖口断面，为 4.42g/m^2；湖中断面最小，为 3.14g/m^2。

表 3-24 底栖动物密度和生物量统计

	种类	密度/（个/m^2）	生物量/（g/m^2）
湖口	淡水单孔蚓 *Monopylephorus limosus*	104	0.776
	红裸须摇蚊 *Propsilocerus akamusi*	88	3.44
	小云多足摇蚊 *Polypedilum nubeculosum*	16	0.016
	微刺菱跗摇蚊 *Clinotanypus microtrichos*	32	0.192
湖中	方格短沟蜷 *Semisulospira cancellata*	16	0
	花纹前突摇蚊 *Procladius choreus*	144	3.08
	小云多足摇蚊 *Polypedilum nubeculosum*	16	0.016
	淡水单孔蚓 *Monopylephorus limosus*	64	0.048
湖尾	中华摇蚊 *Chironomus sinicus*	32	0.288
	花纹前突摇蚊 *Procladius choreus*	16	0.192
	卵萝卜螺 *Radix ovate*	64	42.896

镜泊湖底栖动物个体数最多的是花纹前突摇蚊，在湖中断面，发现个体 144 个/m^2；其次是淡水单孔蚓，在湖口断面，共发现个体 104 个/m^2。生物量最多的是卵萝卜螺，在湖尾断面，为 42.896g/m^2；其次为红裸须摇蚊和花纹前突摇蚊，分别为 3.44g/m^2 和 3.08g/m^2。湖中方格短沟蜷为空壳，未记录其生物量。

湖口及湖中断面分别发现 4 种底栖动物，且淡水单孔蚓和小云多足摇蚊分别在湖口和湖中断面发现，说明底栖动物在湖口和湖中断面具有较高的相似性，其余种类均只出现在一个断面。

3.3.6 其他生态组分

镜泊湖鱼类：主要经济鱼类有三花五罗，指鳊花鱼（长春鳊）、鳌花鱼（鳜鱼）、吉花鱼（季花勾）和哲罗鱼、法罗鱼（三角鲂）、雅罗鱼、胡罗鱼、铜罗鱼；另外，红尾鱼也是镜泊湖的重要经济鱼类、产量一直较高，其数量已占镜泊湖总渔获量的 50%左右；其他鱼类有鲤子、草鱼、蓟鱼、白鲢、花鲢、黑鱼、鲶鱼、鲫花、黄颡鱼等。

镜泊湖植被：顶极植被是以红松为主的针阔叶混交林，主要组成树种有红松、鱼鳞云杉、红皮云杉、臭冷杉、枫桦、紫椴、色木、白桦、蒙古柞、水曲柳、黄檗、虎榛子、刺玫果等；国家一级保护植物有人参，国家三级保护植物有水曲柳、核桃楸、黄檗、刺五加；经济植物丰富，有五味子、黄芪等中药和猴头菌、黑木耳、蘑菇、蕨菜、榛子等山珍。

3.3.7 存在的问题

上游敦化市生活污水年排放量约 6000t，农药实用量约 500t，化肥施用量近 20 000t，这些污染物直接或间接进入牡丹江对湖水造成污染。

镜泊湖周边有大量的耕地，约 5333hm^2，化肥及农药施用量都很大，且农药主要以有机磷为主，这是该湖磷的主要来源之一。由于我国化肥的利用率仅为 30%～40%，按这个水平估算每年有大量的氮进入湖泊，这是湖泊氮的主要来源。

由于上游有居民居住，生活污水和生活垃圾一部分进入湖区，还有沿岸农村的人畜粪便基本属于无组织排放，水土流失严重。由于近几年游客人数每年都在上升，湖区周边宾馆和酒店数量猛增，产生的污水不经处理直接进入湖泊。这些都是湖泊富营养化的原因。

2002 年以前，镜泊湖旅游区有大小宾馆 85 家，旅游旺季产生的生活污水近 1000t/d，有 20×10^4t/a 污水直接排入湖中，同时有 160 多艘游艇排放的废油以及农田残留的化肥农药排入湖中，使镜泊湖水污染日趋严重，其中高锰酸盐、石油类、铁及总磷、总氮等含量均超过Ⅲ类水质标准。通过近几年对湖区污染源的综合治理，镜泊湖水质逐步好转，但高锰酸盐指数、总磷、总氮仍超过Ⅲ类水质标准，还需要继续加强治理，使镜泊湖早日成为无污染湖泊。

3.4 兴凯湖

3.4.1 自然地理概况

兴凯湖位于黑龙江省鸡西市东部，距密山市 35km。兴凯湖是大兴凯湖和小兴凯湖的统称，小兴凯湖与兴凯湖被一条长 90km 的天然沙坝隔开。兴凯湖位于中国黑龙江省东南部密山市东部与俄罗斯交界处，为中俄界湖，兴凯湖原为我国内湖，1860 年中俄《北京条约》签订后，变成了中俄界湖，北面三分之一的面积属于中国，南面属于俄罗斯。其中，属于中国的湖区长约 70km，宽约 20km，面积 1080km^2，占湖区总面积的 26.9%，周长 400km。

兴凯湖为造山运动地壳陷落形成的构造湖，呈椭圆形，北宽南窄，南北长约 90km，东西宽约 50km，流域面积 3840km^2。湖面海拔 69m，东西宽 60km，南北垂直纵距 140km，地理位置为北纬 45°20′、东经 132°40′。共有九条河流注入，湖水从东北方松阿察河溢出，最后流入乌苏里江。湖区地势低平，湖底平坦为泥沙底，最大深度 10m，平均深度 3.5m，正常蓄水 153.3 亿 m^3，最大蓄水 225 亿 m^3。

湖沿岸无水生植物分布，风浪较大，湖水有潮汐现象，冬长夏短，日照长，年日照时数为 2574h，气候温暖湿润，年平均气温 3℃，年降水量为 530～600mm，多年平均蒸发量 636～755mm，多集中于 6～8 月，无霜期为 150d，属中温带大陆性气候，结冰期为 6 个月左右，适于鱼类生长期为 5 个月左右。

3.4.2 采样断面布设

兴凯湖湖面面积较大，风浪也很大，所以采样难度较大，采样船无法进入库内进行采样，故在大兴凯湖设两个采样断面，分别为当壁镇附近和湖中（泄洪闸以南），对其进行采样和分析。当壁镇附近地理位置为北纬 45°15′16″、东经 132°11′14″、湖中地理位置为北纬 45°12′31″、东经 132°30′13″。

3.4.3 富营养化及水质状况

兴凯湖 8 月主要水质及富营养化状况如表 3-25 所示，两断面水体 pH 均显示为碱性；以高锰酸盐指数（COD_{Mn}）、总磷（TP）、总氮（TN）、透明度（SD）、叶绿素 a（Chl-a）评价，当壁镇附近、湖中的水质类别为Ⅳ类和Ⅴ类，如总磷、总氮不参评则两断面水质类别分别为Ⅲ类和Ⅱ类，主要原因为总磷浓度较高，当壁镇附近和湖中断面水体总磷浓度超过 0.1mg/L，从而使水质类别降低。两断面富营养化指数分别为 58.24 和 57.76，营养状态均为轻度富营养，富营养化程度较高。

表 3-25　兴凯湖主要水质及富营养化状况

断面	参数	水体富营养化状况										营养状态
		T/℃	pH	DO/（mg/L）	COD_{Mn}/（mg/L）	TP/（mg/L）	TN/（mg/L）	SD/m	Chl-a/（mg/L）	综合水质类别 TN、TP参评	综合水质类别 TN、TP不参评	
当壁镇附近	数值	26.7	7.8	10.4	4.6	0.1	0.54	0.3	0.0093	Ⅳ	Ⅲ	轻度富营养
	指数	—	—	—	51.5	60	50.8	80	48.9			
湖中	数值	27.7	8.4	8.5	2.8	0.11	0.66	0.25	0.0074	Ⅴ	Ⅱ	轻度富营养
	指数	—	—	—	44	61	53.2	85	45.6			

兴凯湖两断面水体的盐度为 0.08～0.09mg/L，浓度较低。两断面水体总硬度为 69.9～87.4mg/L，按地表水评价标准评价为软水。两断面水体氨氮浓度为 0.10～0.13mg/L，平均为 0.115mg/L，浓度值相对较小，为地表水Ⅰ类标准。两断面五日生化需氧量为 0.9～2.9mg/L，平均为 1.9mg/L，为地表水Ⅰ类标准。两断面水体铜、铅、镉浓度均低于检测限，浓度值较小。

3.4.4　浮游植物状况

兴凯湖风浪较大，水体含悬浮颗粒物较多，浮游植物鉴定较困难。在兴凯湖浮游植物调查中，共发现浮游植物 5 门、31 种（变种），详细种类构成如表 3-26 所示。其中蓝藻门 8 种，占调查种类数的 25.8%；绿藻门 10 种，占调查种类的 32.26%；硅藻门 8 种，占调查种类数的 25.8%；裸藻门 3 种，占调查种类的 9.7%；黄藻门和隐藻门种类较少，分别为 1 种，所占种数比例较小。蓝藻门、绿藻门和硅藻门占总调查种类数的 83.9%，为兴凯湖浮游植物细胞密度组成的优势类群。当壁镇附近和湖中发现的浮游植物分别为 24 种和 20 种，各占发现种数的77.4%和64.5%，当壁镇附近断面蓝藻种类较多，共发现8种，占该断面发现种类的33.3%，湖中断面硅藻门种类较多，共发现8种，占该断面发现种类的40%。

表 3-26　兴凯湖浮游植物组成

门类	种类组成	细胞密度	
		当壁镇附近	湖中
蓝藻门 Cyanophyta	小型色球藻 *Chroococcus minor*	+	
	狭细席藻 *Phormidium anomala*	+	+
	微小平裂藻 *Merismopedia tenuissima*	+	+
	球孢鱼腥藻 *Anabaena sphaerica*	+	+
	螺旋鱼腥藻 *Anabaena spiroides*	+	+
	阿氏项圈藻 *Anabaenopsis arnoldii*	+	
	鞘丝藻 *Lyngbya* sp.	+	
	栖藓柱孢藻 *Cylindrospermum muscicola*	+	
绿藻门 Chlorophyta	四尾栅藻 *Scenedesmus quadricanda*	+	
	肥壮蹄形藻 *Kirchneriella obesa*	+	
	球囊藻 *Sphaerocystis schroeteri*	+	
	库津新月藻 *Closterium kuetzingii*	+	
	椭圆卵囊藻 *Oocystis elliptica*	+	+
	二角盘星藻 *Pediastrum duplex*	+	+
	二角盘星藻纤细变种 *Pediastrum duplex* var.*gracillimum*	+	
	空球藻 *Eudorina elegans*		+
	纺锤藻 *Elakatothrix gelatinosa*		+
	集星藻 *Actinastrum hantzschu*		+
硅藻门 Bacillariophyta	变异直链藻 *Melosira varians*	+	+
	扭曲小环藻 *Cyclotella comta*	+	+
	纤细羽纹藻 *Pinnularia gracillima*		+
	尖针杆藻 *Synedra acus*	+	+
	星形冠盘藻小型变种 *Stephanodiscus astraea* var. *minutula*	+	+
	小桥弯藻 *Cymbella laevis*	+	+
	扁圆卵形藻 *Cocconeis pladentula*		+
	窗格平板藻 *Tabellaria fenestriata*		+

续表

门类	种类组成	细胞密度	
		当壁镇附近	湖中
黄藻门 Xanthophyta	小型黄丝藻 *Tribonema minus*	+	
裸藻门 Euglenophyta	相似囊裸藻透明变种 *Trachelomonas similis* var. *hyalina*	+	+
	瓣胞藻 *Petalomonas mediocanellata*		+
	尾裸藻 *Euglena caudata*	+	
隐藻门 Cryptophyta	啮蚀隐藻 *Cryptomonas erosa*	+	+
合计	31 种（变种）	1.9×10^6 个/L	3.228×10^6 个/L

当壁镇附近和湖中两断面浮游植物细胞密度分别为 1.9×10^6 个/L 和 3.2×10^6 个/L，湖中断面稍高于当壁镇断面，但总体浮游植物细胞密度均较低。取兴凯湖两断面各门浮游植物细胞密度作图进行对比，如图 3-4 所示，蓝藻门在两断面密度均较高，占比例较大，硅藻门在湖中断面密度较高，其次为绿藻门，其余门细胞密度均较低。

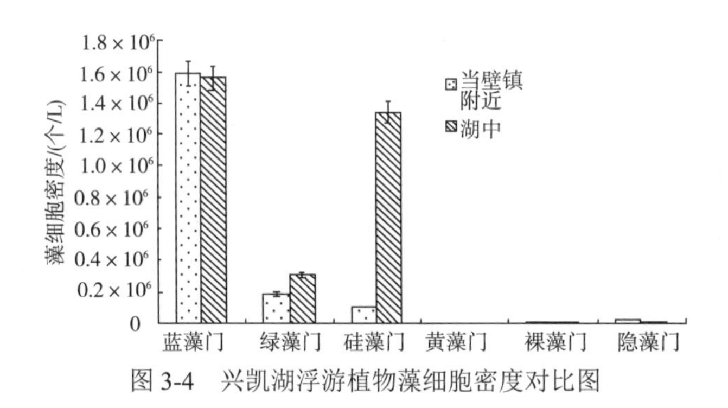

图 3-4 兴凯湖浮游植物藻细胞密度对比图

两断面水体中，浮游植物细胞密度组成差异较大，其中当壁镇附近断面蓝藻门细胞密度为 1.6×10^6 个/L，占该断面总细胞密度的 83.7%，为该断面的优势门类，其次为绿藻门和硅藻门类群，分别占 9.5%和 5.2%；湖中断面蓝藻门细胞密度为 1.56×10^6 个/L，占该断面总细胞密度的 48.4%，其次为硅藻门类群，细胞密度为 1.34×10^6 个/L，占该断面总细胞密度的 41.5%，蓝藻门和硅藻门为湖中断面的优势门类，其次为绿藻门类群，细胞密度为 0.3×10^6 个/L，占该断面总细胞密度的 9.4%，为该断面重要的组成部分；黄藻门、裸藻门和隐藻门细胞密度较小，均未超过总藻细胞密度的 1%。

兴凯湖水体浮游植物在两个断面中，占优势的种类为蓝藻门的狭形席藻、微小平裂藻、球孢鱼腥藻，以及硅藻门的窗格平板藻，两断面中所占的比例均不相同。当壁镇附近断面水体微小平裂藻密度最高，占总细胞密度的 32.8%，其次为球孢鱼腥藻，占总细胞密度的 24.5%，再次为狭细席藻，占总细胞密度的 17.4%，三者共占该断面水体浮游植物细胞密度的 74.7%，其余种类细胞密度均未超过总细胞密度的 6%；湖中断面水体窗格平板藻细胞密度最高，占总细胞密度的 31.9%，其次为狭细席藻，占总细胞密度的 25%，再次为球孢鱼腥藻，占总细胞密度的 10.3%，三者共占该断面水体浮游植物细胞密度的 74.7%，其余种类细胞密度均未超过总细胞密度的 9%。

兴凯湖水体浮游植物两断面的多样性指数如表 3-27 所示，Shannon-Wiener 指数 $H'(S)$ 值分别为 2.854 和 2.862，根据 $H'(S)$ 值评价，则兴凯湖水体属于 β-中污带；Margalef 指数 R 值分别为 1.59 和 1.27，根据 R 值评价，则兴凯湖水体属于 α-中污-重污型。两种多样性指数评价结果说明，兴凯湖水体处于中污型和重污型之间，污染程度中等，应警惕污染物浓度对环境的影响，加强污染物的排放监管。从兴凯湖水体浮游植物物种组成与细胞密度特征分析，组成种类优势类群为蓝藻门，在浮游植物生长旺盛的季节，应加强监测频率，防止蓝藻植物过度繁殖带来水污染危害。

表 3-27　浮游植物多样性指数

指数	指数值	
	当壁镇附近	湖中
Margalef 指数	1.59	1.27
Shannon-Wiener 指数	2.854	2.862

3.4.5　浮游动物状况

兴凯湖浮游动物调查中，发现轮虫、枝角类、桡足类三类浮游动物共 8 种，无节幼体 1 类。其中轮虫种类较多，共 4 种；其次为枝角类和桡足类，各 2 种。当壁镇附近断面共发现 9 种，湖中断面发现 3 种。近邻剑水蚤在当壁镇附近断面分布较多，为本断面的优势种类。两断面种类组成及优势类群差异较大，详细种类构成如表 3-28 所示。

表 3-28　浮游动物种类及分布

	种类	当壁镇附近	湖中
轮虫 Rotifera	花荚臂尾轮虫 *Brachionus caspsuliflorus*	+	
	蒲达臂尾轮虫 *Brachionus budapestiensis*	+	+
	裂足轮虫 *Schizocerca diversicornis*	+	
	象形拟哈林轮虫 *Pseudoharringia brachyurum*	+	
枝角类 Cladocera	短尾秀体蚤 *Diaphanosoma brachyurum*	+	+
	筒弧象鼻蚤 *Bosminidae coregoni*	+	
桡足类 Copepoda	锯缘真剑蚤 *Eucyclops serrulatus*	+	
	近邻剑水蚤 *Cyclops vicinus*	+++	+
无节幼体 Nauplius		+	
种类数	8	9	3

注：加号数目表示多少和优势情况，+++表示数量大；++表示个体较多；+表示个体少。

兴凯湖两断面浮游动物密度组成和分布如表 3-29 所示，兴凯湖两断面浮游动物密度分别为 349 个/L 和 26 个/L，平均密度为 187.5 个/L，浮游动物密度从当壁镇附近到湖中逐渐减小，无节幼体在当壁镇附近密度较大，在湖中样点未发现。

无节幼体类密度所占比例最高，平均密度占总浮游动物密度 58.9%，其中当壁镇断面密度达 221 个/L；其次为桡足类，平均密度占总浮游动物密度 25.1%；再次为枝角类和轮虫，平均密度分别占总浮游动物密度 9.6%和 6.4%。桡足类、枝角类和轮虫在两断面比例变化趋势一致，从当壁镇附近到湖中依次降低。

表 3-29　浮游动物密度组成和分布

种类	当壁镇附近/（个/L）	湖中/（个/L）	平均/（个/L）	比例/%
轮虫	18	6	12.0	6.4
枝角类	27	9	18.0	9.6
桡足类	83	11	47.0	25.1
无节幼体	221	0	110.5	58.9
合计	349	26	187.5	—

兴凯湖两断面浮游动物生物量组成和分布如表 3-30 所示，当壁镇附近和湖中的生物量分别为 4.27mg/L 和 0.63mg/L，平均生物量为 2.45mg/L。其中比例最大的是桡足类，平均生物量占总生物量的 57.53%；其次为枝角类，平均生物量占总生物量的 24.24%；再次为无节幼体，平均生物量占总生物量的 18.03%，轮虫生物量最少。

表 3-30　浮游动物生物量组成和分布

种类	当壁镇附近/（mg/L）	湖中/（mg/L）	平均/（mg/L）	比例/%
轮虫	0.0072	0.0024	0.005	0.2
枝角类	0.891	0.297	0.594	24.24
桡足类	2.49	0.33	1.41	57.53
无节幼体	0.884	0	0.442	18.03
合计	4.2722	0.6294	2.451	—

兴凯湖两断面浮游动物 Margalef 多样性指数 R 变化情况如表 3-31 所示，当壁镇附近和湖中的多样性指数 R 分别为 1.37 和 0.92，平均值为 1.14，当壁镇附近断面多样性指数高于湖中断面。

表 3-31　浮游动物 Margalef 多样性指数

指数	当壁镇附近	湖中	平均
Margalef 指数	1.37	0.92	1.14

3.4.6　底栖动物状况

兴凯湖底栖动物的种类密度及生物量统计如表 3-32 所示。当壁镇附近断面发现 1 种底栖动物，为秀丽白虾。湖中断面未发现底栖动物类群，原因为湖底为沙质，采样点又近岸边，风浪较大，样点布设位置不适宜底栖动物的生存，未能反映出兴凯湖实际的底栖动物状况。

表 3-32　底栖动物密度和生物量统计

种类	种类	密度/（个/m^2）	生物量/（g/m^2）
当壁镇附近	秀丽白虾 *Palaemon modestus*	1	0.113

3.4.7　其他生态组分

兴凯湖鱼类：最著名的是大白鱼，大白鱼是兴凯湖特产，被列为我国四大淡水名鱼之一；另有翘嘴鲌、三花五罗（鳊花鱼、鳌花鱼、吉花鱼、哲罗鱼、法罗鱼、雅罗鱼、胡罗鱼、铜罗鱼）、鲤鱼、鲶鱼、鳌花鱼、胖头鱼、边花鱼、鲫鱼、黄颡鱼、泥鳅鱼、老头鱼、柳根鱼、白漂鱼、鳇鱼、草鱼、花鲢鱼、白鲢鱼、狗鱼、黑鱼等。兴凯湖是黑龙江省主要水产养殖基地之一。

兴凯湖植被：兴凯湖自然保护区内有高等植物 460 多种，其中木本植物 37 种、藤本植物 22 种、草本植物 263 种、苔藓植物 1 种、药用植物 138 种、食用菌类 9 种、蜜源植物 61 种、浆果植物 13 种。有森林、草甸、沼泽、水生植物等多种植物群落。有兴凯湖松、兴安桧柏等国家二级保护植物 9 种。兴凯湖松只在保护区内有分布，为特有种类。

3.4.8 存在的问题

点源污染主要是穆棱河沿岸城市生活污染、工业污染，湖区的兴凯湖造纸厂以及近兴凯湖水产养殖场的废水。穆棱河流域 3 个大的城市污染源为穆棱市、鸡西市和密山市，主要污染行业有采矿、热电、洗煤、焦化、啤酒等。城市生活污水排放总量为 5674 万 t/a，处理率为 32.3%；工业废水 4092 万 t/a，处理率为 96%，各企业排放的废水虽然经过处理，但仍有超标排放和偷排现象。COD、BOD、悬浮物、挥发酚等值均较高，水中 COD 污染物为 7481t、硝酸盐氮 179t。

面源污染主要是农业化肥、农药残留以及渔船油污污染。湖区耕地面积 1486km^2，每年施用化肥 21 140t，化肥流失率 35%，流失量 7400t，其中氮肥 3140t，磷肥 2250t。据计算，每年经小兴凯湖进入大兴凯湖的农田化肥残留量总磷为 5.4t，总氮为 7.6t，有近 70%的化肥通过渗透或被雨水冲刷进入河流湖泊，农田水中氮、磷、钾含量明显增高，成为水体富营养化的主要因素，为藻类生长提供营养。

近几年随着兴凯湖旅游业兴起，湖区旅游人数每年以 5%的速度递增，2008年旅游人数 88 万人/次，旅游业产生废水 44 万 t（7～9 月旅游期），小兴凯湖周边有不同规模宾馆、饭店 60 多家以及当地常住居民 760 多人，每年产生未经处理废水 75 000t，直接排向两湖，成为环湖水质下降的直接原因。

3.5 尼尔基水库

3.5.1 自然地理概况

尼尔基水库建于 2001 年 6 月，是国家十五计划批准建设的大型水利工程，总库容 86.11 亿 m^3，相当于 7.3 个镜泊湖，面积 6.64 万 km^2，多年平均径流量 104.7 亿 m^3。尼尔基库区是我国东北地区商品产业、林业、工业、畜牧业和能源基地，水库的水质状况对库区周围的自然和社会环境影响巨大。2013 年，尼尔基水库进入国家重要饮用水源地第二期名录。尼尔基水库因具有占面积大、存储水量充足、控制流域面积广、功能性强等优势，在黑龙江省湖库富营养化评价中具有重要的研究价值。

3.5.2 采样断面布设

依据尼尔基水库现场实际采样，对十二五期间，即 2011～2015 年，检测水样而得到的数据资料进行分区（库末、库中、坝前）、分期（平水期 5 月、丰水期 8 月）整理，尼尔基水库地表水水质监测范围为尼尔基库末至坝下的整个库区，共布设水质监测断面三个，分别为尼尔基库末（东经 125°06′20″、北纬 49°07′24″）、尼尔基库中（东经 124°32′56″、北纬 48°35′52″）、尼尔基坝前（东经 124°31′44″、北纬 48°29′37″）。

3.5.3 富营养化及水质状况

3.5.3.1 叶绿素 a

水体中叶绿素 a（Chl-a）含量的测定对于预测水华的爆发和间接测量水体富营养化程度具有重要意义。叶绿素 a 的含量与水体中的多种环境因子如氮、磷、光照强度、周期、水温、pH、溶解氧等密切相关。如图 3-5 所示，尼尔基水库（库末、库中、坝前）近一年的叶绿素 a 变化情况如下：在 2014 年 9 月，尼尔基库末、库中、坝前的叶绿素 a 分别为 18.1μg/L、35.3μg/L、42.6μg/L，随后，叶绿素 a 含量逐月降低，从 2015 年开始逐月升高。总体来看，尼尔基水库叶绿素 a 含量较低，且含量比较稳定，2015 年叶绿素 a 含量范围在 4.6～16.8μg/L。

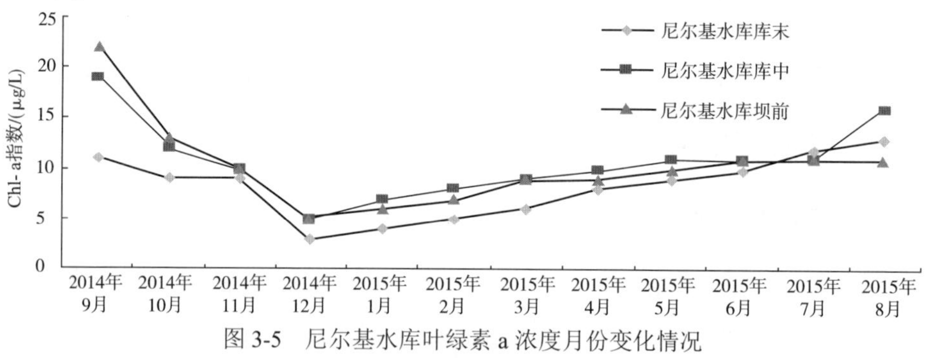

图 3-5 尼尔基水库叶绿素 a 浓度月份变化情况

苟尚培等在春季巢湖水温和水体叶绿素 a 浓度变化关系的分析实验中发现：当叶绿素 a 的浓度较低（小于 13μg/L）时，叶绿素 a 的浓度与水温无相关性；当叶绿素 a 的浓度大于 20μg/L 时且水温处于 18～21℃，两者之间存在很好的相关系数（苟尚培等，2011）。缪灿等对巢湖夏秋季的叶绿素 a 的影响因素进行分析研究，发现在夏秋季节温差不大的环境中，温度是影响藻类生物量的重要因素，叶绿素 a 的含量与磷的浓度、DO 和 pH 呈现显著正相关性（缪灿等，

2011）。因此，尼尔基水库的叶绿素 a 含量在夏季时浓度明显升高，叶绿素 a 与温度也呈现显著正相关性。

3.5.3.2 总氮

总氮（TN）是指水体中各种形态氮含量的总和，主要通过湖库的支流、地下水、降水及库区内的固氮作用等途径进入水体。在大多数情况下，氮化物主要来源于土壤，并经地表径流流入库区后由库区的大坝等途径流出。在对尼尔基水库的氨氮含量分析时发现，尼尔基水库库末的总氮浓度均值为 1.88mg/L，超过了地表水环境质量标准Ⅲ类标准的限值，如图 3-6 所示。2014 年 9 月至 2015 年 4 月，总氮的含量逐月增加，这可能与夏季内源和外源总氮负荷增加有关，最高值出现在 2015 年 4 月（3.82mg/L），表征水体为劣Ⅴ类水，2015 年 5 月以后，随着水生生物消耗营养物质能力的提升，总氮浓度大幅下降。总体来看，尼尔基水库总氮含量较高，含量比较稳定。关于尼尔基水库中氮的循环，如氮的形态、氨的同化作用、细菌的硝化与硝酸盐的还原等问题还需要进行系统深入的研究。

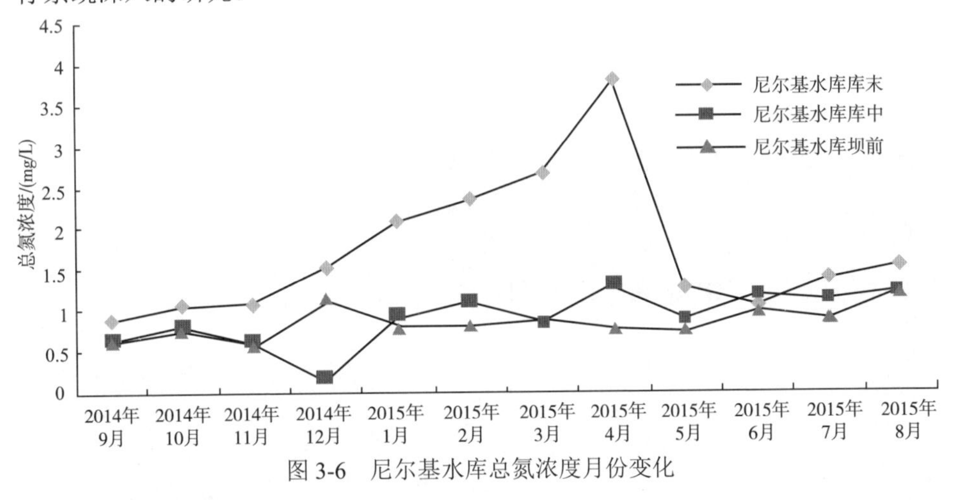

图 3-6 尼尔基水库总氮浓度月份变化

3.5.3.3 总磷

磷是藻类生长所必需的元素之一，是影响水体初级生产力的重要因素。但水体的总磷（TP）含量过高，会导致富营养化，使水质恶化。在中纬度地区，贫营养水体中的氮磷比极高，与氮相比，磷是藻类生长最主要的限制因子。图 3-7 为尼尔基水库总磷浓度月份变化情况。与总氮含量变化情况相似，除 2015 年 4 月（0.75mg/L）以外，尼尔基水库库末总磷浓度月均变化范围为 0.04～0.13mg/L，尼尔基水库库中、坝前的总磷浓度相对稳定，浓度变化范围为 0.03～

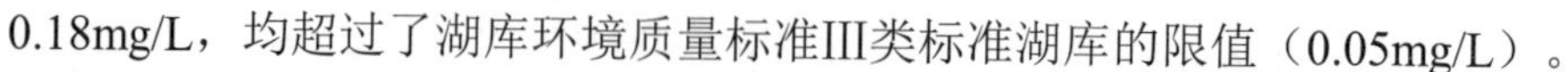
0.18mg/L，均超过了湖库环境质量标准Ⅲ类标准湖库的限值（0.05mg/L）。

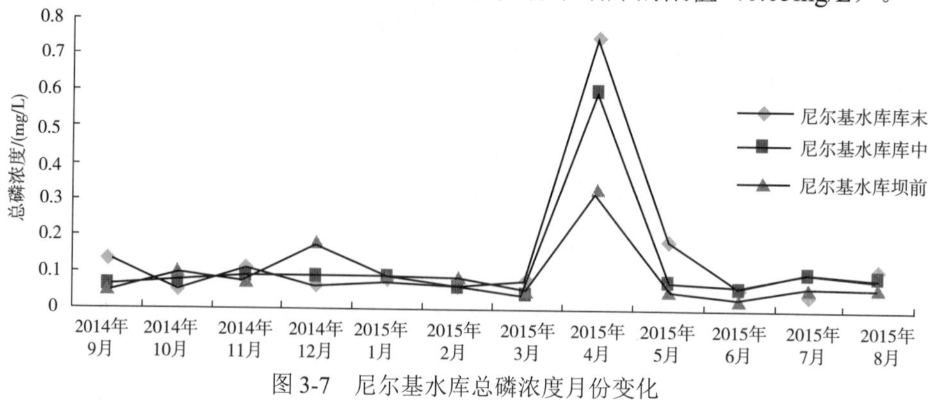

图 3-7　尼尔基水库总磷浓度月份变化

3.5.3.4　高锰酸盐指数

水环境中有机物质主要由 C、H、O 等元素组成，其化学组成极为复杂，很难直接测定。一般采用化学、物理及生物化学的间接方法检测水体中的碳含量。用 $KMnO_4$ 滴定法测定水中的化学需氧量(COD)，用高锰酸盐指数(COD_{Mn})、BOD、TOC 间接表示水样中不同类型有机物的浓度。COD_{Mn} 常作为地表水受有机物和还原性无机物污染程度的综合指标。尼尔基水库各月份 COD_{Mn} 的变化情况如图 3-8 所示。2015 年 4 月，库末、库中的 COD_{Mn} 分别为 14.3mg/L、7.5mg/L；2015 年 5 月，库末、库中的 COD_{Mn} 分别为 13.2mg/L、4.9mg/L，较 4 月份有所减少；从 2015 年 5 月开始，COD_{Mn} 变化不大，浓度变化范围为 2.2～7.49mg/L，有超过地表水环境质量标准Ⅲ类标准湖库限值（6mg/L）的现象。因此，可以认为 COD_{Mn} 属于超标项目。

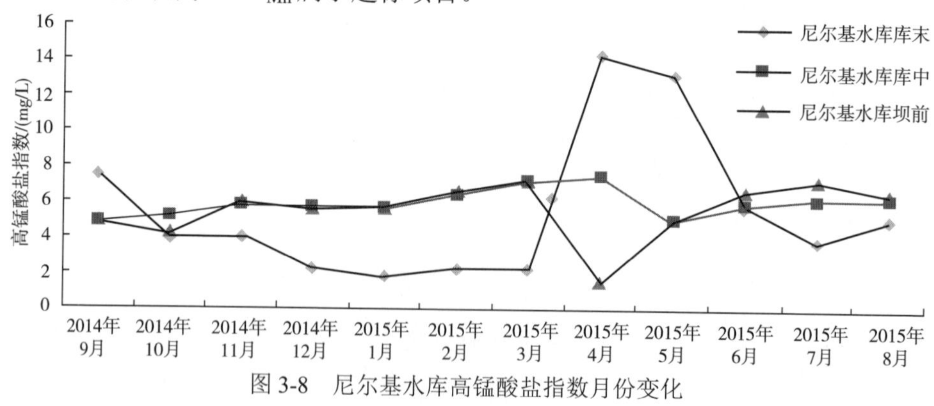

图 3-8　尼尔基水库高锰酸盐指数月份变化

3.5.3.5　透明度

透明度（SD）是水体的澄清程度，在同一水库中，因水深、底质、悬移质和浮游生物分布的不同，透明度也存在一定差异，影响水库透明度的主要原因是浮游生物和悬浮物。春、夏季节透明度较小，秋季透明度一般较高，这与春、夏季节浮游生物快速繁殖以及春汛、伏汛时期含沙量的增加有关。尼尔基水库在 2014 年 11 月～2015 年 4 月处于冰封期，没有检测水库的透明度。如图 3-9 所示（见书后彩图），尼尔基水库的透明度月平均低于 80cm，水体透明度年际变化不大，这可能与频繁的水体混合和松散悬浮物的上浮有关。

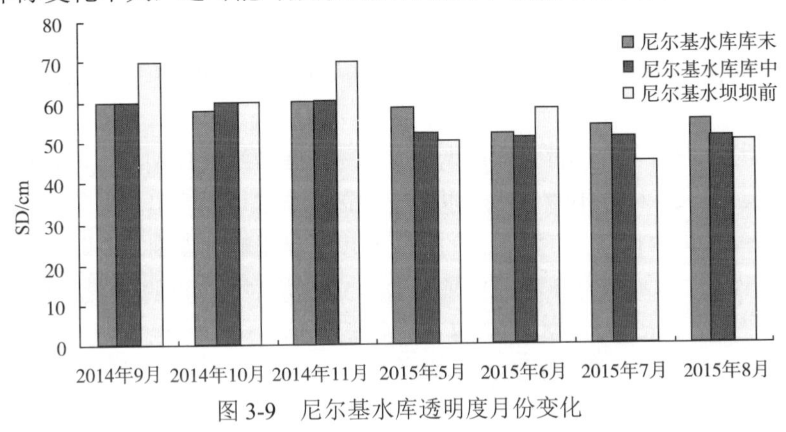

图 3-9　尼尔基水库透明度月份变化

3.5.3.6　富营养化评价分析

水体富营养化评价是对水体富营养化发展过程中某一阶段营养状况的定量描述，主要目的是判断水库的营养状态，了解其营养化进程及发展趋势，为水环境管理及富营养化防治提供科学依据。

日本相崎守弘等将以透明度为基准的 TSI 指数，改为以叶绿素 a 浓度为基准的营养状态指数，称为修正的卡森营养状态指数（TSI_M）（殷福才，2011）。如表 3-33 所示，库末、库中、坝前结果平均值为 46 分、49 分、48 分，处于中营养状态。

表 3-33　尼尔基水库月份营养化状态评价结果　　单位：分

	月份	9	10	11	12	1	2	3	4	5	6	7	8
TSI_M 指数法	尼尔基水库库末	50	48	48	36	39	42	44	47	48	49	51	52
	尼尔基水库库中	56	51	49	42	45	47	48	49	50	50	50	54
	尼尔基水库坝前	58	52	49	42	44	45	48	48	49	50	50	50
指数法（EI）	尼尔基水库库末	58	54	55	50	51	51	55	68	62	53	53	57
	尼尔基水库库中	52	56	54	48	54	53	52	62	53	53	55	56
	尼尔基水库坝前	57	56	52	57	53	54	53	56	51	54	52	54

湖库营养状态评价采用指数法（EI），库末、库中、坝前结果平均值为 56 分、54 分、54 分，表明尼尔基水库处于轻度富营养状态。由于 TN、TP 含量过高，尼尔基库末在 2015 年的 4 月、5 月，以及库中在 2015 年的 4 月为中度富营养状态，其他月份，尼尔基水库总体处于轻度富营养状态。

采用 Shannon-Wiener 指数评价，在 2015 年非汛期（5 月）尼尔基水库库末、尼尔基水库库中和尼尔基水库坝前分别为 α-中污带、多污带和多污带。2015 年汛期（8 月）尼尔基水库库末、尼尔基水库库中和尼尔基水库坝前分别为 α-中污带、多污带和多污带，结果显示尼尔基水库水体已经受到不同程度的污染。

尼尔基水库富营养化评价采用卡森营养状态指数法（TSI_M）、营养状态指数法（EI）、香农多样性指数法，从以上三种评价方法可以看出，尼尔基水库的水体处于轻度富营养状态。三种方法的评价角度和结果略有差别，主要原因如下。

（1）TSI_M 指数法与 EI 法评价项目有一定的差别，修正的 TSI_M 指数法主要针对以叶绿素 a 浓度为基准的营养状态指数，而 EI 法是以总氮、总磷、高锰酸盐指数、透明度、叶绿素 a 浓度进行综合评价。

（2）TSI_M 指数法与 EI 法评价等级有所差别，修正的 TSI_M 指数法主要分为贫营养（0～20 分）、中营养（20～50 分）、富营养（50～70 分）、超富营养（70～100 分）四个等级，而 EI 法的评价结果分为贫营养（0～20 分）、中营养（20～50 分）、轻度富营养（50～60 分）、中富营养（60～80 分）、重度富营养（80～100 分）五个等级。

3.5.4 浮游植物状况

3.5.4.1 尼尔基水库非汛期的藻类分析情况

依据《地表水资源质量评价技术规程》(SL395—2007）中湖泊（水库）营养状态评价标准及分级方法对尼尔基水库进行营养状态评价。尼尔基水库水源地营养状况采用尼尔基水库库末、尼尔基水库库中和尼尔基水库坝前三个断面水质数据进行评价，评价结果如表 3-34 所示。

尼尔基水库库末、尼尔基水库库中和尼尔基水库坝前营养化分值分别为 52、54 和 52，营养化情况为轻度营养化。

表 3-34 营养化状态评价表

断面名称	营养化分值/分	营养化情况
尼尔基水库库末	52	轻度营养化
尼尔基水库库中	54	轻度营养化
尼尔基水库坝前	52	轻度营养化

藻类评价采用生物多样性评价多样性指数 Shannon-Wiener 指数，经计算，尼尔基水库库末、尼尔基水库库中和尼尔基水库坝前分别为 α-中污带、多污带和多污带。具体评价结果见表 3-35。

表 3-35　藻类评价表

断面名称	多样性指数	污染情况
尼尔基水库库末	1.20	α-中污带
尼尔基水库库中	0.31	多污带
尼尔基水库坝前	0.32	多污带

3.5.4.2　尼尔基汛期的藻类分析情况

2014 年 8 月对尼尔基水库进行浮游植物鉴定，在坝前、库中、库末三个断面共发现浮游植物 5 门、45 种，浮游植物种类及所占比例如图 3-10 所示（见书后彩图）。就种类而言，硅藻门、绿藻门和蓝藻门最多，分别有 15 种、13 种和 11 种，各占调查种类的 33%、29%和 25%；裸藻门和隐藻门较少，分别有 4 种和 2 种，各占调查种类的 9%和 4%。硅藻门、绿藻门和蓝藻门共占总调查种类数的 87%，为尼尔基水库浮游植物种类的主要组成类群。在尼尔基水库各断面中，坝前和库末均有 5 门浮游植物检出，其中库末浮游植物种类最多，为 28 种，其次为坝前，有 20 种。在尼尔基水库库中只检测出蓝藻门 6 种和硅藻门 1 种，浮游植物种类较少。

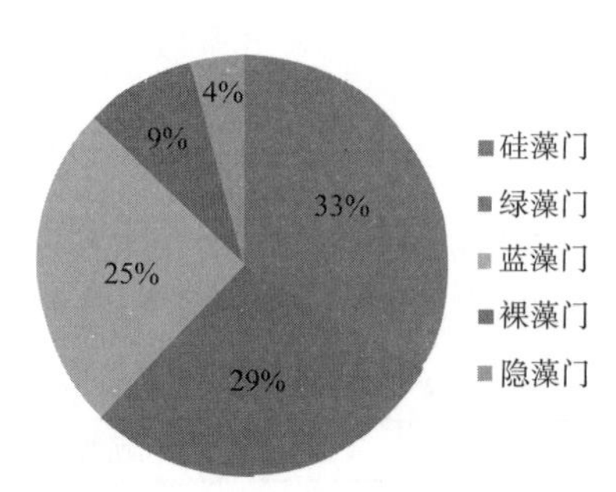

图 3-10　尼尔基水库浮游植物的种类组成

尼尔基水库各断面浮游植物的细胞密度如表 3-36 所示。其中库中细胞密度高达 252.16×10^6 个/L；坝前细胞密度为 2.18×10^6 个/L；库末的细胞密度最小，为 0.96×10^6 个/L。库中浮游植物细胞密度远远高于库末和坝前，库中聚集着大量的浮游植物，为水华暴发的主要区域。

表 3-36 浮游植物细胞密度 单位：个/L

分类	尼尔基水库坝前	尼尔基水库库中	尼尔基水库库末
蓝藻	2.09×10^6	252.1×10^6	0.37×10^6
绿藻	0.06×10^6	—	0.13×10^6
硅藻	0.01×10^6	0.06×10^6	0.43×10^6
隐藻	0.01×10^6	—	0.0006×10^6
裸藻	0.0024×10^6	—	0.03×10^6
总密度	2.18×10^6	252.16×10^6	0.96×10^6

根据尼尔基水库浮游植物细胞密度计算 Shannon-Wiener 多样性指数，如表 3-37 所示。

表 3-37 浮游植物 Shannon-Wiener 指数

断面	尼尔基水库坝前	尼尔基水库库中	尼尔基水库库末
Shannon-Wiener 指数	0.93	1.54	2.49

尼尔基水库各断面水质均不合格，主要超标项目为总磷、高锰酸盐指数及微囊藻毒素等。各断面均为轻度营养化。藻类评价中，尼尔基库末为 α-中污带，尼尔基库中和尼尔基坝前为尼尔基库中和尼尔基坝前为多污带。水质、营养化和藻类评价不合格，可能与汇流区域农业面源及排污等因素。

3.5.5 浮游动物状况

3.5.5.1 浮游动物种类分布

浮游动物种类分布如表 3-38 所示。浮游动物密度最大的是尼尔基水库坝前断面，为 102 个/L，如表 3-39 所示，其次是尼尔基水库库中断面，为 72 个/L，原因可能为水库断面浮游植物密度较高，食物较丰富。

表 3-38 浮游动物种类分布

	种类	尼尔基水库坝前	尼尔基水库库中	尼尔基水库库末
原生动物	累枝虫 *Epistylis lacustris*	+	+	
	球形砂壳虫 *Difflugia globulosa*			
	淡水筒壳虫 *Tintinnidium fluviatile*	+	+	
	卵圆前管虫 *Prorodon ovum*	+	+	
	蛹形斜口虫 *Enchelys pupa*			
	珊瑚变形虫 *Amoeba gorgonia*			
	侠盗虫 *Stribilidium gyrans*			

续表

	种类	尼尔基水库坝前	尼尔基水库库中	尼尔基水库库末
轮虫	萼花臂尾轮虫 *Brachionus calyciflorus*			
	前节晶囊轮虫 *Asplachna priodonta*	+		
	大肚须足轮虫 *Euchlanis dilalata*	+	+	
	刺盖异尾轮虫 *Trichocerca capucina*	+		
	独角聚花轮虫 *Conochilus unicornis*			
枝角类	长肢秀体溞（大）*Diaphanosoma leuchtenbergianum*			
	长肢秀体溞（小）*Diaphanosoma leuchtenbergianum*		+	
桡足类	绿色近剑水蚤 *Tropocyclops prasinus*			
	近亲拟剑水蚤 *Paracyclops affinis*	+		
其他	无节幼体 nauplius	+	+	
	冬卵		+	
	夏卵	+	+	
合计		9	8	0

表 3-39　浮游动物种类各样点的密度　　单位：个/L

种类	尼尔基水库坝前	尼尔基水库库中	尼尔基水库库末
原生动物	45.9	10.5	0
轮虫	25.5	21	0
枝角类	0	1.5	0
桡足类	1.7	0	0
其他	28.9	39	0
合计	102	72	0

3.5.5.2　浮游动物多样性指数变化

浮游动物多样性指数评价水质状况结果见表 3-40，浮游动物 Margalef 多样性指数的范围为 0～1.73，Margalef 多样性指数最小值出现在尼尔基水库库末，未检出浮游动物，最大值出现在尼尔基水库坝前（1.73）。

就评价等级而言，尼尔基水库坝前、尼尔基水库库中为 α-中污带。

表 3-40　浮游动物种类各样点 Margalef 多样性指数

种类	尼尔基水库坝前	尼尔基水库库中	尼尔基水库库末
Margalef 指数	1.73	1.64	—

3.5.6 底栖动物

底栖动物种类组成及动态如表 3-41～表 3-43 所示。

表 3-41 尼尔基水库底栖动物种类组成及分布

	种类	尼尔基水库坝前	尼尔基水库库中	尼尔基水库库末
软体动物门 Mollusca	纹沼螺 *Parafossarulus striatulus*		+	
	圆田螺 *Cipangopaludina ampulliformis*			+
	河蚬 *Corbicula fluminea*			+
水生昆虫 Aquatic insects	刺铗长足摇蚊 *Tanypus punctipennis*		+	
	红裸须摇蚊 *Propsilocerus akamusi*		+	
	德永雕翅摇蚊 *Glyptotendipes tokunagai*			+
	花翅前突摇蚊 *Procladius choreus*		+	
	红腹拟毛突摇蚊 *Paratrichoeladiusru ioentris*			+
	云集多足摇蚊 *Polypedilumv hubifer*		+	
	皮可齿斑摇蚊 *Stictochironomus pictulus*	+		
	扁蜉 *Heptagenia* sp.		+	
	赤卒 *Crocothemis servillia*			+
	混合蜓 *Aeshna mixta*			+
	须蠓 *Ceratopogen flavipes*		+	
其他	中华米虾 *Caridina denticulate-sinensis*		+	
合计（种数）		1	8	6

表 3-42 底栖动物密度水平分布与组成 单位：个/m²

种类	尼尔基水库坝前	尼尔基水库库中	尼尔基水库库末
软体动物	0	17	19
环节动物	0	0	0
水生昆虫	17	18	28
其他	0	3	0
合计	17	38	47

表 3-43 底栖动物生物量水平分布与组成 单位：g/m²

种类	尼尔基水库坝前	尼尔基水库库中	尼尔基水库库末
软体动物	0	3.62	21
环节动物	0	0	0
水生昆虫	0.006	0.153	4.284
其他	0	0.616	0
合计	0.006	4.389	25.284

3.5.7 存在的问题

水库面临的环境问题主要有以下几点：①库周及上游地区水土流失及面源污染，水库周边及上游控制流域范围内的森林植被破坏严重，水土流失问题十分突出；②上游河道范围内非法采金造成水域污染，河道内采金对河流水质影响非常大，不仅造成水体泥沙含量增高和悬浮物浓度增大，使河水混浊，更为严重的是这一过程可使沉积在底泥中的一些重金属、有毒物、有机物等溶入水中并向下游转移，最后在尼尔基水库中富集，从而对水库水体造成污染；③嫩江县城生活污水和工业废水排放污染库区，嫩江县城日生活污水和工业废水排放量在 2 万～3 万 t，目前该县城污水处理设施极不完善，大量的污水不经任何处理直接排入嫩江河道，对尼尔基水库水质构成直接威胁；④居民生活污水排放对水库造成污染，库区两岸居住着大量居民，库区内居民点的基础设施均不完善，生活垃圾和污水基本处于无序排放状态，夏季降水时，很大一部分生活污染物会随地表径流流入水库，造成水库的水质污染；⑤水库经济开发给环境带来影响，尼尔基水库发展水产养殖、旅游、航运等，这些经济开发项目在获得经济效益的同时，也会对水库的环境造成一定的影响，需有效地控制和管理。

4 黑龙江省典型河流水生生物调查

本章对黑龙江省典型河流进行水生生物调查，典型河流主要有嫩江、哈尔滨二水源、拉林河与牡丹江等，调查内容包括自然环境资料和水生生物资料。自然环境资料包括水文气象、自然地理、河岸形态、水体交换、周边工农业布局、土地利用、水土流失、植被分布状况等；水生生物资料包括水生植物群落、主要经济鱼类、珍稀和特有生物的种类、生物量分布及群落结构组成状况。

4.1 嫩江中上游

4.1.1 监测断面布置

本次共布设水质监测断面8个，分别为甘河大桥、欧肯河镇、多布库里河、科洛河大桥、门鲁河大桥、建边渡口、柳家屯、繁荣新村。

4.1.2 监测项目

监测项目包括《地表水环境质量标准》（GB3838—2002）规定的基本项目：水温、pH、溶解氧、高锰酸盐指数、化学需氧量、五日生化需氧量、氨氮、总磷、总氮、铜、锌、氟化物、硒、砷、汞、镉、六价铬、铅、氰化物、挥发酚、石油类、阴离子表面活性剂、硫化物、粪大肠菌群等24项和特定项目80项。

4.1.3 样品采集及分析方法

本项目检测方法参照《地表水环境质量标准》（GB3838—2002）、《生活饮用水标准检验方法》（GB5750—2006）、《固相萃取气相色谱/质谱分析法（GC/MS）测定水中半挥发性有机污染物》（SL392—2007）和《吹扫捕集气相色谱/质谱分析法（GC/MS）测定水中挥发性有机污染物》（SL393—2007）执行。

4.1.4 水质评价

4.1.4.1 评价标准

评价标准为《地表水环境质量标准》（GB3838—2002）。

4.1.4.2 评价依据

本次评价依据《地表水资源质量评价技术规程》(SL395—2007)，采用单因子评价法。单项水质项目浓度超过《地表水资源质量评价技术规程》(GB3838—2002)Ⅲ类标准限值的称为超标项目。

4.1.4.3 水质基本项目评价

本次评价 8 个断面，Ⅰ类水质断面有 4 个，Ⅲ类水质断面有 3 个，Ⅳ类水质断面有 1 个。主要超标项目为五日生化需氧量和高锰酸盐指数。具体评价结果和超标倍数见表 4-1。

表 4-1　水质基本项目评价结果

断面名称	水质类别	超标项目和倍数
甘河大桥	Ⅱ	
欧肯河镇	Ⅱ	
多布库里河	Ⅲ	
门鲁河大桥	Ⅱ	
科洛河大桥	Ⅳ	高锰酸盐指数（0.35）；五日生化需氧量（0.03）
建边渡口	Ⅲ	
柳家屯	Ⅱ	
繁荣新村	Ⅲ	

4.1.4.4 水质特定项目评价

本次评价的 8 个断面，微囊藻毒素-LR 均超标，丁基黄原酸超标的有 6 个断面，邻苯二甲酸二丁酯超标的有 3 个断面，水合肼超标的有 2 个断面，四氯化碳超标的有 1 个断面。

4.1.4.5 营养状态评价

营养状态评价见表 4-2。

表 4-2　营养化状态评价表

断面名称	评分	营养化
甘河大桥	45	中营养
欧肯河镇	45	中营养
多布库里河	40	中营养

续表

断面名称	评分	营养化
科洛河大桥	65	中度营养化
门鲁河大桥	57.5	轻度营养化
建边渡口	55	轻度营养化
柳家屯	50	中营养
繁荣新村	60	轻度营养化

4.1.4.6 结果分析

通过现场勘查，嫩江中上游流域无大规模的工业、采矿业，仅有两个县级市，即嫩江县、鄂伦春自治旗，且规模不大，现场调查其排污量并不大，对河流的污染有限。嫩江中上游流域基本上为农业种植区和林场，大面积的农业种植区使用大量的化学肥料，而这些化学肥料并不能为农作物全部利用，部分可能会随雨水的冲刷及地下水汇入河流中，使大量的氮、磷等可溶性营养盐富集，造成水库和河流较严重的富营养化问题。

4.1.5 嫩江中上游示范区汛期水生态调查

浮游植物是淡水生态系统中重要的初级生产者，在淡水生态系统的能量流动、物质循环和信息传递中起着至关重要的作用。浮游植物种类组成、数量分布以及生物量是浮游植物群落动态的重要特征，也是判断水体富营养化程度的关键指标之一。其种类的组成和分布变化对环境变化具有指示作用，同时环境条件的改变也直接或间接地影响到浮游植物的群落组成，由于存在地域和水利类型差异，不同水体的浮游植物种类具有不同的特点。

4.1.5.1 浮游植物

嫩江中上游浮游植物鉴定中，共发现浮游植物 7 门、94 种，就种类而言，硅藻门和绿藻门最多，分别有 36 种和 32 种，各占调查种类的 38%和 34%；其次为蓝藻门和裸藻门，分别有 13 种和 6 种，分别占调查种类的 14%和 7%，金藻门、隐藻门和甲藻门种类较少。蓝藻门、硅藻门和绿藻门共占总调查种类数的 86%，为嫩江中上游浮游植物种类的主要组成类群。

嫩江中上游各断面浮游植物种类分布状况如表 4-3 所示，蓝藻门、绿藻门和硅藻门几乎在所有断面中均有检出。门鲁河大桥断面共鉴定出浮游植物 7 门，为门类最丰富的样点，其次为甘河大桥断面，共鉴定出浮游植物 6 门，科洛河大桥、建边渡口、繁荣新村、柳家屯等断面共鉴定出浮游植物 5 门，多布库里河断面鉴定出浮游植物 4 门，欧肯河镇断面鉴定出浮游植物 2 门。

总体来看中上游各断面浮游植物种类较多，其中门鲁河大桥、繁荣新村样点种类最多，均鉴定出 28 种，其次为建边渡口、甘河大桥、柳家屯，分别鉴定出 24 种、23 种和 22 种。

表 4-3　嫩江上游浮游植物分布

	种名	甘河大桥	欧肯河镇	多布库里河	科洛河大桥	门鲁河大桥	建边渡口	繁荣新村	柳家屯
蓝藻门	铜绿微囊藻 *Microcystis aeruginosa*								
	假鱼腥藻 *Pseudanabaena* sp.	+			++		+	+	
	球孢鱼腥藻 *Anabaena shaerica*								
	等长鱼腥藻 *Anabaena aequalis*								
	固氮鱼腥藻 *Anabaena azotica*								
	卷曲鱼腥藻 *Anabaena circinalis*								
	巨颤藻 *Oscillatoria princeps*								+
	小颤藻 *Oscillatoriatenuis*	+							
	颤藻 *Oscillatoria* sp.						+		
	微小平裂藻 *Merismopedia tenuissima*								
	细小平裂藻 *Merismopedia minima*							+	
	螺旋蓝纤维藻 *Ankistrodesmus spiralis*			+	+	+	+	++	+
	针晶蓝纤维藻 *Dactylococcopsis rhaphidioides*	+		+	+	+	+		+
绿藻门	衣藻 *Chlamydomonas* sp.	+		+		+	+		
	四鞭藻 *Carteria* sp.								
	狭形纤维藻 *Ankistrodesmus angustus*					+			
	针形纤维藻 *Ankistrodesmus acicularis*							+	
	镰形纤维藻 *Ankistrodesmus falcatus*					+			
	纤维藻 *Ankistrodesmus* sp.								
	短棘盘星藻 *Pediastrum boryanum*		+						
	空球藻 *Eudorina* sp.						+		
	实球藻 *Pandorina morum*			+		+			
	小空星藻 *Coelastrum microporum*								
	拟菱形弓形藻 *Pseudo nitzschia*								
	弓形藻 *Schroederia* sp.		+						
	浮球藻 *Planktosphaeria gelotinosa*								
	湖生卵囊藻 *Oocystis lacustris*						+		

续表

	种名	甘河大桥	欧肯河镇	多布库里河	科洛河大桥	门鲁河大桥	建边渡口	繁荣新村	柳家屯
绿藻门	小型四角藻 *Tetraedron minimum*		+						
	四尾栅藻 *Scenedesmus quadricauda*					+	+		
	斜生栅藻 *Scenedesmus obliquus*							+	
	二形栅藻 *Scenedesmus dimorphus*							+	
	扁盘栅藻 *Scenedesmus platydiscus*							+	
	双棘栅藻 *Scenedesmus bicaudatus*						+		
	爪哇栅藻 *Scenedesmus javaensis*					+			
	双对栅藻 *Scenedesmus bijuga*					+			
	并联藻 *Quadrigula chodatii*							+	
	集星藻 *Actinastrum* sp.						+	+	+
	链丝藻 *Uronema* sp.					+			
	串珠丝藻 *Utothrix moniliformis*						+		
	转板藻 *Mougeotia* sp.							+	
	球果转板藻 *Mougeotia sphaerocarpa*			+					
	小桩藻 *Characium* sp.						+		
	普林鞘藻 *Oedogonium pringsheimli*			+			+		
	斑点鼓藻 *Cosmarium punctulatum*					+			
	鼓藻 *Cosmarium* sp.								
硅藻门	扭曲小环藻 *Cyclotella comta*	+	+	+	+	+	+	+	+
	梅尼小环藻 *Cyclotella meneghiniana*								
	星形冠盘藻小型变种 *Stephanodiscus astraea* var. *minutula*					+			
	尖针杆藻 *Synedra acusvar*	+	+	+	+	+	+	+	+
	美丽星杆藻 *Asterionellaformosa*	+				+			
	菱形藻 *Nitzschia* sp.								
	脆杆藻 *Fragilaria* sp.	+	+	+		+		+	
	羽纹藻 *Pinnularia* sp.							+	
	颗粒直链藻 *Melosira granulata*							+	
	意大利直链藻 *Melosira italica*	+							
	变异直链藻 *Melosira varians*	+	+	+	+	+	+	+	+
	扁圆卵形藻 *Cocconeis placentulavar*	+	+	+		+		+	+
	胡斯特桥弯藻 *Cymbella hustedtii*	+	+			+	+	+	+
	膨胀桥弯藻 *Cymbella pusilla*	+		+				+	+
	波缘藻 *Cymatopleura* sp.	+	+	+					
	舟形藻 *Naviculales* sp.	+	+	+		+	+	+	+

续表

	种名	甘河大桥	欧肯河镇	多布库里河	科洛河大桥	门鲁河大桥	建边渡口	繁荣新村	柳家屯
硅藻门	普通等片藻 *Diatoma vulgare*			+					
	冬季等片藻 *Diatoma hemae*					+			
	细布纹藻 *Cymbellalunata*	+			+		+	+	+
	尖布纹藻 *Gyrosigma acuminatum*								+
	异极藻 *Gomphonema* sp.	+	+	+		+	+	+	+
	弧形短缝藻 *Eunotia arcus*					+			
	短缝藻 *Eunotia* sp.	+							+
	美丽双壁藻 *Diploneis purlla*								
	双壁藻 *Diploneis* sp.	+							
	波缘曲壳藻 *Achnanthes orenulata*				+			+	
	粗壮双菱藻 *Surirella robusta*				+				
	卵形双菱藻羽纹变种 *Surirella ovate* var.*pinnata*								+
	端毛双菱藻 *Surirella capronii*						+		
	同族羽纹藻 *Pinnularia gibba*								+
	羽纹藻 *Pinnularia* sp.								+
	尖辐节藻 *Stauroneis acuta*							+	
	卵形双眉藻 *Amphora ovalis*								+
	弧形蛾眉藻 *Ceratoneis arcus*								+
	弧形蛾眉藻双尖变种 *Ceratoneis arcus* var.*amphioxys*					+			
	弯形弯楔藻 *Rhoicosphenia curvata*						+		
甲藻门	埃尔多甲藻 *Peridinium elpatillum*	+				+	+		+
	微小多甲藻 *Peridinium pusillum*	+							
隐藻门	啮噬隐藻 *Cryptomonas erosa*	+		+		+		+	
	尖尾蓝隐藻 *Chroomonas acuta*								
	卵形隐藻 *Cryptomons ovata*				+				
裸藻门	囊裸藻 *Trachelomonas* sp.							+	
	细小裸藻 *Euglena gracilis*								
	尾裸藻 *Euglena caudata*				+		+	+	+
	带形裸藻 *Euglena virids*							+	
	宽扁裸藻 *Phacus platyaulax*								
	螺旋囊裸藻 *Trachelomonas volvocina*					+			

续表

	种名	甘河大桥	欧肯河镇	多布库里河	科洛河大桥	门鲁河大桥	建边渡口	繁荣新村	柳家屯
金藻门	单鞭金藻 *Chromulina pascheri*	+							
	密集锥囊藻 *Dinobryon sertularia*				+	+			
种数		23	12	17	12	28	24	28	22

注：+++表示很多；++表示较多；+表示存在。

浮游植物各门在各断面的细胞密度比例分布如表 4-4 所示。

表 4-4　浮游植物细胞密度　　单位：个/L

	甘河大桥	欧肯河镇	多布库里河	科洛河大桥	门鲁河大桥	建边渡口	繁荣新村	柳家屯
蓝藻门	0.04×10^6	—	0.0015×10^6	0.48×10^6	0.3×10^6	0.16×10^6	0.37×10^6	0.01×10^6
绿藻门	0.18×10^6	0.04×10^6	0.01×10^6	—	0.3×10^6	0.05×10^6	0.13×10^6	0.0024×10^6
硅藻门	0.69×10^6	0.89×10^6	0.2×10^6	0.21×10^6	0.93×10^6	0.27×10^6	0.43×10^6	0.39×10^6
甲藻门	0.0006×10^6	—	—	—	0.0003×10^6	0.03×10^6	—	0.0006×10^6
隐藻门	0.03×10^6	—	0.0018×10^6	0.0003×10^6	0.06×10^6	—	0.0006×10^6	—
裸藻门	—	—	—	0.06×10^6	0.0003×10^6	0.06×10^6	0.03×10^6	—
金藻门	0.06×10^6	—	—	0.03×10^6	0.0003×10^6	—	—	—
总密度	1×10^6	0.92×10^6	0.21×10^6	0.78×10^6	1.6×10^6	0.57×10^6	0.96×10^6	0.4×10^6

浮游植物优势度 Y 以 $Y>0.02$ 作为优势种，嫩江中上游浮游植物优势种为铜绿微囊藻、等长鱼腥藻，其优势度分别为 0.093、0.042。

根据嫩江中上游浮游植物细胞密度计算 Shannon-Wiener 多样性指数，总体看来其浮游植物多样性指数较高，如表 4-5 所示。

表 4-5　浮游植物 Shannon-Wiener 指数

	甘河大桥	欧肯河镇	多布库里河	科洛河大桥	门鲁河大桥	建边渡口	繁荣新村	柳家屯	排污口上游 1km	排污口下游 1km
Shannon-Wiener 指数	3.38	2.77	2.70	2.01	3.42	3.34	2.49	2.26	2.81	3.23

根据多样性指数的大小可将其分为 5 级，详见表 4-6 生物多样性阈值的分级评价标准。嫩江生物多样性等级为Ⅳ，多样性丰富。

表 4-6　生物多样性阈值的分级评价标准

评价等级	阈值	等级描述
Ⅰ	＜0.6	多样性差
Ⅱ	0.6～1.5	多样性一般
Ⅲ	1.6～2.5	多样性较好
Ⅳ	2.6～3.5	多样性丰富
Ⅴ	＞3.5	多样性非常丰富

其中样点科洛河大桥、繁荣新村、柳家屯断面生物多样性较好，为Ⅲ级；甘河大桥、欧肯河镇、多布库里河、门鲁河大桥、建边渡口断面生物量多样性丰富，为Ⅳ级。总体来看根据嫩江中上游浮游植物多样性指数较高。

4.1.5.2　浮游动物

浮游动物是浮游生物的一部分，在淡水生态系统中起着重要的作用。作为浮游水生态系统的初级消费者，浮游动物不仅是水体生态系统食物链中一个重要环节，在物质转化、能力流动和信息传递等生态过程中起着至关重要的作用，其种类和数量变化会影响其他水生生物的分布和丰度，而且浮游动物与水体质量密切相关，很多浮游动物对水环境的变化非常敏感，水环境的变化直接影响其群落结构和功能，部分浮游动物还能积累和代谢一定量的污染物质，起着净化水质的作用。浮游动物群落结构受诸多因素影响，如光照、温度、透明度、营养盐、污染程度等。

通过对嫩江中上游浮游动物进行监测，共鉴定出浮游动物 19 种。其中，原生动物 7 种，占总数的 36.8%；轮虫类 5 种，占总数的 26.3%；枝角类和桡足类最少，各 2 种，各占总数的 10.5%；其他种类 3 种。浮游动物种类分布见表 4-7，浮游动物种类各断面的密度见表 4-8。浮游动物种类各断面 Margalef 多样性指数见表 4-9。

表 4-7　浮游动物种类分布

种类		甘河大桥	欧肯河镇	多布库里河	科洛河大桥	门鲁河大桥	建边渡口	繁荣新村	柳家屯
原生动物	累枝虫 *Epistylis lacustris*						+		
	球形砂壳虫 *Difflugia globulosa*				+				
	淡水筒壳虫 *Tintinnidium fluviatile*								
	卵圆前管虫 *Prorodon ovum*								
	蛹形斜口虫 *Enchelys pupa*								
	珊瑚变形虫 *Amoeba gorgonia*			+		+	+		+
	侠盗虫 *Stribilidium gyrans*						+		

续表

	种类	甘河大桥	欧肯河镇	多布库里河	科洛河大桥	门鲁河大桥	建边渡口	繁荣新村	柳家屯
轮虫	萼花臂尾轮虫 *Brachionus calyciflorus*			+					
	前节晶囊轮虫 *Asplachna priodonta*								
	大肚须足轮虫 *Euchlanis dilalata*		+						
	刺盖异尾轮虫 *Trichocerca capucina*								
	独角聚花轮虫 *Conochilus unicornis*								
枝角类	长肢秀体蚤（大）*Diaphanosoma leuchtenbergianum*					+			
	长肢秀体蚤（小）*Diaphanosoma leuchtenbergianum*								
桡足类	绿色近剑水蚤 *Tropocyclops prasinus*		+						
	近亲拟剑水蚤 *Paracyclops affinis*								
其他	无节幼体 nauplius					+			
	冬卵			+					
	夏卵					+			
合计		0	2	3	1	4	3	0	1

表 4-8　浮游动物种类各断面的密度　　单位：个/L

种类	甘河大桥	欧肯河镇	多布库里河	科洛河大桥	门鲁河大桥	建边渡口	繁荣新村	柳家屯
原生动物	0	0	1.95	12	2.1	15	0	2.15
轮虫	0	1.05	1.95	0	0	0	0	0
枝角类	0	0	0	2	2.1	0	0	0
桡足类	0	1.05	0	0	0	0	0	0
其他	0	0	25.35	0	6.3	0	0	0
合计	0	2.1	29.25	14	10.5	15	0	2.15

表 4-9　浮游动物种类各断面 Margalef 多样性指数

	甘河大桥	欧肯河镇	多布库里河	科洛河大桥	门鲁河大桥	建边渡口	繁荣新村	柳家屯
Margalef 指数	0	1.35	0.595	0	1.28	0.74	0	0

从水质状况来看，一般认为水体水质状况越好，浮游动物的种类越多，所以多样性指数就越大；若水体水质污染越严重，不耐污的敏感物种将减少或消失，耐污的物种种类和个数将增加，物种多样性指数就越低。

嫩江中上游各断面浮游动物多样性指数评价标准见表 4-10，浮游动物

Margalef 多样性指数的范围为 0～1.73，Margalef 多样性指数最小值出现在甘河大桥、繁荣新村，两断面在浮游动物定量样品中未检出浮游动物。总体来看嫩江中上游表现出不稳定的多样性水平。

表 4-10　浮游生物物种多样性指数水质评判标准

污染程度	清洁	轻度污染	β-中污染	α-中污染	重污染
Margalef 指数	6	4～6	2～4	1～2	0～1

4.1.5.3　大型底栖无脊椎动物

生物监测指利用生物个体、种群或群落对环境污染及变化产生的反应来阐明环境污染及变化状况，从生物学角度为环境质量监测和评价提供依据。大型底栖无脊椎动物处于河流生态系统食物链的中间环节，目前广泛应用于水质评价。因此，利用底栖动物的某些种类或群落结构作为指标来评价、指示和监测水体环境一直颇受关注，已在国内外有了大量有益的实践。欧洲的上百种生物评价方法中有 2/3 是基于大型底栖无脊椎动物的。20 世纪 80～90 年代，我国一些动物学家在吸取西方先进技术经验的基础上，将大型底栖无脊椎动物群落研究与水质生物监测、水环境的保护紧密结合，用水生昆虫等大型底栖无脊椎动物的多样性指数评价河湖水质。

调查所采集标本经鉴定共得底栖动物 32 种，如表 4-11 所示，属于水生昆虫、软体动物和环节动物三个大类。水生昆虫 21 种，占全部种类的 65.6%，其中双翅目 14 种，蜻蜓目 3 种，蜉蝣目 3 种，毛翅目 1 种；软体动物 7 种，占全部种类的 21.9%；环节动物 3 种，占 9.4%；其他种类 1 种，占全部种类的 3.1%。EPT 昆虫（即蜉蝣目 Ephemeroptera、襀翅目 Plecoptera 和毛翅目 Trichoptera 三大类群的简称）总物种数为 4 种，占调查发现的水生昆虫物种数的 12.5%。调查发现，所有底栖动物中，出现频率最高的是花翅前突摇蚊和赤卒，在所调查的断面中均出现 6 次。

表 4-11　嫩江中上游大型底栖动物种类组成及分布

种类		甘河大桥	欧肯河镇	多布库里河	科洛河大桥	门鲁河大桥	建边渡口	繁荣新村	柳家屯
软体动物门 Mollusca	椭圆萝卜螺 *Radix swinhoei*		+				+		
	方格短沟蜷 *Semisulcospira cancellata*				+				
	纹沼螺 *Parafossarulus striatulus*		+			+	+		
	凸旋螺 *Gyraulus convexiusculus*				+				
	圆田螺 *Cipangopaludina* sp.	+						+	
	河蚬 *Corbicula fluminea*	+				+	+	+	
	背瘤丽蚌 *Lamprotula leai*	+					+		

续表

	种类	甘河大桥	欧肯河镇	多布库里河	科洛河大桥	门鲁河大桥	建边渡口	繁荣新村	柳家屯
环节动物门 Annelida	颈蛭 *Limnotrachelobdella sinensis*			+					
	扁蛭 *Glossiphonia complanata*		+	+	+		+		
	霍甫水丝蚓 *Limnodrilus offmeisteri*		+			+	+		+
	尼提达单寡角摇蚊 *Monodiamesa nitida*								
水生昆虫 Aquatic nsects	双线环足摇蚊 *Cricotopus bicinctu*		+						
	台湾长跗摇蚊 *Tanytarsus formosanus*	+	+	+					+
	喙隐摇蚊 *Cryptochironomus rostratus*	+				+			
	刺铗长足摇蚊 *Tanypus unctipennis*			+					
	红裸须摇蚊 *Propsilocerusakamusi*								
	德永雕翅摇蚊 *Giyptendipes tokunagai*	+	+					+	
	花翅前突摇蚊 *Procladius choreus*	+	+	+					+
	红腹拟毛突摇蚊 *Paratrichoeladiusru ioentris*							+	
	云集多足摇蚊 *Polypedilum ubifer*		+			+			+
	皮可齿斑摇蚊 *Stictochironomus pictulus*								
	细真开氏摇蚊 *Eukiefferiella thienemann*		+						
	蜉蝣 *Ephemeroptera* sp.			+		+	+		
	四节蜉 *Baetidae* sp.			+	+	+	+		
	扁蜉 *Heptagenia* sp.		+	+					
	亚洲瘦蟌 *Ischnura asiatica*		+						
	赤卒 *Crocothemis servillia*	+	+	+		+	+	+	
	混合蜓 *Aeshna mixta*							+	
	大蚊 *Tipulidae* sp.			+					
	须蠓 *Palpomyia* sp.								
	纹石蚕 *Hydropsyche* sp.		+						
其他	中华米虾 *Caridina enticulate-sinensis*								
合计（种数）	32	8	14	10	4	8	9	6	4

由表 4-12 可以看出，调查区内大型底栖动物总平均密度为 83 个/m^2，其中水生昆虫 44 个/m^2，占总数的 53%；软体动物 26 个/m^2，占总数的 31.3%；环节动物 12 个/m^2，占总数的 14.5%。各个断面比较，大型底栖动物密度从高到低前三位依次为欧肯河镇>门鲁河大桥>多布库里河。

由表 4-13 可以得出，调查区内大型底栖动物平均生物量为 10g/m^2，其中软体动物 7.9g/m^2，占总量的 79%；水生昆虫 1.64g/m^2，占总量的 16.4%；环节动物 0.4g/m^2，占总量的 4%。各个断面比较，底栖动物生物量从高到低依次为甘河大桥>繁荣新村>门鲁河大桥。

表 4-12　大型底栖动物密度水平分布与组成　　单位：个/m^2

种类	甘河大桥	欧肯河镇	多布库里河	科洛河大桥	门鲁河大桥	建边渡口	繁荣新村	柳家屯
软体动物	46	87	0	3	90	27	19	0
环节动物	0	30	36	13	17	10	0	23
水生昆虫	46	170	94	3	26	13	28	26
其他	0	0	0	0	0	0	0	0
合计	92	287	130	19	133	50	47	49

表 4-13　大型底栖动物生物量水平分布与组成　　单位：g/m^2

种类	甘河大桥	欧肯河镇	多布库里河	科洛河大桥	门鲁河大桥	建边渡口	繁荣新村	柳家屯
软体动物	26.316	9.367	0	4.776	18.896	3.39	21	0
环节动物	0	0.64	1.74	1.3	0.017	0.123	0	0.023
水生昆虫	7.23	1.991	1.892	0.219	0.845	1.584	4.284	0.024
其他	0	0	0	0	0	0	0	0
合计	33.616	11.998	3.632	6.295	19.758	5.097	25.284	0.067

BI 生物指数既考虑了底栖动物的密度，又考虑了物种本身的耐污值，增强了评价的可靠性，采用该生物指数对嫩江中上游水质进行评价，结果见表 4-14。可以看出，所调查断面的健康水平总体处于清洁和轻度污染之间，柳家屯为严重污染。

表 4-14 各断面生物指数和清洁度

监测断面	BI 指数	
	指数值	水质级别
甘河大桥	6.93	一般
欧肯河镇	7.38	一般
多布库里河	5.87	清洁
科洛河大桥	7.95	轻污染
门鲁河大桥	6.90	一般
建边渡口	6.03	清洁
繁荣新村	6.34	清洁
柳家屯	8.94	严重污染
平均	7.13	一般

4.1.6 调查内容及调查方法

在 8 个断面位均进行水生生物样品采集和渔获物调查，重点进行嫩江中游渔业资源现状调查。

4.1.7 鱼类资源

4.1.7.1 主要渔获物情况

鱼类数据来源于 2010 年调查结果，调查断面为齐齐哈尔、富裕、讷河县等地，捕捞工具为簗子、张网和挂网。嫩江中游江段的自然捕捞量历年变化较大，最高年捕捞量与最低年捕捞量相差近万吨，据对嫩江中游的齐齐哈尔市、富裕县、讷河县的初步调查统计，20 世纪 80 年代为 8000t 左右，20 世纪 90 年代为 5000t 左右，2000 年以后为 2000t 左右，嫩江中游鱼类资源以每 10 年 60%的速度递减，资源呈现明显的逐渐下降趋势。从嫩江中游渔获物组成分析，20 世纪 80 年代挂网鲫占 90.7%，鲇占 5.4%，三层挂网䱗占 84.9%，鲫占 10.8%，在渔获物组成中主要以小型鱼类为主。目前嫩江中游渔获物组成，挂网鲫占 60%，鲇占 10%，其他小杂鱼占 30%，三层挂网䱗占 1/3 左右，鲫占 1/3 左右，其他杂鱼占 1/3 左右，仍然以小型鱼类占优势。从渔获物中主要经济鱼类的体长、体重、年龄组成分析，仍然以小型化、低龄化为主要发展趋势，同其他水域一样，嫩江中游鱼类资源呈下降趋势，应当加以保护。

4.1.7.2 鱼类分布

嫩江中游按世界淡水鱼类区划划分，属于北地界、全北区、中亚（中亚高山）亚区、黑龙江分区。

4.1.7.3 空间分布

从调查结果看，嫩江中游鱼类分布，除细鳞鲑和哲罗鲑等鱼类主要分布在嫩江中、上游山间溪流，在秋季洄游进入嫩江干流外，其他种类嫩江干流均有分布。

4.1.7.4 时间分布

由于嫩江中游地处高寒、高纬度区域，因此，鱼类时间分布比较明显。春季水温较低，一些冷水性鱼类、北方山麓鱼类、北极淡水复合体鱼类如哲罗鲑、细鳞鲑、江鳕、黑斑狗鱼等多有分布。而水温较高的夏季，冷水性鱼类则没有分布，多以北方平原上第三纪复合体鱼类如银鲫、鲤、鲢、鳙等温水性鱼类为主，表现出明显的时间分布特点。

4.1.7.5 鱼类种类组成

据调查采集鱼类标本和文献记载，嫩江中游鱼类有 6 目、13 科、68 种，其中鲤科鱼类 46 种，占 67.65%，鳅科鱼类 5 种，鲿科和鲑科 3 种，七鳃鳗科和塘鳢科 2 种，银鱼科、狗鱼科、鳕科、鳢科、鲇科、鮨科、鰕虎鱼科等各 1 种。嫩江中游土著鱼类有 6 目、12 科、66 种；引进鱼类有 2 目、2 科、2 种；冷水性鱼类有 4 目、7 科、15 种；濒危鱼类有 5 种；特有鱼类在嫩江中游分布为 3 种；优先保护的鱼类为 6 目、9 科、20 种。主要保护鱼类见表 4-15。

表 4-15 嫩江主要珍稀、濒危、特有和优先保护鱼类

种类	名称
濒危鱼类（5 种）	雷氏七鳃鳗 *Lampetra reissneri*（Dybowski） 日本七鳃鳗 *Lampetra japonica*（Martens） 哲罗鲑 *Hucho taimen*（Pallas） 细鳞鲑 *Brachymystax lenok*（Pallas） 乌苏里白鲑 *Coregonus chadary*（Dybowski）
特有鱼类（3 种）	凌源鮈 *Gobio lingyuanesis*（Mori） 花斑副沙鳅 *Parabotia fasciata*（Dabry） 乌鳢 *Channa argus*（Cantor）
优先保护鱼类（20 种）	雷氏七鳃鳗 *Lampetra reissneri*（Dybowski） 哲罗鲑 *Hucho taimen*（Pallas） 细鳞鲑 *Brachymystax lenok*（Pallas） 黑斑狗鱼 *Esox reicherti*（Dybowski）

续表

种类	名称
优先保护鱼类（20种）	拟赤梢鱼 *Pseudaspius leptocephalus*（Pallas）
	赤眼鳟 *Squaliobarbus curriculus*（Richardon）
	鳡 *Elopichthys bambusa*（Richardon）
	红鳍原鲌 *Culterichthys enythropterus*（Basilewsky）
	蒙古鲌 *Culter mongolicus mongolicus*（Basilewsky）
	鳊 *Parabramis pekinensis*（Basilewsky）
	鲂 *Megalobrama skolkoui*（Dybowski）
	银鲴 *Xenocypris argentea*（Gunther）
	细鳞鲴 *Xenocypris microlepis*（Bleeker）
	凌源鮈 *Gobio lingyuanesis*（Mori）
	花斑副沙鳅 *Parabotia fasciata*（Dabry）
	黄颡鱼 *Pelteobagrus fulvidraco*（Richard son）
	乌苏拟鲿 *Pseudobagrus ussuriensis*（Dybowski）
	江鳕 *Lota lata*（Linnaeus）
	鳜 *Siniperca chuatsi*（Basilewsky）
	乌鳢 *Channa argus*（Cantor）

4.1.7.6 主要经济、珍稀、濒危鱼类“三场一通道”分布

1. 鱼类产卵场分布

由于水域环境特点，冷水性鱼类产卵场主要分布于诺敏河中上游，莫里达瓦旗宝山镇往北，平均分为三段，在诺敏河中上游分别为贾气口子、新肯布拉尔、伊威达瓦三个主要产卵场。

哲罗鲑产卵场主要分布在诺敏河上游及支流河段，在毕拉河与诺敏河交汇处及上游、格尼河与诺敏河交汇处及上游。

细鳞鲑产卵场主要分布同哲罗鲑。2005年调查时发现哲罗鲑与细鳞鲑杂交种，说明细鳞鲑产卵场有时与哲罗鲑产卵场是交叉分布的。

江鳕产卵场主要分布在诺敏河中、上游及支流河段河崖石磖处。

漂浮性卵鱼类的产卵场：扎赉特旗喇嘛湾–江桥是鲢、鳙鱼的产卵场，此处水流较缓、水温较高、水质优良，在历史上就是漂浮性鱼类的产卵场。

黏性卵鱼类的产卵场：嫩江中游产黏性卵的鱼类有鲤、银鲫等，这类鱼产卵场较多，主要分布在嫩江中游江湾、江汊，水浅、水草繁茂的河段。

调查结果表明，评价区北引渠附近没有鱼类产卵场分布。

2. 鱼类育肥场分布

水深较浅的沿岸带，水流较缓的河湾处，水温较高、透明度较高、光合作用剧烈的水域，是水生生物生长的最佳区域，其生物量高于其他水域几倍或十几倍，为鱼类的生长、繁殖提供了丰富的饵料基础。因此，在河流中这些水域，即饵料丰富、水质良好的水域，都可作为鱼类的育肥场加以保护。嫩江中游主要经济、珍稀、冷水性鱼类生物学特性见表 4-16。

表 4-16　嫩江中游主要经济、珍稀、冷水性鱼类生物学特性

序号	鱼类	生活习性	现状	分布
1	哲罗鲑 *Hucho taimen*（Pallas）	栖息于水质清澈、水温最高不超过 20℃的水域中，系冷水性鱼类。夏季多生活在山林区支流中，秋末或冬季进入河流深水区或大河深水中，偶尔在湖泊中发现。哲罗鲑是肉食性凶猛的掠食性鱼类，四季均摄食，冬季食欲仍很强，仅在夏季水温升高时或在繁殖期摄食强度变弱，甚至停食，在早晨和黄昏时摄食活跃，由深水游到浅水处猎捕鱼类或岸边的啮齿动物、蛇类或水禽。由于所栖居的水域环境不同，而所摄食的鱼类也不一样，有鲟类、鮈类、鳑鲏、雅罗鱼、鲫等。哲罗稚鱼以捕食无脊椎动物为主。哲罗鲑生长速度较快，3 龄鱼体长可达 315mm。性成熟年龄为 5 年，体长大于 400mm。在流水石砾底质处产卵，产卵习性似大马哈鱼，但一生可多次繁殖，怀卵量 1.0 万～3.4 万粒，受精卵需 30～35 天孵化，产卵期在 5 月份	适栖水域减缩，群体数量锐减，个体趋于小型化，物种濒危等级为易危	黑龙江中、上游，嫩江上游，牡丹江、乌苏里江、松花江上游及镜泊湖的山区溪流、新疆额尔齐斯河均有
2	细鳞鲑 *Brachymystax lenok*（Pallas）	为冷水性鱼类，喜栖息于水质澄清急流、高氧、石砾底质、水温 15℃以下、两岸植被茂密的支流。它具有明显的适温洄游习性，春季（4 月中旬～5 月下旬）进行产卵洄游，由主流游进支流；秋季（9 月中旬～10 月中旬）进行越冬洄游，从支流回到主流。细鳞鲑产卵期为 4 月中旬～5 月下旬，产卵水温 5～8℃。产卵场条件为水质清澈、沙砾底质、流速 1.0～1.5m/s、两岸植被茂密的河套子处。细鳞鲑属肉食性鱼类，以无脊椎动物、小鱼等为主要摄食对象	细鳞鲑在 20 世纪 60 年代遍布黑龙江、乌苏里江、嫩江等水域，目前主要分布于黑龙江上游呼玛以上、乌苏里上游虎头以上、嫩江上游支流等江段。适栖水域减缩，群体数量减少，物种濒危等级为易危	黑龙江中、上游、嫩江上游，牡丹江、乌苏里江、松花江上游及镜泊湖的山区溪流、新疆额尔齐斯河均有分布

续表

序号	鱼类	生活习性	现状	分布
3	雷氏七鳃鳗 *Lampetra reissneri*（Dybowski）	为淡水生活种类，喜栖于有缓流、沙质地质的溪流中，白天钻入沙内或藏于石下，夜出觅食。发育过程经变态，幼体眼埋于皮下，口呈三形裂缝状，口缘乳突发达，穗状；成体眼发达，口呈漏斗状吸盘，口缘乳突变小，体表具大量黏液，游泳时呈鳗形扭曲摆动。幼体基本上以沙石上的植物碎屑和附着藻类为食。成体以浮游动植物为食，也寄生生活，用吸盘吸附在其他鱼体上，凿破皮肤吸允其血肉。为小型鱼类，记录成体最大全长 205mm，仔鳗全长可达 160mm。其生长速度不详。全长 160mm 以上达成熟。产卵期 5 月末～7 月。产卵后部分亲体死亡，部分亲体从精疲力竭状态恢复过来继续生存	栖居的生态条件恶化，种群衰败，物种濒危等级为易危。我国已将其列入濒危动物红皮书，在嫩江中游种群数量逐渐减少	为东北地区特有，黑龙江水系的嫩江、牡丹江、乌苏里江、兴凯湖均有分布
4	江鳕 *Lota lota*（Linnatus）	属典型的冷水性鱼类，栖居于江河或湖泊的深层水域，喜生活在水质清澈、沙砾底质的水域，适宜水温 15～18℃，最高不超过 23℃。夏季多在山溪，活动减弱，几乎不摄食。冬季溯入江河进行生殖洄游。白天基本不活动，夜间摄食活跃。江鳕属凶猛肉食性鱼类，以捕食小型鱼类为主。主要摄食鲫、鮎类、鲴类、黄颡鱼、鳜、杜父鱼、鱵等	目前在嫩江中游群体数量锐减，大个体很难见到	黑龙江水系分布较广，另外在吉林鸭绿江上游和新疆额尔齐斯河水系有少量分布
5	黑斑狗鱼 *Esox reicher*（Dybowski）	栖息在河流支岔缓流浅水区，或湖泊、水库中的开阔区。春季 4～5 月集群，溯河到湖泊、水库的上游河口浅水区植物丛中，产卵于植物茎叶上。产卵后鱼群分散在河流下游沿岸带。越冬期仍不停止活动，继续旺盛摄食。春季和秋季有一定的洄游规律。其幼鱼喜栖息在水域沿岸带并进入水域浑浊区。黑斑狗鱼为凶猛的掠食性鱼类，以捕食小鱼为主。因栖息的水域不同，其所捕食的种类而有不同，也有捕食水禽或蛙类的情况，掠食其他鱼类是从头部吞入。性成熟的在繁殖期有停食现象，除繁殖期外，全年都强烈摄食	由于嫩江流域过大的捕捞强度和生态环境的改变，导致黑斑狗鱼资源在嫩江中游面临衰退	为高纬度（约北纬 44°以北）寒冷地带河流湖泊水域特产鱼类，在黑龙江省分布较广，黑龙江、乌苏里江、嫩江、松花江等水系支流、湖泊和水库中均有分布
6	瓦氏雅罗鱼 *Leucisc us waleckii*（Dybowski）	性成熟年龄雌鱼一般为 3 龄，也有少数为 2 龄。产卵期在 4 月末～5 月上旬，产卵期亲鱼集群汇集于河流沙质或石砾底质处。鱼卵产附于沙及石砾上，卵膜透明，淡黄色，受精卵卵径为 2.2mm 左右	该物种喜集群，较易集中捕捞，雅罗鱼在条件适宜的水域很容易形成群体，目前嫩江很多江段存在很大种群数量	分布广泛，黑龙江、乌苏里江、松花江、嫩江、牡丹江及其支流，镜泊湖、大小兴凯湖、连环湖及五大连池等均有分布

续表

序号	鱼类	生活习性	现状	分布
7	细鳞鲴 *Xenocypris microlepis*（Bleeker）	在江河、湖泊和水库等不同环境均能生活。以藻类及水生高等植物碎屑为食。一般 2 年鱼可达性成熟，繁殖力强，4～6 月产卵，集群溯河至水流湍急的砾石滩产卵，产黏性卵	由于嫩江流域过大的捕捞强度和生态环境的改变，目前该物种在嫩江中下游已很难见到	黑龙江及支流、兴凯湖、连环湖、五大连池、镜泊湖等均匀分布
8	鳡 *Elopichthys bambusa*（Richardson）	生活在水体中上层，体似流线型，游动敏捷，善于掠食。5 年性成熟，体长在 600mm 以上。产卵期为 7 月初～7 月中旬，绝对怀卵量 8～133 万粒。典型的凶猛鱼类，主要以鱼类为食	20 世纪 80 年代以前嫩江中下游渔获量中占有一定比重，目前其种群数量在嫩江中下游急剧下降，个别江段很难见到	黑龙江、松花江、嫩江、大兴凯湖、镜泊湖均有分布
9	唇䱻 *Hemibarbus labeo*（Pallas）	喜栖息流水与低温水域，多分布于江河及大型湖泊。4 年性成熟，怀卵量 10 万粒左右，产卵期在 6～7 月。产卵于流水沙砾底质处。典型的底栖动物。以水生昆虫、软体动物为主，有时也食用小型鱼类	20 世纪 80 年代以前，嫩江江中上游的渔获量中占有一定比重。近年来由于嫩江流域过大的捕捞强度和生态环境的改变，目前该物种在嫩江中下游已很难见到	黑龙江及支流、镜泊湖、五大连池均有分布
10	花䱻 *Hemibarbus maculatus*（Bleeker）	栖息江河，生活在水底层。在湖沼区育肥，在江河深处越冬。以底栖动物为食，以水生昆虫、软体动物为主，有时也食用小型鱼类。4 年性成熟，产卵期 6～7 月，怀卵量 4.8 万～13 万粒。卵具黏性，粘着在植物基体上	目前该物种在嫩江中下游江段渔获量占有一定比重，但是近年来大个体种群数量减少，个体趋于小型化	黑龙江流域及兴凯湖、镜泊湖等水域均有分布
11	花斑副沙鳅 *Parabotia fasoiata*（Dabry）	喜栖息河流中，以底栖动物和水生昆虫等为食	该物种在嫩江中下游种群数量较大	黑龙江、乌苏里江、松花江、嫩江及一些附属水域均有分布

续表

序号	鱼类	生活习性	现状	分布
12	鳜 *Siniperca chuatsi*（Basilewsky）	喜栖于水草丛生而缓流的水域，潜伏在适合的生态环境中袭击被食的小鱼。在河道或支流中产卵，幼鱼夏季进入支流或湖泊的沿岸带强烈摄食。秋季洄游到深水或大江中越冬。性成熟年龄为3龄，体长为250mm。产卵期在6月份，个体怀卵量为8万～15万粒，卵径平均为1.4mm，卵为浮性。为典型的肉食性鱼类。镜泊湖的鳜鱼，体长60mm开始摄食，即为肉食的生活方式，体长100～200mm鳜鱼的食物中主要是鱼类，占90%以上，有银鲫、雅罗、餐条、鮈亚科鱼类、鳑鲏等，其次是虾类。除繁殖季节外，夏季觅食强烈，冬季也不停食。体长200mm的肠管约190mm	近年来该物种在嫩江中下游已很难见到	黑龙江、松花江、嫩江及通江河的湖泊等水域均有分布
13	乌鳢 *Channa argus*（Cantor）	是营底栖生活的鱼类，喜栖息沿岸泥底、水草丛生的浅水区。性情凶猛，常潜伏在水草丛中伺机捕捉食物。平常游动缓慢，捕捉食物时行动迅猛。其适应性较强，能在缺氧或其他鱼类不能生活的环境中生存，能借助鳃上器官，在离水后生存相当长时间。冬季在深水处，埋于泥中越冬。成熟较早，一般2龄即可成熟。产卵期在5月下旬～6月末，产卵场多在有茂盛水草的静水浅滩，产卵亲鱼守候巢旁，保护发育卵，直至仔鱼孵化后长到60mm左右方散群。乌鳢是分批产卵，卵为浮性，卵圆形具1油球，黄色，卵径为1.6～2.3mm，其绝对怀卵量随年龄增长而增大，一般在1.3万～3.4万粒。其相对怀卵量则相反，随年龄的增长而减小。乌鳢是一种凶猛的食肉鱼类，其食物组成随个体增长而改变，一般体长在30mm以下的幼鱼以桡足类、枝角类为食，体长在30～80mm的个体以昆虫、小虾和小鱼为食，体长在80mm以上的个体则以鱼为食	乌鳢在嫩江流域分布较广，是天然水域重要的捕捞对象，具有一定的种群数量	在黑龙江流域的湖泊、泡沼、水库等均有分布

3. 鱼类越冬场分布

本次调查及资料记载，嫩江中游鱼类的越冬场主要集中在干流，分布在水较深的中游码头等处。这些水域水质清澈，底质多为砂底，水深在3～5m，冬季冰下水深保持在 5～8m，并且有一定的水流，是鱼类主要的越冬场。应当给予高度的重视，保护好水域生态环境，为鱼类越冬创造一个良好的环境。

4. 鱼类洄游通道分布

鱼类具有自主游泳能力，因此，所有的鱼类都有洄游的特性。因此，嫩江中游及其支流不但是鱼类的生活水域，也是鱼类的洄游通道。

嫩江中游没有常年禁渔区，由于酷捕乱捞、有害渔具渔法的使用、水利工程的建设、开采石砂及采伐林木等，使鱼类栖息水域的生态环境发生变化，嫩江中游冷水性鱼类资源呈现栖息分布范围缩小、种群数量急剧减少、种群个体变小及低龄化、个别种群濒临绝迹等特征，资源处于下降衰退状态。

4.2 嫩江下游

4.2.1 调查范围

重点调查嫩江干流尼尔基水库坝下至齐齐哈尔市嫩江桥处，并调查诺敏河北支和南支入河口处水生生物资源现状。

4.2.2 调查点位布设

共布设 8 个断面，其中嫩江干流 6 个、诺敏河 2 个，调查断面见表 4-17。

表 4-17 水生生物现状调查点位

序号	河流	断面	东经	北纬	与北引中引取水口关系
1	嫩江	尼尔基水库坝下	124°31′46″	48°28′48″	北引取水口以上
2		拉哈浮桥	124°33′38″	48°14′54″	北引取水口以上
3		同盟	124°22′32″	48°04′06″	北引、中引取水口之间
4		索伦	124°29′05″	48°06′14″	北引、中引取水口之间
5		富甘浮桥	124°17′40″	47°54′24″	北引、中引取水口之间
6		齐齐哈尔市嫩江桥	123°55′53″	47°22′53″	中引取水口以下
7	诺敏河	诺敏河东河口（北支）	124°30′43″	48°22′19″	北引取水口以上
8		诺敏河西河口（南支）	124°27′35″	48°10′22″	北引、中引取水口之间

4.2.3 浮游植物

4.2.3.1 种类组成

2011 年 4 月、5 月嫩江下游的浮游植物经鉴定共计 7 门、61 个种类，其中蓝藻门 10 个种类，绿藻门 17 个种类，硅藻门 25 个种类，隐藻门 4 个种类，裸藻门 2 个种类，甲藻门 2 个种类，金藻门 1 个种类。嫩江下游浮游植物种类水平分布，以拉哈浮桥最多，为39个种类，种类组成以绿藻和硅藻种类最多，分别为15个种类和14个种类；齐齐哈尔市嫩江桥次之，为33个种类，以硅藻为主（17个种类）；诺敏河西河口、富甘浮桥、诺敏河东河口各为32、27和21个种类，均以硅藻居多；同盟种类较少，为19个种类，种类组成以硅藻为多。详见表4-18。

表4-18　2011年4月、5月嫩江下游浮游植物种类分布

采样点	蓝藻门	绿藻门	硅藻门	甲藻门	隐藻门	裸藻门	金藻门	合计
齐齐哈尔市嫩江桥	6	7	17	0	1	1	1	33
富甘浮桥	5	8	9	1	2	2	0	27
索伦	6	2	8	0	2	2	0	20
拉哈浮桥	6	15	14	1	1	1	1	39
同盟	4	3	10	0	2	0	0	19
诺敏河西河口	7	9	11	2	2	1	0	32
诺敏河东河口	5	5	9	0	2	0	0	21
尼尔基水库坝下	3	4	10	1	1	1	0	20

4.2.3.2　优势属种

嫩江下游浮游植物的优势及常见种类有：针杆藻 *Synedra* sp.、星杆藻 *Asterionella* sp.、平板藻 *Tabellaria* sp.、普通小球藻 *Chlorella vulgaris*。

4.2.3.3　数量

嫩江下游浮游植物的数量均值为279.26×10^{4}个/L。其中，硅藻门的数量较多，166.26×10^{4}个/L，占59.5%；绿藻门次之，78.83×10^{4}个/L，占28.2%；蓝藻门22.75×10^{4}个/L，占8.2%；隐藻门6.24×10^{4}个/L，占2.2%；金藻门3.34×10^{4}个/L，占1.2%；裸藻门1.83×10^{4}个/L，占0.7%，详见表4-19。嫩江下游浮游植物数量的水平分布以拉哈浮桥最高，富甘浮桥、诺敏河西河口、齐齐哈尔市嫩江桥、索伦、诺敏河东河口、同盟、尼尔基水库坝下依次递减。

表4-19　嫩江下游浮游植物数量、生物量组成

断面	项目	硅藻门	绿藻门	蓝藻门	金藻门	隐藻门	裸藻门	合计
尼尔基水库坝下	数量/（个/L）	39.98×10^4	109.55×10^4	3.91×10^4	1.96×10^4	0.33×10^4	1.63×10^4	157.36×10^4
	生物量/(mg/L)	0.3261	0.1692	0.2124	0.0029	0.0002	0.0377	0.7485
诺敏河东河口	数量/（个/L）	83.54×10^4	112.14×10^4	0.65×10^4	1.3×10^4	0	0.65×10^4	198.28×10^4
	生物量/(mg/L)	0.5468	0.1891	0.0002	0.0021	0	0.065	0.8032

续表

断面	项目	硅藻门	绿藻门	蓝藻门	金藻门	隐藻门	裸藻门	合计
诺敏河西河口	数量/（个/L）	$179.42×10^4$	$102.71×10^4$	$2.6×10^4$	0	0	0	$284.73×10^4$
	生物量/(mg/L)	1.0446	0.1683	0.0008	0	0	0	1.2137
同盟	数量/（个/L）	$58.83×10^4$	$113.12×10^4$	0	0	0	$1.95×10^4$	$173.9×10^4$
	生物量/(mg/L)	0.352	0.1863	0	0	0	0.195	0.7333
索伦	数量/（个/L）	$193.14×10^4$	$18.27×10^4$	$20.88×10^4$	0	$15.66×10^4$	$2.61×10^4$	$250.56×10^4$
	生物量/(mg/L)	3.5236	0.081	0.0679	0	0.1044	0.0131	3.79
富甘浮桥	数量/（个/L）	$216.63×10^4$	$52.2×10^4$	$28.71×10^4$	0	$13.05×10^4$	0	$310.59×10^4$
	生物量/(mg/L)	2.845	0.1671	0.1462	0	0.2453	0	3.4036
齐齐哈尔市嫩江桥	数量/（个/L）	$153.99×10^4$	$65.25×10^4$	$41.76×10^4$	$10.44×10^4$	$5.22×10^4$	$5.22×10^4$	$281.88×10^4$
	生物量/(mg/L)	2.0876	0.3028	0.0861	0.0731	0.0104	0.2219	2.7819
拉哈浮桥	数量/（个/L）	$404.55×10^4$	$57.42×10^4$	$83.52×10^4$	$13.05×10^4$	$15.66×10^4$	$2.61×10^4$	$576.81×10^4$
	生物量/(mg/L)	8.352	0.2009	0.0679	0.0914	0.1775	0.0131	8.9028
平均	数量/（个/L）	$166.26×10^4$	$78.83×10^4$	$22.75×10^4$	$3.34×10^4$	$6.24×10^4$	$1.83×10^4$	$279.26×10^4$
	生物量/(mg/L)	2.3847	0.1831	0.0727	0.0212	0.0672	0.0682	2.7971

4.2.3.4 生物量

嫩江下游浮游植物生物量均值为2.7971mg/L。其中，硅藻门的生物量最高，2.3847mg/L，占85.3%；绿藻门次之，0.1831mg/L，占6.6%；蓝藻门0.0727mg/L，占2.6%；裸藻门0.0682mg/L，占2.4%；隐藻门0.0672mg/L，占2.4%；金藻门0.0212mg/L，占0.8%。

调查期内，嫩江下游浮游植物生物量的水平分布，拉哈浮桥最高，索伦、富甘浮桥、齐齐哈尔市嫩江桥、诺敏河西河口、诺敏河东河口、尼尔基水库坝下、同盟依次递减。

4.2.3.5 现状评价

2011年4月、5月，嫩江下游浮游植物种类为61个种类，生物量均值为2.7971mg/L，数量均值为$279.26×10^4$个/L，浮游植物群落结构较为丰富。其中，硅藻的生物量、数量最高，分别为2.3847mg/L、$166.26×10^4$个/L。

嫩江下游江段水质良好，浮游植物无论种类组成、密度、生物量都表现出河流特点，适宜水生生物生存、繁殖。浮游植物除受水温、光照等气候因子的影响外，还受来水、区域点、面源污染及水文情势等的影响。其浮游植物种类、现存量表现出以硅藻门为主，同时蓝藻门、绿藻门和隐藻门也占较高比例的缓流生境浮游植物组成特点。其中，调查江段尼尔基水库坝下河道，流速明显增加，浮游植物种类组成、现存量以硅藻为主，且硅藻所占比例较高，为河流生境浮游植物组成的特点；由于拉哈浮桥位于讷河市，人口密集，工农业发达，外源营养物质输入较多，且水面开阔，水流较缓，该断面浮游植物现存量较高。

4.2.4 浮游动物

4.2.4.1 种类组成

嫩江下游的浮游动物经鉴定共计 37 个种类，其中原生动物 13 个种类，轮虫 15 个种类，枝角类 5 个种类，桡足类 4 个种类。嫩江下游浮游动物种类水平分布，以拉哈浮桥最多，为 25 个种类，种类组成以原生动物和轮虫最多，均为 10 个种类；同盟次之，为 17 个种类，轮虫居多；尼尔基水库坝下种类最少，为 8 个种类，种类组成以原生动物为多。详见表 4-20。

表 4-20　2011 年 4 月、5 月嫩江下游浮游动物种类分布

断面	原生动物	轮虫	枝角类	桡足类	合计
齐齐哈尔市嫩江桥	4	4	1	2	11
富甘浮桥	4	5	0	1	10
索伦	5	6	1	2	14
拉哈浮桥	10	10	2	3	25
同盟	4	9	2	2	17
诺敏河西河口	4	3	1	2	10
诺敏河东河口	2	5	1	2	10
尼尔基水库坝下	5	2	0	1	8

4.2.4.2 优势种

嫩江下游浮游动物的优势种有：砂壳虫 *Difflugia* sp.、焰毛虫 *Askenasia* sp.、似铃壳虫 *Tintinnopsis* sp.、蒲达臂尾轮虫 *Brachionus budapestiensis*、螺形龟甲轮虫 *Keratella cochlearis*。

4.2.4.3 数量

嫩江下游浮游动物的数量均值为 1656 个/L。其中，原生动物的数量均值为 975 个/L，占 58.9%；轮虫均值为 675 个/L，占 40.8%；桡足类均值为 4.88 个/L，占 0.3%；枝角类均值为 1.13 个/L，占 0.1%。浮游动物数量的水平分布，齐齐哈尔市嫩江桥最高，尼尔基水库坝下、诺敏河东河口、同盟的浮游动物的数量相对较低。详见表 4-21。

表 4-21　嫩江下游浮游动物数量、生物量组成

断面	项目	原生动物	轮虫	桡足类	枝角类	合计
尼尔基水库坝下	数量/（个/L）	300	300	3	0	603
	生物量/（mg/L）	0.009	0.09	0.012	0	0.111
诺敏河东河口	数量/（个/L）	300	300	6	3	609
	生物量/（mg/L）	0.009	1.8	0.102	0.15	2.061
诺敏河西河口	数量/（个/L）	900	600	3	3	1506
	生物量/（mg/L）	0.027	0.18	0.012	0.06	0.279
同盟	数量/（个/L）	300	300	3	0	603
	生物量/（mg/L）	0.009	0.09	0.012	0	0.111
索伦	数量/（个/L）	1800	300	6	0	2106
	生物量/（mg/L）	0.054	0.09	0.102	0	0.246
富甘浮桥	数量/（个/L）	600	1200	3	0	1803
	生物量/（mg/L）	0.018	0.36	0.012	0	0.39
齐齐哈尔市嫩江桥	数量/（个/L）	2400	2100	9	3	4512
	生物量/（mg/L）	0.072	0.63	0.192	0.06	0.954
拉哈浮桥	数量/（个/L）	1200	300	6	0	1506
	生物量/（mg/L）	0.036	3	0.042	0	3.078
平均	数量/（个/L）	975	675	4.88	1.13	1656
	生物量/（mg/L）	0.0293	0.78	0.0608	0.0338	0.9038

4.2.4.4　生物量

嫩江下游浮游动物生物量均值为 0.9038mg/L。其中，轮虫的生物量最高，0.78mg/L，占 86.3%；桡足类次之，0.0608mg/L，占 6.7%；枝角类 0.0338mg/L，占 3.7%；原生动物 0.0293mg/L，占 3.2%。

嫩江下游浮游动物生物量的水平分布，拉哈浮桥、诺敏河东河口生物量较高，诺敏河西河口、同盟、尼尔基水库坝下、索伦、富甘浮桥相对较少。

4.2.4.5　现状评价

从浮游动物种类、现存量来看，浮游动物群落结构较为丰富。嫩江下游浮游动物种类为 37 种，平均数量、生物量分别为 1656 个/L、0.9038mg/L。浮游

动物的群落结构除受水温、光照等气候因子的影响外，还受来水、区域点、面源污染及水文情势等的影响。尼尔基水库坝下由于近坝江段受水库下泄水的影响，水温较低，不利于浮游动物生长繁殖，生物量较低；远坝江段由于受上游水库影响较小，浮游动物种类和现存量出现增高，如拉哈浮桥、诺敏河东河口生物量较高。嫩江下游春季浮游动物现存量较低，主要因为春季洪水期水体泥沙含量较大，不利于浮游动物生长繁殖。

4.2.5 底栖动物

4.2.5.1 种类组成

本次调查共采到底栖动物 4 类（软体动物、环节动物、水生昆虫等），共计 30 科、52 种，其中颤蚓科、摇蚊科和蚌科最多，都为 5 种，扁蜉科和田螺科均为 3 种，医蛭科和蚊科均为 2 种，其他各科均为 1 种。嫩江下游底栖动物的种类较少，主要是以水生昆虫和环节动物为主。羽摇蚊幼虫、涡虫、纹石蚕和低头石蚕是优势种类。

4.2.5.2 数量与生物量

嫩江河道流经的区域多为平原类型，河道两岸多为农田或漫滩，水流急，各江段由于水情不同，底质也不同，导致底栖动物的数量与生物量也不相同。总的来看，嫩江下游底栖动物数量平均为 31.64 个/m^2，生物量平均为 2.29g/m^2。数量中水生昆虫最多，为 22.65 个/m^2，占 71.58%，其他类别动物占 21.60%；生物量以个体生物量大的软体动物为主，为 42.17g/m^2，占 90.58%。详见表 4-22。

由于嫩江下游生态环境有一定差异，因此，底栖动物无论数量还是生物量都有较大的差异。数量上，由于调查期间，诺敏河东河口水流较浅，而且底质都为鹅卵石，非常适宜附着生活的水生昆虫生存，多距石蛾科和纹石蛾科幼虫数量很大，导致其水生昆虫数量为各断面中最高。尼尔基水库坝下由于水流较急，采集到的种类多为软体动物，其数量较少。在生物量水平分布上，并不是数量多，生物量就高，而是以个体生物量大的软体动物为主，尼尔基水库坝下最多，为 22.9708g/m^2，而拉哈浮桥最低，为 0.043 39g/m^2。

表 4-22 嫩江下游底栖动物的数量和生物量

断面		环节动物	水生昆虫	软体动物	其他	合计
尼尔基水库坝下	数量/（个/m^2）	4.2	13.2	9.8	6.5	33.7
	生物量/（g/m^2）	0.16	0.21	22.580 8	0.020	22.970 8

续表

断面		环节动物	水生昆虫	软体动物	其他	合计
诺敏河东河口	数量/（个/m^2）	0	82.5	0	34	116.5
	生物量/（g/m^2）	0	0.409 8	0	0.060 1	0.469 9
诺敏河西河口	数量/（个/m^2）	0.5	36	1	8.5	46
	生物量/（g/m^2）	0.004 4	0.761	1.223	0.028 55	2.016 95
同盟	数量/（个/m^2）	5.333	39.466 67	0.533 33	2.666 7	47.999 7
	生物量/（g/m^2）	0.017 28	0.209 5	0.550 77	0.014 3	0.791 85
齐齐哈尔市嫩江桥	数量/（个/m^2）	0	2.1	0.2	0	2.3
	生物量/（g/m^2）	0	0.006 05	0.137 25	0	0.143 3
富甘浮桥	数量/（个/m^2）	0	7.7	0.7	0.2	8.6
	生物量/（g/m^2）	0	0.028 64	1.627 25	0.000 98	1.656 87
索伦	数量/（个/m^2）	0.4	4.2	0.6	2.8	8
	生物量/（g/m^2）	0.001 12	0.177 32	0.032 96	0.040 6	0.252
拉哈浮桥	数量/（个/m^2）	0	4	0	0	4
	生物量/（g/m^2）	0	0.043 39	0	0	0.043 39

4.2.5.3 底栖动物现状评价

嫩江下游底栖动物共计 30 科、52 种。嫩江下游底栖动物以远东蛭蚓 *Branchiobdella orientalis*、低头石蚕 *Neureclipsis* sp.、石蚕蛾钝顶叉节藻 *Hydropsyche echigoensis*、羽摇蚊 *Chironomus plumosusa*、涡虫 *Stenostomum* sp.、圆顶珠蚌 *Unio dougladiae*、东北田螺 *Viviparus chui* 和黑龙江短沟蜷 *Semisulcospira amurensis* 为主要优势种类。

嫩江下游 Shannon-Wiener 指数、Pielou 均匀度指数（即物种均匀性指数，物种均匀性指一个群落或环境中的全部物种数目中个体数目的分配状况）、Simpson 指数均是尼尔基水库坝下最高，原因是尼尔基水库坝下底质情况复杂，有泥底、泥沙底及石砾底，适宜多种类底栖动物生存。除索伦断面 3 种多样性指数较高外，其他断面生物多样性指数均处于中等水平，这是由于本次采样正值初春，气温较低，温度对大型底栖动物分布起限制作用。春季的水温开始升高，底栖动物活动能力增强，采集到的大型底栖动物种类数增加，但主要是个体较小的寡毛类动物、摇蚊幼虫和部分石蚕种类数量增加，因此底栖动物多样性和生物量总体上仍然较低。多样性指数 Shannon-Wiener 指数（H'）、Pielou 均匀度指数（J）、Simpson（D）指数见表 4-23。

表 4-23 底栖动物多样性指数

断面	多样性指数		
	H'	D	J
尼尔基水库坝下	3.95	0.79	0.94
诺敏河东河口	0.89	0.18	0.49
诺敏河西河口	1.82	0.36	0.65
同盟	1.68	0.34	0.16
齐齐哈尔市嫩江桥	1.06	0.48	0.28
富甘浮桥	0.78	0.37	0.36
索伦	1.53	0.65	0.58
拉哈浮桥	0.42	0.10	0.09

水体生物学评价。本次调查在寒冷的初春季节，仍然采集到了襀翅目、蜉蝣目和蜻蜓目 3 个目的水生昆虫，采集点水质清澈见底，出水昆虫跳跃活跃，作为冷水性鱼类的优良天然饵料，这些水生昆虫能保障冷水性鱼类的育肥、越冬、产卵繁殖的顺利完成。

4.3 哈尔滨二水源（松花江）

4.3.1 采样断面布设

二水源位于哈尔滨市，松花江上游，本样点同时反映松花江浮游植物的状况，样点布设参照水质采样断面，水质数据参照哈尔滨水文局 8 月测定数据，浮游植物样品为哈尔滨水文局采集，本样点未进行水生动物样品采集及其他生态组分分析。

4.3.2 富营养化及水质状况

哈尔滨二水源 8 月主要水质及富营养化状况如表 4-24 所示，由于水质测定项目不全面，故参照评价的理化项目相应较少，采样点水体溶解氧浓度（DO）为 6mg/L，以高锰酸盐指数（COD_{Mn}）、总氮（TN）评价，8 月水质类别为Ⅳ类，主要原因为总氮浓度超过 1mg/L，使水质类别降低。富营养化指数为 56.5，营养状态为轻度富营养。

表 4-24　哈尔滨二水源主要水质及富营养化状况

断面	参数	水体富营养化状况					营养状态
		DO/（mg/L）	COD_{Mn}/（mg/L）	TN/（mg/L）	综合水质类别		
					TN 参评	TN 不参评	
二水源	数值	6	3.9	1.347	Ⅳ	Ⅱ	轻度富营养
	指数	—	49.5	63.5			

哈尔滨二水源 8 月的氨氮浓度为 0.043mg/L，浓度较低，按地表水评价标准评价为Ⅱ类标准；化学需氧量为 13.4mg/L，为地表水Ⅰ类标准；五日生化需氧量为 1.4mg/L，为地表水Ⅰ类标准；硒、镉、铅、汞、六价铬浓度均小于检测线，砷浓度小于 0.05mg/L，锌浓度小于 0.05mg/L，均为地表水Ⅰ类标准；粪大肠杆菌为 1400 个/L，为Ⅱ类标准以上。

4.3.3　浮游植物状况

哈尔滨二水源水体浮游植物调查中，共发现浮游植物 5 门、12 种（变种），详细种类构成如图 4-1 和表 4-25 所示，其中蓝藻门 4 种，占调查种类数的 33.3%，绿藻门、硅藻门各 3 种，各占调查种类数的 25%，裸藻门、隐藻门各 1 种。哈尔滨二水源浮游植物细胞密度为 0.22×10^6 个/L，总体藻细胞密度较小，其中蓝藻门藻细胞密度为 0.109×10^6 个/L，占总细胞密度的 50%，比例较大；其次为硅藻门，藻细胞密度为 0.066×10^6 个/L，占总细胞密度的 30%；再次为绿藻门，藻细胞密度为 0.033×10^6 个/L，占总细胞密度的 15%；裸藻门、隐藻门藻细胞密度均较小，均未超过总藻细胞密度的 4%。

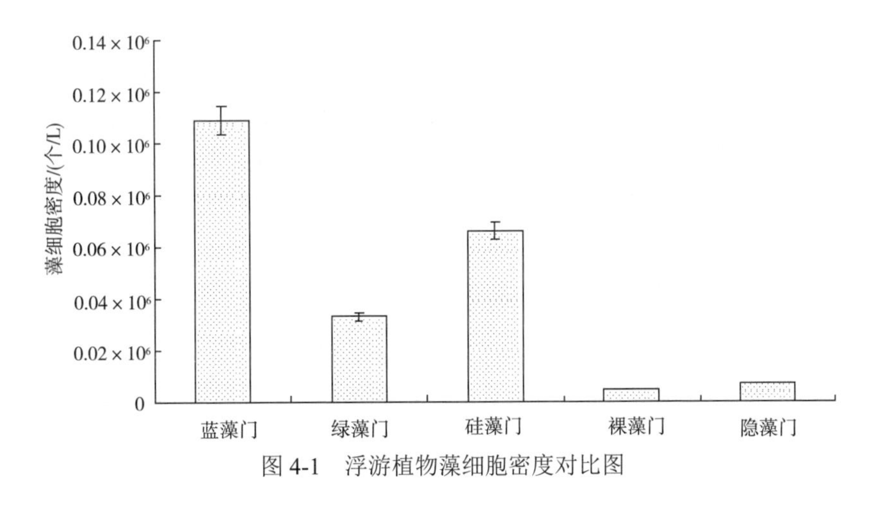

图 4-1　浮游植物藻细胞密度对比图

哈尔滨二水源水体浮游植物占优势的种类为蓝藻门的巨颤藻、假鱼腥藻、绿藻门的衣藻、硅藻门的扭曲小环藻，其中巨颤藻细胞密度为0.083×10^6个/L，占总细胞密度37.73%；其次为扭曲小环藻，藻细胞密度为0.055×10^6个/L，占总细胞密度25%；再次为衣藻，藻细胞密度为0.027×10^6个/L，占总细胞密度12.27%。以上三种共占哈尔滨二水源浮游植物细胞密度的75%，假鱼腥藻细胞密度为0.02×10^6个/L，占总细胞密度9.09%，其余种类藻细胞密度均未超过5%。

表 4-25 水体浮游植物组成

门	种类组成	细胞密度
蓝藻门 Cyanophyta	假鱼腥藻 *Pseudanabaena* sp.	+
	巨颤藻 *Oscillatoria princeps*	+
	球孢鱼腥藻 *Anabaena sphaerica*	+
	针晶蓝纤维藻镰刀形 *Dactylococcopsis rhaphidioides* f.*falciformis*	+
绿藻门 Chlorophyta	衣藻 *Chlamydomonas* sp.	+
	普通小球藻 *Chlorella vulgaris*	+
	纤细月牙藻 *Selenastrum gracile*	+
硅藻门 Bacillariophyta	扭曲小环藻 *Cyclotella comta*	+
	尖针杆藻 *Synedra acus*	+
	美丽星杆藻 *Asterionella formosa*	+
裸藻门 Euglenophyta	尾裸藻 *Euglena caudata*	+
隐藻门 Cryptophyta	啮蚀隐藻 *Cryptomonas erosa*	+
合计	12 种（变种）	0.22×10^6个/L

哈尔滨二水源水体浮游植物的多样性指数如表4-26所示，Shannon-Wiener指数$H'(S)$值为2.595，依据$H'(S)$值评价，哈尔滨二水源水体属于中度污染；Margalef指数R值为0.894，依据R值评价，则哈尔滨二水源水体属于α-中污-重污型。两种多样性指数评价结果有所差异，评价结果说明哈尔滨二水源水体处于中污型重污型。结合哈尔滨二水源水体浮游植物物种组成与细胞密度特征分析，种类组成相对较少，各类群藻细胞密度均较小，二水源为哈尔滨市的重要水源地，应加强水环境监测与保护。

表 4-26 哈尔滨二水源浮游植物多样性指数

指数	指数值
Margalef 指数	0.894
Shannon-Wiener 指数	2.595

4.4 拉林河（五常段）

4.4.1 采样断面布设

拉林河（五常段）位于哈尔滨市五常市，拉林河属于松花江上游的重要支流，样点布设参照水质采样断面，位于拉林河中段，水质数据参照哈尔滨水文局测定数据，浮游植物样品为哈尔滨水文局采集，本样点同时反映拉林河浮游植物的状况，本样点未进行水生动物样品采集及其他生态组分分析。

4.4.2 富营养化及水质状况

拉林河（五常段）8 月主要水质及富营养化状况如表 4-27 所示，由于水质测定项目不全面，故参照评价的理化项目相应较少，采样点水体溶解氧浓度（DO）为 6.8mg/L，以高锰酸盐指数（COD_{Mn}）、总氮（TN）评价，水质类别为III类，主要原因为总氮浓度超过 0.5mg/L，使水质类别降低。富营养化指数为 49.2，营养状态为中营养。

表 4-27　拉林河（五常段）主要水质及富营养化状况

断面	参数	水体富营养化状况					营养状态
		DO/（mg/L）	COD_{Mn}/（mg/L）	TN/（mg/L）	综合水质类别		
					TN 参评	TN 不参评	
拉林河（五常段）	数值	6.8	3.9	0.72	III	II	中营养
	指数	—	44	54.4			

拉林河（五常段）的氨氮浓度为 0.067mg/L，浓度较低，按地表水评价标准评价为III类标准；化学需氧量小于 10，为地表水 I 类标准；五日生化需氧量为 0.7mg/L，为地表水 I 类标准；硒、镉、铅、汞、锌、六价铬浓度均小于检测线，砷浓度小于 0.05mg/L，为地表水 I 类标准，粪大肠杆菌小于 20 个/L，为 I 类标准。

4.4.3 浮游植物状况

拉林河（五常段）水体浮游植物调查中，共发现浮游植物 7 门、40 种（变种），详细种类构成如图 4-2 和表 4-28 所示，其中绿藻门 17 种，占调查种类数的 42.5%；其次为硅藻门，共 8 种，占调查种类数的 20%；再次为蓝藻门，共 6 种，占调查种类数的 15%。蓝藻门、绿藻门、硅藻门种类共占所调查种类的 77.5%。裸藻门 4 种，黄藻门、隐藻门各 2 种，金藻门 1 种，占比例均较小。

拉林河（五常段）浮游植物细胞密度为 32.258×10^6 个/L，为拉林河（五常段）浮游植物细胞密度组成的优势门类；其次为绿藻门，藻细胞密度为 9.688×10^6 个/L，占总细胞密度的 30.03%；再次为蓝藻门，藻细胞密度为 3.809×10^6 个/L，占总细胞密度的 11.81%。蓝藻门、绿藻门、硅藻门共占拉林河（五常段）浮游植物细胞密度的 88%，黄藻门藻细胞密度为 9.27×10^6 个/L，占总细胞密度的 9.27%，裸藻门、金藻门、隐藻门藻细胞密度均较小，均未超过总细胞密度的 3%。

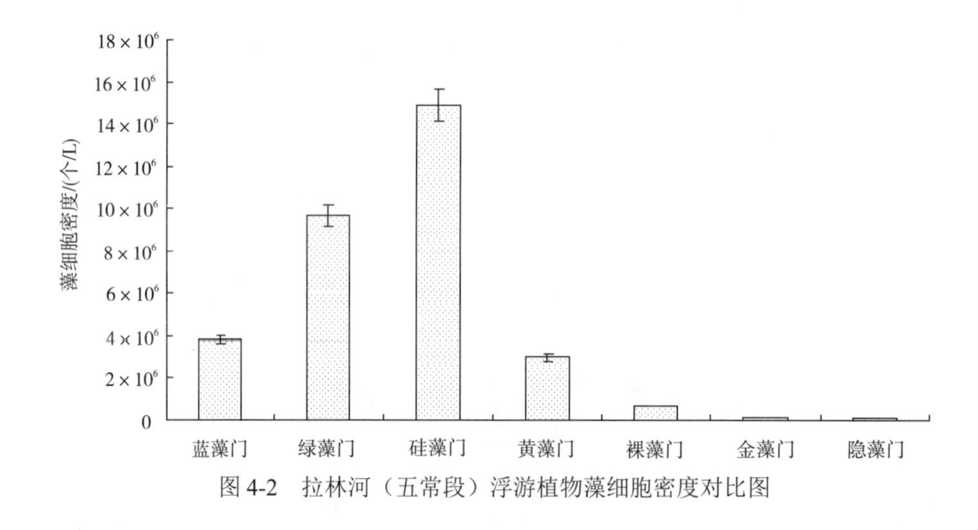

图 4-2　拉林河（五常段）浮游植物藻细胞密度对比图

拉林河（五常段）水体浮游植物占优势的种类为硅藻门的扭曲小环藻、绿藻门的四尾栅藻、黄藻门的近缘黄丝藻，其中扭曲小环藻细胞密度为 13.56×10^6 个/L，达总细胞密度 42.04%，为拉林河（五常段）水体浮游植物的优势种类；其次为四尾栅藻，藻细胞密度为 5.58×10^6 个/L，占总细胞密度 17.31%；再次为近缘黄丝藻，藻细胞密度为 2.69×10^6 个/L，占总细胞密度的 8.34%。以上三种共占拉林河（五常段）水体浮游植物总细胞密度的 67.69%，其余种类均未超过总细胞密度的 4%。

表 4-28　水体浮游植物组成

门类	种类组成	细胞密度
蓝藻门 Cyanophyta	假鱼腥藻 *Pseudanabaena* sp.	+
	无常蓝纤维藻 *Dactylococcopsis irregularis*	+
	针状蓝纤维藻 *Dactylococcopsis aciculari*	+
	针晶蓝纤维藻镰刀形 *Dactylococcopsis rhaphidioides* f.*falciformis*	+
	巨颤藻 *Oscillatoria princeps*	+
	细小平裂藻 *Merismopedia minima*	+

续表

门类	种类组成	细胞密度
绿藻门 Chlorophyta	四尾栅藻 *Scenedesmus quadricanda*	+
	双尾栅藻 *Scenedesmus bicaudatus*	+
	弯曲栅藻 Scenedesmus *arcuatus*	+
	二角盘星藻纤细变种 *Pediastrum duplex* var.*gracillimum*	+
	湖生卵囊藻 *Oocystis lacusrtis*	+
	直角十字藻 *Crucigenia rectangularis*	+
	四角十字藻 *Crucigenia quadrata*	+
	四足十字藻 *Crucigenia tetrapedia*	+
	纤细月牙藻 *Selenastrum gracile*	+
	浮球藻 *Planktophaeria gelatinosa*	+
	微小四角藻 *Tetraedron minimum*	+
	并联藻 *Quadrigula chodatii*	+
	集星藻 *Actinastrum hantzschu*	+
	多芒藻 *Golenkinia radiata*	+
	长刺顶棘藻 *Chodatella longiseta*	+
	粗刺四棘藻 *Treubaria crassispina*	+
	美丽骈列藻 *Lauterborniella elegantissima*	+
硅藻门 Bacillariophyta	尖针杆藻 *Synedra acus*	+
	偏凸针杆藻 *Synedra vaucheriae*	+
	扭曲小环藻 *Cyclotella comta*	+
	变异直链藻 *Melosira varians*	+
	小型舟形藻 *Navicula parva*	+
	舟形藻 *Navicula* sp.	+
	谷皮菱形藻 *Nitzschia palea*	+
	粗壮双菱藻纤细变种 *Surirella robusta* var.*splendida*	+
黄藻门 Xanthophyta	近缘黄丝藻 *Tribonema affine*	+
	具刺刺棘藻 *Centritractus belonophorus*	+
裸藻门 Euglenophyta	绿裸藻 *Euglena viridis*	+
	尖尾裸藻 *Euglena gasterosteus*	+
	梭形裸藻 *Euglena acus*	+
	密集囊裸藻 *Trachelomonas crebea*	+
金藻门 Chrysophyta	变形单鞭金藻 *Chromulina parcheri*	+
隐藻门 Cryptophyta	啮蚀隐藻 *Cryptomonas erosa*	+
	尖尾蓝隐藻 *Chroomonas acuta*	+
合计	40 种（变种）	32.258×10^6 个/L

拉林河（五常段）水体浮游植物的多样性指数如表 4-29 所示，Shannon-Wiener 指数 $H'(S)$ 值为 3.204，依据 $H'(S)$ 值评价，拉林河（五常段）水体属于寡污带；Margalef 指数 R 值为 2.26，依据 R 值评价，则拉林河（五常段）水体属于 α-中污-重污型。两种多样性指数评价结果差异较大，从评价结果可说明拉林河（五常段）水体处于寡污型～重污型；拉林河属于松花江上游的重要支流，从拉林河水体浮游植物种类组成来看，种类较多，但藻细胞密度较大，拉林河水环境状况不容乐观，营养盐浓度控制应进一步加强。

表 4-29　浮游植物多样性指数

指数	指数值
Margalef 指数	2.26
Shannon-Wiener 指数	3.204

4.5　牡丹江

4.5.1　采样断面布设

牡丹江属于松花江重要支流，样点布设位于牡丹江中段，牡丹江采样断面位于牡丹江市八女投江广场，水质数据参照牡丹江水文局 8 月测定数据，本样点同时反映拉林河浮游植物的状况，本样点未进行水生动物样品采集及其他生态组分分析。

4.5.2　富营养化及水质状况

牡丹江水体 8 月主要水质及富营养化状况如表 4-30 所示，由于水质测定项目不全面，故参照评价的理化项目相应较少，采样点水体溶解氧浓度（DO）为 6.8mg/L，以高锰酸盐指数（COD_{Mn}）、总磷（TP）、总氮（TN）评价，8 月水质类别为III类，总磷、总氮不参与评价，则牡丹江水体为II类，主要原因为总氮浓度超过 0.5mg/L 和总磷超过 0.025mg/L，使水质类别降低。富营养化指数为 48.13，营养状态为中营养。

表 4-30　牡丹江主要水质及富营养化状况

断面	参数	水体富营养化状况								营养状态
		T/℃	pH	DO/（mg/L）	COD_{Mn}/（mg/L）	TP/（mg/L）	TN/（mg/L）	综合水质类别		
								TN、TP 参评	TN、TP 不参评	
牡丹江	数值	28.0	7.0	6.8	4.2	0.04	0.72	III	II	中营养
	指数	—	—	—	44	46	54.4			

牡丹江 8 月水体氨氮浓度为 0.23mg/L，浓度较低，按地表水评价标准评价为Ⅲ类标准；水体总硬度为 52.4mg/L，按地表水评价标准评价为软水；氯化物浓度为 4.44mg/L，硫酸盐浓度为 13.4mg/L，浓度均较低，远小于地表水资源规定的标准限值；氟化物浓度为 0.16mg/L，为地表水Ⅰ类标准；总铁浓度为 0.83mg/L，锰浓度为 0.1mg/L，均高于地表水资源规定的标准限值；化学需氧量为 10.9mg/L，为地表水Ⅰ类标准；五日生化需氧量为 1.2mg/L，为地表水Ⅰ类标准；硒、镉、铅、铜、锌、六价铬、苯、氯苯、氰化物浓度均小于检测线，砷浓度小于 0.05mg/L，汞浓度小于 0.000 05mg/L，为地表水Ⅰ类标准；粪大肠杆菌小于 140 个/L，为Ⅰ类标准。

4.5.3 浮游植物状况

牡丹江水体浮游植物调查中，共发现浮游植物 5 门、42 种（变种），详细种类构成如图 4-3 和表 4-31 所示，其中硅藻门 21 种，占调查种类数的 50%；其次为绿藻门，共 9 种，占调查种类数的 21.4%；再次为蓝藻门，共 8 种，占调查种类数的 19.1%。蓝、绿、硅藻种类共占所调查种类的 90.5%。隐藻门、裸藻门各 2 种，所占比例均较小。

牡丹江浮游植物细胞密度为 2.404×10^6 个/L，其中蓝藻门藻细胞密度为 1.44×10^6 个/L，占总细胞密度的 60.6%，比例较大，为牡丹江浮游植物细胞密度组成的优势门类；其次为硅藻门，藻细胞密度为 0.82×10^6 个/L，占总细胞密度的 34.2%；再次为绿藻门，藻细胞密度为 0.092×10^6 个/L，占总细胞密度的 3.83%。蓝藻门、绿藻门、硅藻门共占牡丹江浮游植物总细胞密度的 98.1%。黄藻门、隐藻门藻细胞密度均较小，均未超过总细胞密度的 2%。

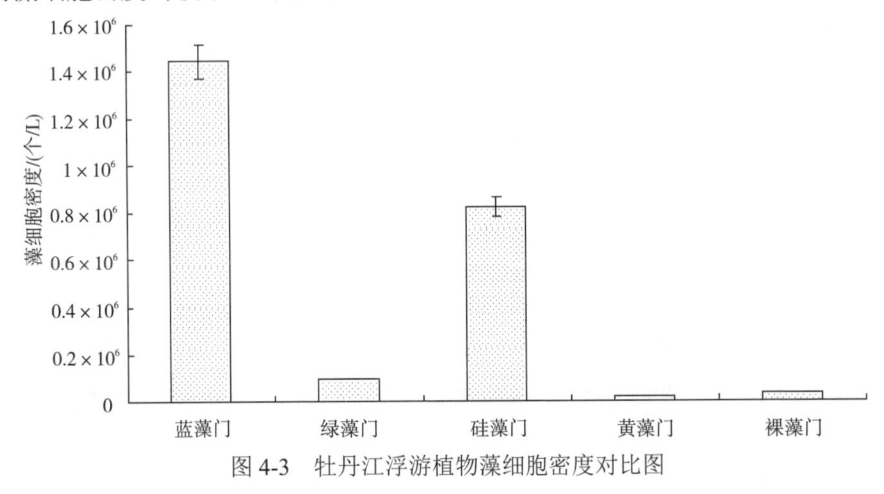

图 4-3 牡丹江浮游植物藻细胞密度对比图

牡丹江水体浮游植物占优势的种类为蓝藻门的微小平裂藻、无常蓝纤维藻、假鱼腥藻、硅藻门的尖针杆藻、钝脆杆藻、扭曲小环藻。其中微小平裂藻细胞密度为 1.058×10^6 个/L，达总细胞密度 44.14%，占较大比例；其次为无常蓝纤维藻，藻细胞密度为 0.18×10^6 个/L，占总细胞密度 7.51%；再次为扭曲小环藻，藻细胞密度为 0.15×10^6 个/L，占总细胞密度 6.26%；尖针杆藻细胞密度为 0.143×10^6 个/L。以上六种共占牡丹江水体浮游植物细胞密度的 74.55%，其余种类均未超过藻细胞密度的 4%。

表 4-31　水体浮游植物组成

门类	种类组成	细胞密度
蓝藻门 Cyanophyta	假鱼腥藻 *Pseudanabaena* sp.	+
	针状蓝纤维藻 *Dactylococcopsis aciculari*	+
	无常蓝纤维藻 *Dactylococcopsis irregularis*	+
	微小平裂藻 *Merismopedia tenuissima*	+
	螺旋鱼腥藻 *Anabaena spiroides*	+
	微小色球藻 *Chroococcus minutus*	+
	尖细颤藻 *Oscillatoria acuminata*	+
	尖头颤藻 *Oscillatoria acutissima*	+
绿藻门 Chlorophyta	四尾栅藻 *Scenedesmus quadricanda*	+
	双对栅藻 *Scenedesmus bijuga*	+
	二形栅藻 *Scenedesmus dimorphus*	+
	集星藻 *Actinastrum hantzschu*	+
	二角盘星藻长角变种 *Pediastrum duplex*	+
	直角十字藻 *Crucigenia rectangularis*	+
	棒形鼓藻 *Gonatozygon* sp.	+
	湖生卵囊藻 *Oocystis lacusrtis*	+
	三角四角藻 *Tetraedron trigonum*	+
硅藻门 Bacillariophyta	尖针杆藻 *Synedra acus*	+
	美丽星杆藻 *Asterionella formosa*	+
	钝脆杆藻 *Fragilaria capucina*	+
	中型脆杆藻 *Fragilaria intermedia*	+
	细小舟形藻 *Navicula graeilis*	+
	两头舟形藻 *Navicula dicephala*	+
	扭曲小环藻 *Cyclotella comta*	+
	颗粒直链藻 *Melosira granulate*	+
	颗粒直链藻最窄变种 *Melosira granulate* var. *angustissima*	+
	变异直链藻 *Melosira varians*	+
	意大利直链藻 *Melosira talica*	+

续表

门类	种类组成	细胞密度
硅藻门 Bacillariophyta	极小直链藻 *Melosira minmum*	+
	小桥弯藻 *Cymbella laevis*	+
	肿胀桥弯藻 *Cymbella turgidula*	+
	椭圆双壁藻 *Diploneis elliptica*	+
	缢缩异极藻头状变种 *Gomphonema constrictum* var. *capitatum*	+
	双尖菱板藻 *Hantzschia amphioxys*	+
	小头菱形藻 *Nitzschia microcephala*	+
	线形菱形藻 *Nitzschia linearis*	+
	扁圆卵形藻 *Cocconeis pladentula*	+
	斜纹长篦藻微细变种 *Neidium kozlowi* var.*parva*	+
裸藻门 Euglenophyta	绿裸藻 *Euglena viridis*	+
	密集囊裸藻 *Trachelomonas crebea*	+
隐藻门 Cryptophyta	尖尾蓝隐藻 *Chroomonas acuta*	+
	啮蚀隐藻 *Cryptomonas erosa*	+
合计	42 种（变种）	2.397×10^6 个/L

牡丹江水体浮游植物的多样性指数如表 4-32 所示，Shannon-Wiener 指数 $H'(S)$ 值为 3.382，依据 $H'(S)$ 值评价，水体属于寡污带；Margalef 指数 R 值为 2.791，依据 R 值评价，则水体属于 α-中污-重污型。两种多样性指数评价结果差异较大，从评价结果可说明牡丹江水体处于寡污型～重污型。

表 4-32　浮游植物多样性指数

指数	指数值
Margalef 指数	2.791
Shannon-Wiener 指数	3.382

5 嫩江流域典型区域水生态风险评价

对大流域水质水生态进行管理的方法探索，是流域机构在践行《中华人民共和国水法》赋予的职责，在实践层面落实中央一号文件关于“三条红线”的有效探索，为构建更为全面、合理的流域水资源、水环境、水生态管理方法体系奠定了良好基础。为实现对嫩江流域水生态状况的合理管理，从水质、排污、监控、预警、决策多方位多监督进行水生态风险监控与评价，并提出合理的水生态风险管理方案成为实现流域管理、缓解流域内水资源水生态风险的重中之重。同时，加强对尼尔基水库上游区水质状况的调查，掌握嫩江上游水质、水生态状况的第一手材料，为后续深入推进嫩江上游水质水生态管理打下坚实基础。同时，为深入开展流域水资源、水环境、水生态管理奠定了良好的基础，为国内其他流域机构的水生态、水资源、水环境管理提供理论依据。

5.1 嫩江流域示范区自然概况

嫩江流域示范区为嫩江中上游江段，包括尼尔基水库、水库上游嫩江干流（尼尔基水库库末至石灰窑断面）及支流，是嫩江流域重要的江段。

尼尔基水库位于黑龙江省与内蒙古自治区交界的嫩江干流中游，地理坐标为东经 124°24′08″～125°12′55″，北纬 48°27′54″～49°19′02″，水库总库容 83.74 亿 m^3，控制流域面积 6.64 万 km^2，占嫩江流域面积的22.4%。坝址断面多年平均径流量为$104.7×10^8m^3$，占嫩江流域多年平均径流总量的45.7%。在正常蓄水位216m 时，库区回水长117.56km，水库水域面积约$498.33km^2$。尼尔基水库是嫩江流域水资源开发利用和防治水旱灾害的控制性工程，同时具有工农业供水、发电、航运、调水、渔苇等综合利用效益。尼尔基水库被列入国家重要饮用水水源地名录，其水质安全事关民生福祉，也是未来实现“北水南调”的重要水源工程。

示范区嫩江干流段全长 172km，占尼尔基水库上游嫩江干流长度的 22%，为嫩江县排水的受纳河段。在此段汇入嫩江干流的主要支流有甘河、多布库尔河、欧肯河、科洛河、门鲁河、固固河。甘河长约 446km，流域面积近2 万km^2，经内蒙古自治区呼伦贝尔市莫力达瓦达斡尔族自治旗、鄂伦春自治旗，于黑龙江省嫩江镇附近汇入嫩江，是加格达奇区排水的主要受纳河流。多布库尔河全长 329km，流域面积 5490km^2，年流量为104亿 m^3，是松岭区排水的主要受纳河流。欧肯河全长116km，位于莫力达瓦自治旗内，全长37km，流域面积1381km^2，欧肯河河身较宽，水流湍急，河谷宽 2km，河道曲折。科洛河全长 342km，河宽 50m，水深 1.2m，流域面积 8574km^2。门鲁河全长 142km，河宽 40m，水深 1.1m，流域面积 5471km^2。固固河全长 54km，发源于小兴安岭西麓北端、爱辉县境内，在建边农场东北部入境，横贯全场后从西南流入嫩江。如图 5-1 所示（见书后彩图）。

图 5-1　嫩江流域示范区

5.2　指标体系与评价标准

5.2.1　指标体系的层次

通过分析尼尔基水库水质和水生态现状，建立嫩江流域示范区生态风险评价指标体系，包括以下四个基本层次：

（1）目标层。目标层表述的是评价指标体系的评价主体，所有的指标选取都要围绕这一主体展开，就本次研究项目而言，目标层为“尼尔基水库生态风险评价”。

（2）类别层。类别层是在分析评价指标体系目标层表述含义基础上提炼出的，用以说明指标体系要重点评价的层面，本次研究所提的评价指标体系的类别层包括“水华风险指数”与“污染风险指数”两个层面。

（3）要素层。要素层是在类别层的基础上划分出来的要素指标，用以说明类别层中包含的子类别。要素层包括“水生态指数”、“水环境指数”、“富营养化指数”、“常规污染指数”和“特征污染指数”五个层面。

（4）指标层。指标层是在要素层的基础上提出来的细化指标，本次研究共提出 11 个指标，具体情况如下：在水生态指数中，采用“藻类生物多样性”表示尼尔基水库的水生态状况；水环境指数中包括“水温”、“pH”、“溶解氧”等水环境监测指标；根据尼尔基水库近年来发生的大面积水华现象，选择“高锰酸盐指数”、“总磷”、“总氮”、“叶绿素 a”作为富营养化指数；通过分析尼尔基水库地表水环境质量情况，将“重金属”纳入常规污染指数中；根据水功能区监督性监测特定项目排查结果，选择超标的“有机污染物”和“金属盐”作为特征污染物。

5.2.2 子评价指标体系

根据指标层的表达涵义，在尼尔基水库生态风险评价指标体系下，将11个指标分成两个子评价指标体系，分别为水华风险指标体系和污染风险指标体系。

采用层次分析法（AHP）确定各项指标权重，将区域生态风险评价的各项分指数构筑成一个树状层次结构，分为四层：目标层、类别层、要素层和指标层。如表 5-1 所示。

表 5-1 尼尔基水库生态风险评价指标体系

目标层（A）	类别层（B）	要素层（C）	指标层（D）
尼尔基水库生态风险综合指数（A）	水华风险指数（B1）	水生态指数（C1）	藻类生物多样性（D1）
		水环境指数（C2）	水温（D2）
			溶解氧（D3）
			pH（D4）
		富营养化指数（C3）	高锰酸盐指数（D5）
			总磷（D6）
			总氮（D7）
			叶绿素 a（D8）
	污染风险指数（B2）	特征污染指数（C4）	有机污染物（D9）
			金属盐（D10）
		常规污染指数（C5）	重金属（D11）

根据以上层次结构，将待定指标构造出判断矩阵，对判断矩阵进行赋值，运用层次分析法计算各指标权重的平均值，最后调整判断矩阵，复核计算各项指标权重，直至判断矩阵与指标权重值相一致。各指标权重如表 5-2 所示。

表 5-2　尼尔基水库生态风险评价指标权重

目标层	类别层	权重	要素层	权重	指标层	权重
尼尔基水库生态风险综合指数	水华风险指数	0.75	水生态指数	0.3253	藻类生物多样性	0.3253
			水环境指数	0.152	水温	0.0347
					溶解氧	0.0826
					pH	0.0347
			富营养化指数	0.5227	高锰酸盐指数	0.0533
					总磷	0.1311
					总氮	0.2072
					叶绿素 a	0.1311
	污染风险指数	0.25	特征污染指数	0.8	有机污染物	0.65
					金属盐	0.15
			常规污染指数	0.2	重金属	0.2

5.2.3　评价标准

参考国内外风险评价标准，对尼尔基水库生态风险程度进行分级，分级标准如表 5-3 所示。

表 5-3　尼尔基水库生态风险评价标准

风险级别	四级	三级	二级	一级
综合评分	[0，0.25）	[0.25，0.5）	[0.5，0.75）	[0.75，1.0]
风险程度	无	轻度	中度	重度

5.2.4　常规污染指数

以 2014 年尼尔基水库集中式生活饮用水地表水源地补充项目检测结果为基础，分析尼尔基水库常规污染物污染风险情况。

集中式生活饮用水地表水源地补充项目共有五项，分别为硫酸盐、硝酸盐、氯化物、铁和锰，通过分析 2014 年的监测数据，只有铁出现超标的情况。2014 年尼尔基水库铁含量如表 5-4 所示。

表 5-4 尼尔基水库铁含量表 单位：mg/L

监测断面	尼尔基水库库末	尼尔基水库库中	尼尔基水库坝前
铁	0.44	0.45	0.48

5.2.5 特征污染指数

以 2014 年的尼尔基水库饮用水水源地特定项目排查结果为基础，分析尼尔基水库的特征污染物污染风险情况。

2014 年对尼尔基水库水源地三个断面进行了 66 项特定项目的排查，共检出指标 12 项，其中超过标准限值的共四项，分别为邻苯二甲酸二丁酯、水合肼、丁基黄原酸和微囊藻毒素–LR，均为有机污染物，2014年未检测到金属盐超标。邻苯二甲酸二丁酯在尼尔基水库库末和尼尔基水库库中两个断面超标，水合肼、丁基黄原酸和微囊藻毒素–LR 指标在三个断面均超标。2014 年尼尔基水库的特征污染物数据如表 5-5 所示。

表 5-5 尼尔基水库特征污染物含量表 单位：mg/L

监测断面	尼尔基水库库末	尼尔基水库库中	尼尔基水库坝前
邻苯二甲酸二丁酯	0.0151	0.0119	0.0024
水合肼	0.1406	0.1157	0.0747
丁基黄原酸	0.0097	0.0109	0.0101
微囊藻毒素–LR	209.3354	177.9981	219.2191

5.2.6 指标标准化处理

在确定各指标权重之前，因为各指标量纲不统一导致指标之间没有可比性，因此必须对参评指标进行规范化处理。采用极差标准化方法对所得分值进行标准化处理。具体处理公式如下。

数值越大风险值越小的指标：

$$y_{ij}=\frac{\left(X_{j\max}-X_{ij}\right)}{\left(X_{j\max}-X_{j\min}\right)} \tag{5-1}$$

数值越大风险值越大的指标：

$$y_{ij}=\frac{\left(X_{ij}-X_{j\min}\right)}{\left(X_{j\max}-X_{j\min}\right)} \tag{5-2}$$

式中，X_{ij} 和 y_{ij} 分别为第 i（i=1，2，3，…，n）个评价对象第 j（j=1，2，3，…，

m）项指标的原始值和标准值；$X_{j\min}$ 和 $X_{j\max}$ 分别为第 j 项指标的最小值和最大值。对水华风险评价指标进行指标标准化处理，如表 5-6 所示。

表 5-6　水华风险评价指标标准化处理表

监测断面	尼尔基水库坝前	尼尔基水库库中	尼尔基水库库末
水温	0.381	0.381	0.619
pH	0.561	1	0
溶解氧	0.72	0	1
总磷	0	1	0.286
总氮	0	1	0.066
高锰酸盐指数	0	1	0.206
叶绿素 a	0	1	0.034
藻类生物多样性	1	0.606	0
有机污染物	0.333	0.593	0.69
金属盐	0	0	0
重金属	1	0.25	0

标准化处理后的指标特征值具有相同的取值趋势（值越大风险越大）和取值范围（0～1），使得指标值的优劣具有可比性，保证了评价结果的一致性。

5.3　评价结果

5.3.1　水华风险评价

对尼尔基水库进行水华风险评价，选取藻类生物多样性、水温、pH、溶解氧、高锰酸盐指数、总磷、总氮、叶绿素 a 等 8 个指标进行水华风险指数计算，以上各指标相对于水华风险指数的权重分别为 0.3253、0.0347、0.0826、0.0347、0.0533、0.1311、0.2072、0.1311。经计算，尼尔基水库三个监测断面的水华风险指数如表 5-7 所示。

表 5-7　尼尔基水库水华风险指数表

监测断面	水华风险指数
尼尔基水库坝前	0.4175
尼尔基水库库中	0.8127
尼尔基水库库末	0.3493

由水华风险指数可以看出，尼尔基水库库中水华风险指数为0.8127，为重度风险，坝前和库末水华风险指数分别为 0.4175 和 0.3493，为轻度风险。通过对尼尔基水库周围的灌区和上游的排污口进行采样分析，郭尼村和繁荣新村的灌区排水中主要污染物是总氮，分别达到了 2.618mg/L 和 10.42mg/L，嫩江排污口的排水中主要污染物是总磷和总氮，分别达到了 3.34mg/L 和 62.967mg/L。由于灌区排水和排污口排水进入尼尔基水库，污染物在库中堆积，在合适的温度和理化条件下发生了水华。库末和坝前的水流动性较好，发生水华风险的可能性降低，但是也存在着潜在风险。总体来看，尼尔基水库的水华风险指数平均值为 0.5265，总体为中度水华风险。

5.3.2 污染风险评价

对尼尔基水库进行污染风险评价，选取有机污染物、金属盐和重金属 3 个指标进行污染风险指数计算，以上各指标相对于污染风险指数的权重分别为 0.65、0.15 和 0.2。经计算，尼尔基水库 2014 年污染风险指数如表 5-8 所示。

通过计算结果可以看出 2014 年尼尔基水库的库末、库中、坝前三个监测点位污染风险指数在 0.4～0.5，整体处于轻度风险程度。

表 5-8 尼尔基水库污染风险指数表

监测断面	污染风险指数
尼尔基水库坝前	0.4167
尼尔基水库库中	0.4352
尼尔基水库库末	0.4485

5.3.3 生态风险评价

对尼尔基水库进行生态风险评价，选取 2014 年水华风险指数和污染风险指数为评价指标，权重分别为 0.75 和 0.25。经计算，尼尔基水库 2014 年生态风险如表 5-9 所示。

表 5-9 尼尔基水库生态风险指数

监测断面	生态风险指数
尼尔基水库坝前	0.4173
尼尔基水库库中	0.7183
尼尔基水库库末	0.3741

由生态风险评价结果可以看出，尼尔基水库库中的生态风险较大，为中度风险程度，坝前和库末为轻度风险。总体来看，三个监测断面的生态风险指数平均值达到 0.5032，尼尔基水库总体存在中度风险，需要采取相应措施降低风险。尼尔基水库生态风险分布情况如图 5-2 所示（见书后彩图）。

图 5-2　尼尔基水库生态风险分布图

5.4　污染物来源分析方法与数据

5.4.1　排放量计算

尼尔基水库上游水系发达，具有多条支流，上游区干流有多个排污口，包括嫩江县生活污水排污口及嫩江县工业废水排污口等，同时由于降雨地表径流冲刷等原因，有一部分污染物以非点源排放的形式输入水体中，尼尔基水库上游区总氮、总磷排放量可以依据以下公式进行计算：

$$\mathrm{TN}=\sum_{i=1}^{6}\mathrm{TN}_{t_i}+\mathrm{TN}_{\mathrm{u}}+\sum_{i=1}^{2}\mathrm{TN}_{e_i}+\mathrm{TN}_{\mathrm{n}} \tag{5-3}$$

式中，TN 为尼尔基水库上游区总氮排放量；TN_t 为上游支流总氮的排放量；TN_{u} 为上游来水中总氮的含量；TN_e 为嫩江干流上排污口的总氮排放量；TN_{n} 为嫩江上游区非点源排放的总氮量。

与总氮计算公式类似，尼尔基水库上游区总磷排放量的计算公式为

$$TP = \sum_{i=1}^{6} TP_{t_i} + TP_u + \sum_{i=1}^{2} TP_{e_i} + TP_n \tag{5-4}$$

式中，TP 为尼尔基水库上游区总磷排放量；TP_t 为上游支流总磷的排放量；TP_u 为上游来水中总磷的含量；TP_e 为嫩江干流上排污口的总磷排放量；TP_n 为嫩江上游区非点源排放的总磷量。

5.4.2 支流汇入计算

上游支流汇入采用年均排放量计算，公式如下：

$$TN_{t_i} = Q_{t_i} \times CN_{t_i} \tag{5-5}$$

式中，TN_{t_i} 为第 i 条支流流入干流的总氮排放量；Q_{t_i} 为第 i 条支流的年平均流量；CN_{t_i} 为第 i 条支流的总氮浓度。同理，可以按照下式计算第 i 条河流汇入干流的总磷含量：

$$TP_{t_i} = Q_{t_i} \times CP_{t_i} \tag{5-6}$$

式中，TP_{t_i} 为第 i 条支流汇入干流的总磷排放量；CP_{t_i} 为第 i 条支流的总磷浓度。

5.4.3 上游来水计算

研究区段除支流汇入外，还有上游来水。与支流汇入类似，上游来水也以浓度与流量为基础计算，其总氮排放量可以表示为

$$TN_u = Q_u \times CN_u \tag{5-7}$$

式中，TN_u 为上游来水中总氮的含量；Q_u 为上游来水的流量；CN_u 为上游来水中总氮的浓度。与总氮的计算类似，上游来水的总磷计算公式可以表达为

$$TP_u = Q_u \times CP_u \tag{5-8}$$

式中，TP_u 为上游来水中总磷的含量；CP_u 为上游来水中总磷的浓度。

5.4.4 污染物排放计算

研究区段污染物主要来源除上游来水、支流汇入之外，另外一个重要点源为排污口排放，此处计算方法与支流汇入、上游来水一致，采用排污口的排污数据与排污口的污废水排放数据进行计算，其总氮排放量的计算可以表达为

$$TN_{e_i} = Q_{e_i} \times CN_{e_i} \tag{5-9}$$

式中，TN_{e_i} 为第 i 个排污口排放的总氮量；Q_{e_i} 为第 i 个排污口排放的污水量；CN_{e_i} 为第 i 个排污口排放的污水中总氮的浓度。同理，第 i 个排污口的总磷排

放量可以依据下式进行计算：

$$\mathrm{TP}_{e_i}=Q_{e_i}\times\mathrm{CP}_{e_i} \tag{5-10}$$

式中，TP_{e_i} 为第 i 个排污口排放的总磷量；CP_{e_i} 为第 i 个排污口排放污水的总磷浓度。

需要注意的是，此处的污染物仅包括干流上的排污口排放量，而不包括支流上的排污口排放量，这主要是由于支流上的排污口汇入支流，已通过支流汇入的方式进入干流水体中，因此为避免重复计算，此处的排污口仅为干流上的排污口。

5.4.5 非点源排放计算

非点源污染物排放的计算采用输出系数法对不同用地类型的总氮总磷排放量进行计算。其中，按照刘瑞民等的研究，将用地类型分为五类，分别是耕地、林地、草地、荒地与城镇（刘瑞民等，2006）。因此，非点源排放的总氮量可以按照下式进行计算：

$$\mathrm{TN}_{\mathrm{n}}=\sum_{i=1}^{5}\mathrm{Cn}_i\times\mathrm{LC}_i \tag{5-11}$$

式中，TN_{n} 为非点源排放的总氮量；Cn_i 为第 i 种用地类型的总氮输出系数；LC_i 为第 i 种用地类型的面积。同理，可以按照输出系数法，计算出非点源排放的总磷量，即

$$\mathrm{TP}_{\mathrm{n}}=\sum_{i=1}^{5}\mathrm{Cp}_i\times\mathrm{LC}_i \tag{5-12}$$

式中，TP_{n} 为非点源排放的总磷量；Cp_i 为第 i 种用地类型的总磷输出系数；LC_i 为第 i 种用地类型的面积。

此处总氮与总磷的输出系数按刘瑞民等的研究成果选择，按照耕地、林地、造地、荒地与城镇进行计算。

5.5 嫩江流域典型区域污染物来源分析

由于研究区域较大，所包含数据较多，从数据的统一性出发，采用尼尔基水库上游区 2014 年水质监测数据的总氮总磷浓度。各个监测点位的流量采用水文年鉴数据，由2009～2011 年三年平均数据得出。排污数据采用 2011～2013 年排污口排放统计数据，浓度与污废水排放量最大一年的值作为计算值。上游来水采用 2014 年水质监测数据的总氮总磷浓度，流量数据采用 2009～2011 年

三年平均数据得出。非点源排放部分，采用 2014 年 LANDSAT 8 OLI 数据进行解译，将地表覆盖划分为耕地、林地、草地、荒地与城镇用地，不同用地类型的输出系数采用刘瑞民等的研究成果。

5.5.1 支流水质

支流水质情况采用 2014 年水质监测数据，按照不同点位的总氮总磷浓度，代表不同支流的水质情况，具体数据如表 5-10 所示。

表 5-10 上游支流总氮、总磷浓度 单位：mg/L

断面名称	支流	TP	TN
古里乡	多布库尔河	0.01	0.606
建边渡口	固固河	0.03	0.903
欧肯河镇	欧肯河	0.03	0.803
门鲁河大桥	门鲁河	0.08	1.600
科洛河大桥	科洛河	0.08	2.283
柳家屯	甘河	0.04	1.107

支流的流量情况采用水文年鉴 2009～2011 年数据计算平均值，不同支流的流量情况具体数据如表 5-11 所示。

表 5-11 上游支流流量情况 单位：m^3/s

断面名称	支流	流量	备注
古里乡	多布库尔河	38.5	水文年鉴
建边渡口	固固河	7.0	计算值
欧肯河镇	欧肯河	7.0	计算值
门鲁河大桥	门鲁河	24.1	文献查阅
科洛河大桥	科洛河	20.0	水文年鉴
柳家屯	甘河	117.5	水文年鉴

2009～2011 年水文年鉴数据包括的上游支流为多布库尔河、科洛河、甘河。通过文献查询，采用梁琦等给出的门鲁河的多年平均流量 24.1m^3/s。依据水文年鉴中给出的上游来水流量（石灰窑水文站），以及下游流出流量（库莫屯水文站），推算两个断面之间的未知支流流量，即固固河与欧肯河流量。此处假设地下水补给量与地表水蒸发量相等。干流中的水量增加仅由支流汇入引起，则有

$$Q_{库莫屯}=Q_{石灰窑}+Q_{多布库尔河}+Q_{门鲁河}+Q_{欧肯河}+Q_{固固河} \tag{5-13}$$

式中，存在欧肯河与固固河两个未知量，无法求解，但是从表 5-11 中 TN、TP 的浓度可以看出，欧肯河与固固河的总磷含量一致（0.03mg/L），总氮含量相差不多（固固河为 0.903mg/L，欧肯河为 0.803mg/L），因此对两河流量进行分配的结果实际上对其排放的总氮和总磷的量影响并不明显，此处采用均分的方法，令两河的流量相等。

5.5.2 上游来水情况

由于在 2014 年 8 月的水质监测数据中，没有针对石灰窑断面进行监测，此处采用排污口上游的水质数据代替石灰窑断面数据，将石灰窑断面三年平均数据与排污口上游水质数据进行对比。此种代替法具有一定的可行性与科学性。如表 5-12 所示。

表 5-12 石灰窑与排污口上游监测数值对比

计算方法	石灰窑（实测值三年平均）	排污口上游（2014 年实测值）
TP	0.04	0.04
氨氮	0.493	0.577
TN	1.298*	1.511

*石灰窑断面没有对总氮指标进行监测，该值为李文杰等依据总氮与氨氮比例计算得进（张文杰和张时煌，2010）。

上游来水流量则以水文年鉴中石灰窑断面 3 年均值为流量值进行计算，其值为 86.5m^3/s。

5.5.3 沿河排污口情况

如前所述，支流上排污口的总氮和总磷排放量已经随支流汇入干流之中，沿河排污部分不进行单独计算，此处仅计算干流上的排污口情况。在干流上主要的排污口有两个，分别是嫩江县污水处理厂生活污水排污口与嫩江县喇叭河工业废水排污口。由于排污口监测数据仅有 2011～2013 年的数据，为避免平均值降低排污口对污染排放的影响，此处采用 3 年数据中的最大值进行计算。如表 5-13 所示。

表 5-13 干流排污口排放量情况 单位：t/a

	TN	TP
嫩江县污水处理厂	205	12.1
嫩江县喇叭河	22.5	0.88

5.5.4 非点源排放数据

非点源排放数据主要采用输出系数法，涉及的数据分别是尼尔基水库上游林地、草地、耕地、荒地与城镇五种用地类型面积，以及五种用地类型不同的输出系数。

一般而言，非点源污染的输出系数应通过实验与监测数据推算求得，本项目中没有进行相关实验，此处采用了刘瑞民等的研究成果中的数据。如表 5-14 所示。

表 5-14 不同用地类型的输出系数 单位：t/（km^2 · a）

类型	TN	TP
耕地	2.9	0.09
林地	0.238	0.015
草地	1	0.02
城镇	1	0.024
荒地	1.49	0.051

从表中可以看出，总氮排放的输出系数以耕地最高，每年 1km^2 达到 2.9t，总磷排放同样是耕地最高，每年 1km^2 达到 0.09t。相对来说林地的非点源输出较少，其中总氮每年 1km^2 仅为 0.238t，总磷每年 1km^2 为 0.015t。依据该方法可以通过计算水库上游的不同用地类型的面积，推算出其非点源排放的量，上游支流的非点源排放通过地表径流汇入支流中，并由支流以点源排放的形式进入干流中，非点源研究面积应为干流的汇水区面积。

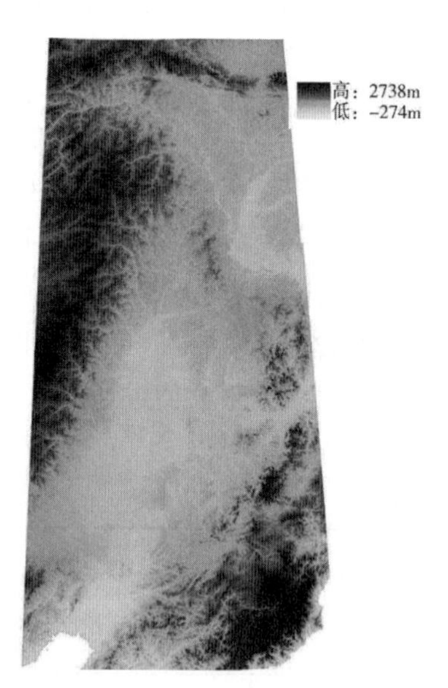

图 5-3 SRTM DEM 高程数据

为方便计算，本研究以高程数据为基础，进行汇水区的划分，基础数据为 SRTM DEM 数据，如图 5-3 所示（见书后彩图）。

在高程数据的基础上，采用美国农业部 SWAT 模型（soil-water assessment tools）基于 ArcGIS 开发的模型组件 ArcSWAT 进行汇水区划分，其工作机理是以高程为基础自动生成水系，并依据干流与支流的交汇点及高程数据划分汇水区。

尼尔基水库上游水系如图 5-4 所示（见书

后彩图），整个汇水区的面积既包括从嫩江干流发源地到尼尔基水库入库的嫩江干流，又包括上游支流——多布库尔河、欧肯河、固固河、门鲁河、科洛河以及甘河的广大汇水区域，但是按照之前假设，计入非点源统计计算的仅有上游石灰窑点位到下游汇入尼尔基水库位置，因此，需要在图 5-4 的基础上，对整个上游水系的汇水区域进行划分。

图 5-4　尼尔基水库上游汇水区高程图

尼尔基水库上游区支流以及汇水区划分情况如图 5-5 所示（见书后彩图），根据本项目研究所需确定所需汇水区面积，图中 1～5 号区域为嫩江干流石灰窑到尼尔基水库入库点的汇水区域。经过计算，1 号区域面积为 460 671 300m^2，2 号区域面积为 597 366 900m^2，3 号区域面积为 646 671 600m^2，4 号区域面积为 756 118 800m^2，5 号区域面积为 623 408 400 m^2，总面积约为 3084.237km^2。

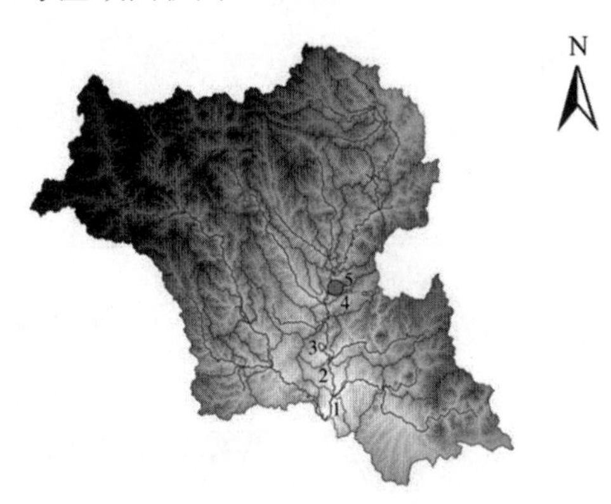

图 5-5　各支流汇水区划分

根据尼尔基水库地理位置，以及上游直流区所在地理位置，以美国LANDSAT 8 OLI遥感数据为基础，2014年7～10月的行号119～121、列号25～26范围内的六景图片覆盖整个研究区，通过遥感图片处理软件ENVI，对六景图片进行镶嵌处理，而后按照1～5号区域范围，对镶嵌处理后的六景图片进行剪裁处理，获得1～5号区域范围内的遥感图像，以此遥感影像为基础，在ENVI平台下，对六景图片进行目视解译与监督分类，采用最大似然法对土地利用分类进行研究。如图5-6、如图5-7所示（见书后彩图）

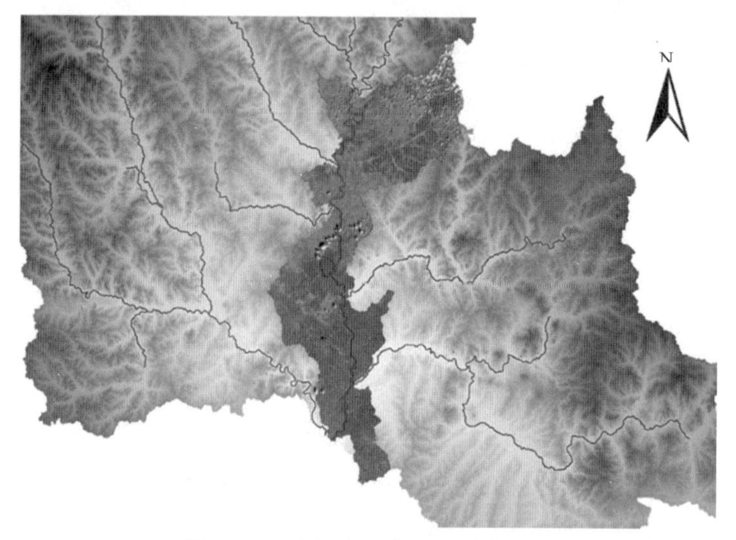

图5-6 干流汇水区内卫星遥感图片

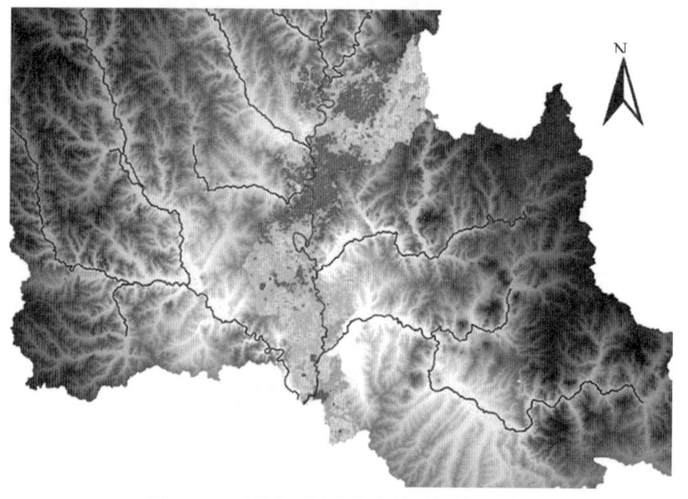

图5-7 干流汇水区内土地利用情况图

5.6 结果与分析

5.6.1 支流汇入

按照式（5-5）、式（5-6），可以得出尼尔基水库上游地区的支流排放情况，如图 5-8 与图 5-9 所示。

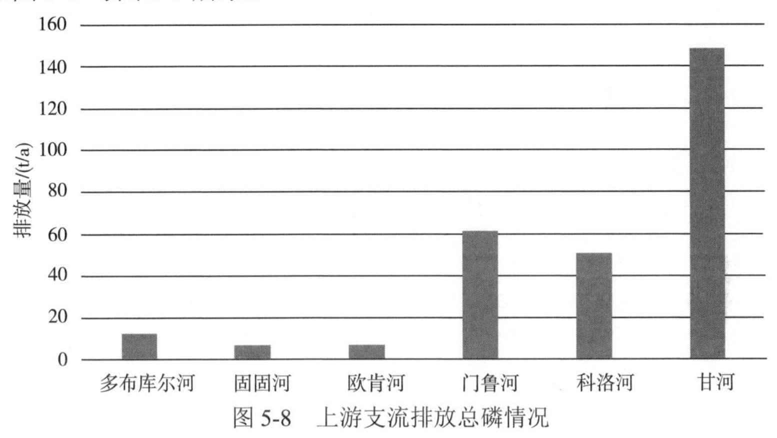

图 5-8　上游支流排放总磷情况

从图 5-8 中可以看出上游支流排放的总磷量较大，其中甘河排放量最大，148.2t/a；固固河、欧肯河排放量最小，均为 6.6t/a；多布库尔河排放量为 12.1t/a；门鲁河排放量为 60.8t/a；科洛河排放量为 50.4t/a。总排放量达到 284.9t/a。而从图 5-9 中可以看出上游支流总氮排放情况与总磷排放有相似的规律，排放量最大的仍为甘河，达到4101.9t/a，最小值仍为固固河（199t/a）与欧肯河（177t/a），同时也有与总磷排放情况不同的部分，门鲁河的总磷排放量大于科洛河，而门鲁河的总氮排放量则小于科洛河，其中门鲁河总氮排放量为1216t/a，科洛河为 1439.9t/a。总排放量为 7870.3t/a。

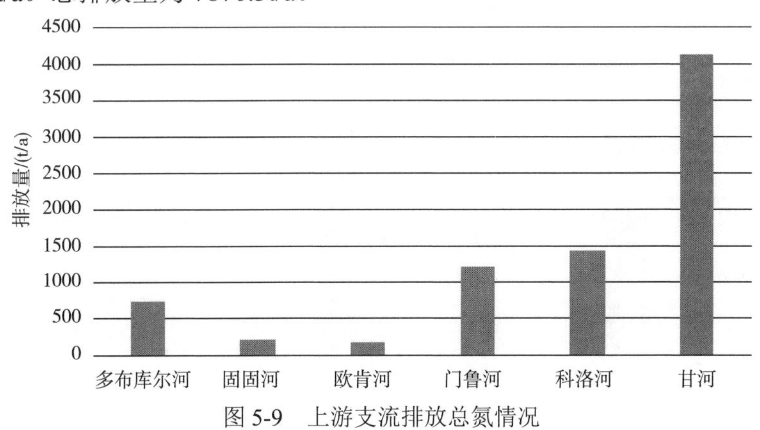

图 5-9　上游支流排放总氮情况

5.6.2　上游来水含量

按照上文提供的计算方法与数据核算上游来水中总氮、总磷的含量，其中上游来水中总氮含量较高，达到 1.511mg/L，总磷含量达到 0.04mg/L，总氮排放量达到4121.8t/a，总磷排放量则为109.1t/a。对比上游来水与支流汇入，可以看到上游来水的总氮含量较大，超过所有支流汇入量，但是总氮排放量较小，小于上游支流甘河汇入。

5.6.3　沿河排污量

按照嫩江县污水处理厂生活排污与工业排污近三年的最大值，可以得出沿江污染总氮排放量的值为227.5t/a，总磷排放量为12.98t/a。从排放量中可以看出，沿河排污量远小于上游支流汇入与上游来水汇入，但是考虑到排污口与支流以及上游来水汇入的位置，沿河排污口更接近尼尔基水库，因此沿河排污口的排放不能因此而忽略。同时，沿江排放的总氮、总磷量均大于欧肯河与固固河的排放量。

5.6.4　非点源排放

采用 Arcgis 软件进行统计，在不重复计算的前提下，干流汇水区公用五种用地类型分别为耕地面积 589.8km^2、林地面积 867.4km^2、草地面积 1656.4km^2、城镇面积 23km^2、荒地面积 3.5km^2。考虑该区域内的水体面积 31.2km^2，则总面积为 3085.4km^2，与划分时面积相比，约增加了 1.2km^2，这是由于在计算单位象元时，默认象元为正方形。但是需要注意的是，在边界处的象元可能并不是方形，因此采用象元计算出的面积略大于矢量绘制的面积。

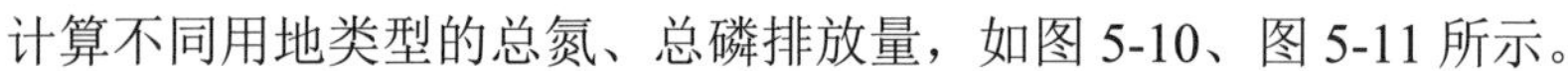
计算不同用地类型的总氮、总磷排放量，如图 5-10、图 5-11 所示。

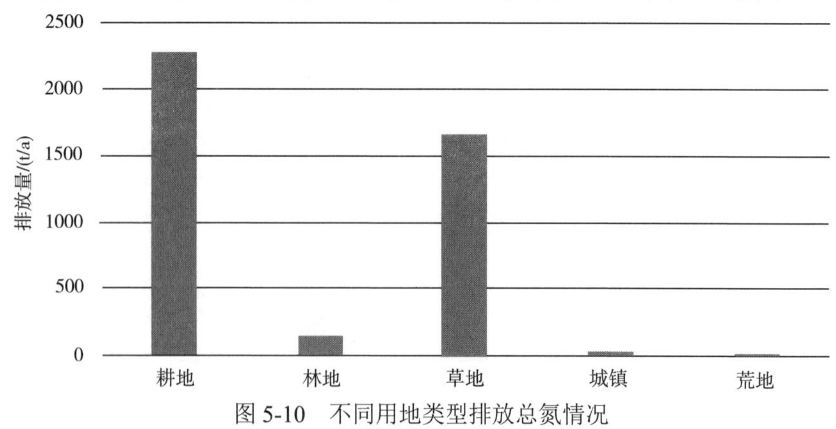

图 5-10　不同用地类型排放总氮情况

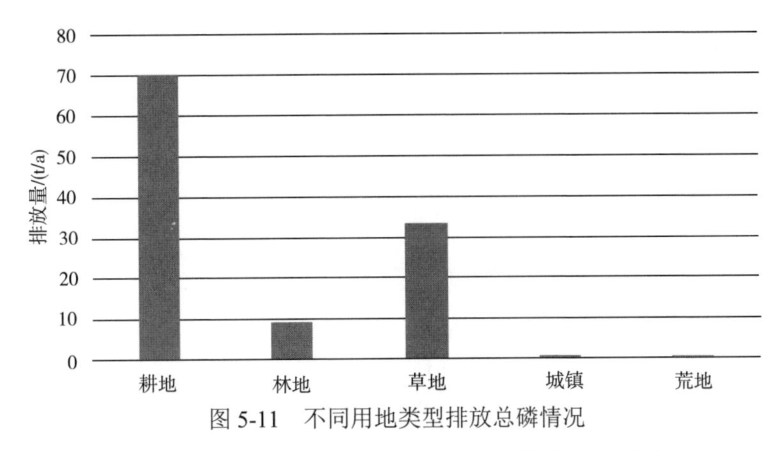

图 5-11 不同用地类型排放总磷情况

总氮排放量最大的是耕地，达到 2266.1t/a，最小的为荒地，仅为 5.3t/a，其他如林地排放量为140.4t/a，草地排放量为1656.4t/a，城镇排放量为23t/a。干流汇水区非点源排放总氮量为4091.2t/a。由图 5-11 可以看出，总磷排放量最大的两种用地类型为耕地与草地，分别达到70.3t/a 与33.1t/a，总磷排放量最少的为城镇与荒地，分别为0.55t/a与0.18t/a，林地的总磷排放量为 8.8t/a。共计总磷排放量为113t/a。

5.6.5 结果分析

根据对尼尔基水库上游区污染物排放量进行的对比分析，确定对尼尔基水库有较大影响的污染源。如图 5-12、图 5-13 所示（见书后彩图）。

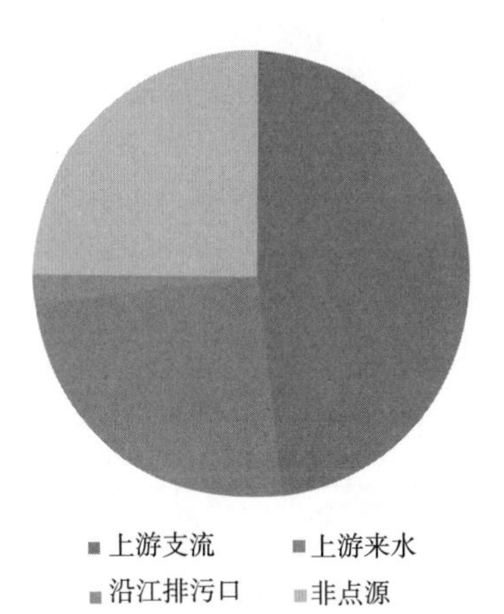

图 5-12 总氮排放来源分布图

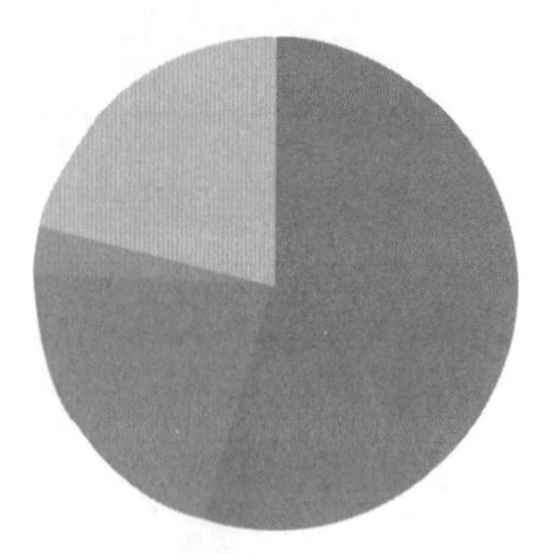

图 5-13　总磷排放来源分布图

由图 5-12 可以看出总氮排放来源的分布，其中上游支流排放量占较大比例，达到 48%，非点源排放与上游来水排放均达到 25%，而沿江排污口排放达 2%。需要注意的是，上游支流排放虽然占据较大的比例，但是上游的支流中多布库尔河、欧肯河、固固河、门鲁河与科洛河距离尼尔基水库较远，因此其对于总的排放量的影响应小于48%。同时，由于甘河与尼尔基水库入库点距离较近，而其排放量较大，达到4101.9t/a，与上游来水排放量和非点源排放量接近，因此，在总氮排放量中，主要的排放来源为上游支流、上游来水与非点源排放。沿江排污口排放量虽然较小，但是距离尼尔基水库入库点较近，因此以上四个因素都需要考虑。

由图5-13 可以看到，总磷排放量的分布图与总氮分布类似，其中上游支流排放量最大，达到55%，上游来水排放量占21%，而非点源排放达到22%，沿江排污口的排放量为2%，因此这四个因素都需要考虑。

6

嫩江流域示范区水生态风险预警与决策

采用系统动力学模型及贝叶斯网络技术，从控制反馈的角度出发，构建COD、氨氮、总磷、总氮等指标的上游来水、支流汇入、沿江排污、非点源汇入成因，以及其与嫩江县社会经济发展的联系，依据水质变化的预警结果结合评价指标体系对尼尔基水库的水生态风险情况进行预警，从而实现预警功能。在监测数据完善的基础上，实现对水生态风险评价中所有指标的预警，并对水生态风险预警系统动力学进行更新，实现对水质数据而不是水质类别的预警，从而更准确把握水质的时空变化。

6.1 水生态风险预警-决策模型建立

6.1.1 沿江排污

尼尔基水库上游，嫩江干流中主要的排污点为嫩江县污水处理厂的生活污水排放口与嫩江县喇叭河排污口的工业废水排放口，二者皆受到嫩江县人口以及社会经济发展的影响。因此构建系统动力学模型来模拟社会经济发展对嫩江县排污口的影响，从而实现优化嫩江县社会经济发展形势控制嫩江县排污量，降低由点源排放造成的尼尔基水库水生态风险。

人口数量变化受到人口增长与人口减少的影响，不考虑人口增长率与人口减少率的变化情况，那么嫩江县人口的数量计算方式如下：

$$\mathrm{POP}(t)=\mathrm{POP}(t-1)+\mathrm{Increase}+\mathrm{Decrease} \tag{6-1}$$

式中，POP（t）为 t 年时嫩江县人口；POP（$t-1$）为嫩江县$t-1$ 年时的人口；Increase 为嫩江县从 $t-1$ 年到 t 年的人口增加量；Decrease 为嫩江县从 $t-1$ 年到 t 年的人口减少量。

在不考虑嫩江县城镇化率年际变化情况的前提下，嫩江县非农业人口数量可由下式表达：

$$\mathrm{UP}=\mathrm{POP}\times\mathrm{UR} \tag{6-2}$$

式中，UP 为嫩江县第 t 年的非农业人口数量；UR 为嫩江县第 t 年的城镇化率。

农业人口与非农业人口的日排污系数不同，在已知非农业人口数量与非农业人口污染物排放系数的情况下，可以计算嫩江县生活污水排放过程中排放的污染物量，同时根据生活污水排放入河系数以及嫩江县污水处理厂排污量占嫩江县排污总量的比例，可以计算出嫩江县污水处理厂排污量，系统动力学模型如图 6-1 所示。

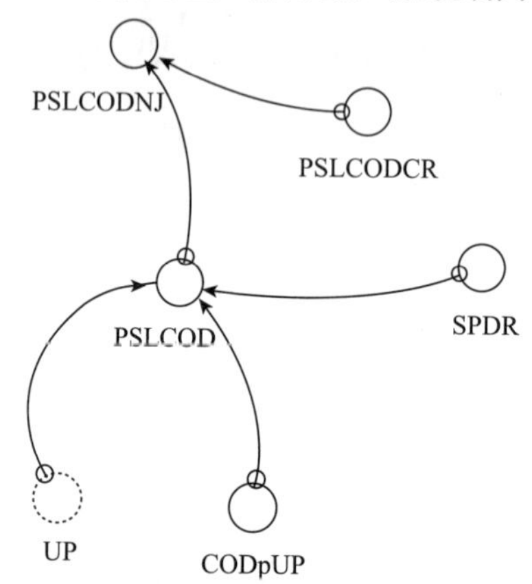

图 6-1　嫩江县生活污水排放 COD 入河量

嫩江县生活污水排放入河量的计算公式如下：

$$\text{PSLCODNJ}=\text{PSLCOD}\times\text{PSLCODCR} \tag{6-3}$$

$$\text{PSLCOD}=\text{UP}\times\text{CODpUP}\times\text{SPDR} \tag{6-4}$$

式中，PSLCODNJ 为嫩江县生活污水排放入河 COD 量；PSLCODCR 为生活点源 COD 排放入河系数；CODpUP 为每年单位非农业人口排放 COD 的量；SPDR 为嫩江县污水处理厂排放量占嫩江县排放总量的比例。

除生活污水之外，工业生产产生的废水是点源排放的另一大来源，模型中采用万元工业增加值与单位工业增加值污染物排放量为主要的指标。其中工业增加值的系统动力学模型如图 6-2 所示。

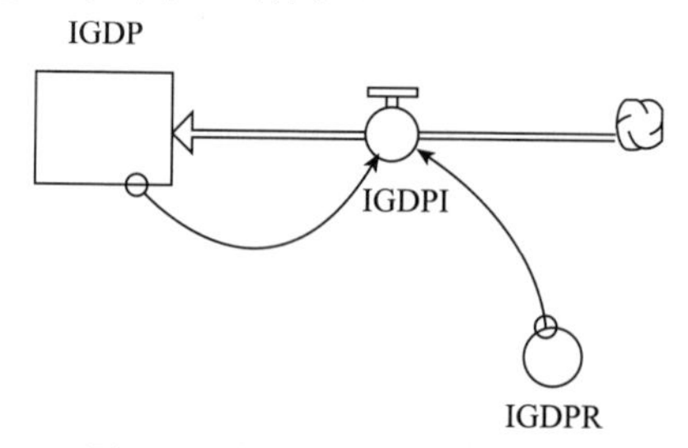

图 6-2　嫩江县工业增加值模型

嫩江县工业增加值变化受到嫩江县工业增加值增长量的影响，当增长量为正时，其总量上升，反之总量下降，公式表示如下：

$$\mathrm{IGDP}(t)=\mathrm{IGDP}(t-1)+\mathrm{IGDPI}(t) \tag{6-5}$$

$$\mathrm{IGDPI}(t)=\mathrm{IGDP}(t-1)\times \mathrm{IGDPR} \tag{6-6}$$

式中，IGDP（t）为嫩江县第 t 年的工业增加值量；IGDP（t-1）为嫩江县第 t-1 年的工业增加值量；IGDPI（t）为第 t 年嫩江县工业增加值增长量；IGDPR 为嫩江县工业增加值增长率。

如图 6-3 所示，嫩江县工业点源排放的 COD 量受到嫩江县工业增加值、嫩江县万元工业增加值污染物排放量、喇叭河排污口排放量占嫩江县工业点源排放量的比值，以及工业点源排放入河系数影响，计算公式如下：

$$\mathrm{PSICODNJ}=\mathrm{PSICOD}\times \mathrm{PSICODCR} \tag{6-7}$$

$$\mathrm{PSICOD}=\mathrm{IGDP}\times \mathrm{CODpIGDP}\times \mathrm{ICODDR} \tag{6-8}$$

式中，PSICODNJ 为嫩江喇叭河排污口 COD 入河量；PSICOD 为嫩江县喇叭河排污口排放量；PSICODCR 为工业点源 COD 排放入河系数；CODpIGDP 为万元工业增加值 COD 排放量；ICODDR 为喇叭河排污口排放 COD 占嫩江县工业点源排放 COD 比例。

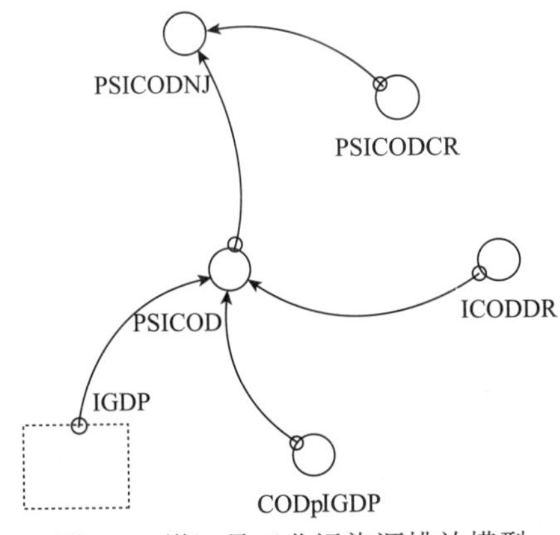

图 6-3　嫩江县工业污染源排放模型

按照以上模型与方法可以计算出氨氮、总磷与总氮的沿江排放量。

6.1.2　非点源污染

非点源污染主要来自于降水产生的地表径流冲刷，受到研究区的地表覆盖影响较为明显，因此，建立模型时主要考虑不同土地利用类型以及不同土地利用类型的污染物输出系数。此处需要注意的是，社会经济发展对土地利用变化的影响是存在的，但是由于模型的时间与空间尺度较小，而土地利用类型的变化往往是大空间尺度长时间跨度下才能显现的过程，因此在本模型中，土地利用变化情况被认为是恒定的。

如图 6-4 所示，COD 的非点源排放以农田（包括旱田、水田）、林地、草地、城镇以及荒地为主，其中农田包括输出系数、施用化肥的用量及化肥中污染物的含量比例，因此其非点源排放可以根据以下公式计算：

$$NPSCODE=NPSCOD\times NPSCODC \quad (6\text{-}9)$$

$$\begin{aligned} NPSCOD = & CODDL + CODFL + TreeL\times CODpTc \\ & + GrassL\times CODpGC + UncoverL\times CODpUCC \\ & + UrbanL\times CODpUC \end{aligned} \quad (6\text{-}10)$$

$$CODDL = DLA\times CODpDLC + DLA\times FUS\times FUScr \quad (6\text{-}11)$$

$$CODFL = FLA\times CODpFLC + FLA\times FUS\times FUScrF \quad (6\text{-}12)$$

式中，NPSCODE 为非点源 COD 排放入河量；NPSCOD 为非点源 COD 产生量；NPSCODC 为非点源污染排放入河系数；CODDL 为旱田产生 COD 量；CODFL 为水田产生 COD 量；TreeL 为研究区林地面积；CODpTC 为林地 COD 输出系数；GrassL 为研究区草地面积：CODpGC 为草地 COD 输出系数；UncoverL 为研究区荒地面积；CODpUCC 为荒地 COD 输出系数；UrbanL 为研究区城镇面积；CODpUC 为城镇 COD 输出系数；DLA 为研究区旱田面积；CODpDLC 为旱田输出系数；FUS 为研究区内单位耕地化肥施用量；FUScr 为研究区旱田化肥效率；FLA 为研究区水田面积；CODpFLC 为水田输出系数；FUScrF 为研究区水田化肥效率。

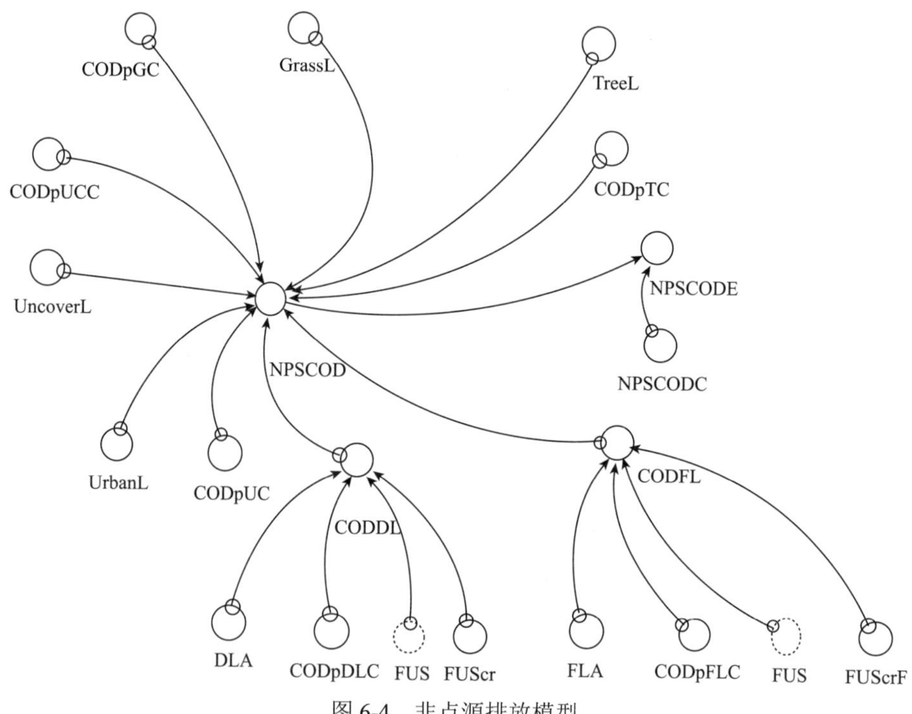

图 6-4 非点源排放模型

氨氮、总磷、总氮的非点源排放的模型、公式与 COD 污染的情况类似，因此按照以上的模型结构与公式可以模拟氨氮、总氮与总磷的排放。

6.1.3 上游来水与上游支流汇入

尼尔基水库的来水包括上游石灰窑断面的来水、上游支流的来水及干流区域的非点源汇入，通过之前的总磷、总氮污染来源分析，可以了解到，主要污染来源为下游甘河汇入、上游来水以及非点源汇入。因此以上游来水水质、甘河汇入、沿江排放、非点源汇入为主要污染物来源构建模型，如图 6-5 所示。

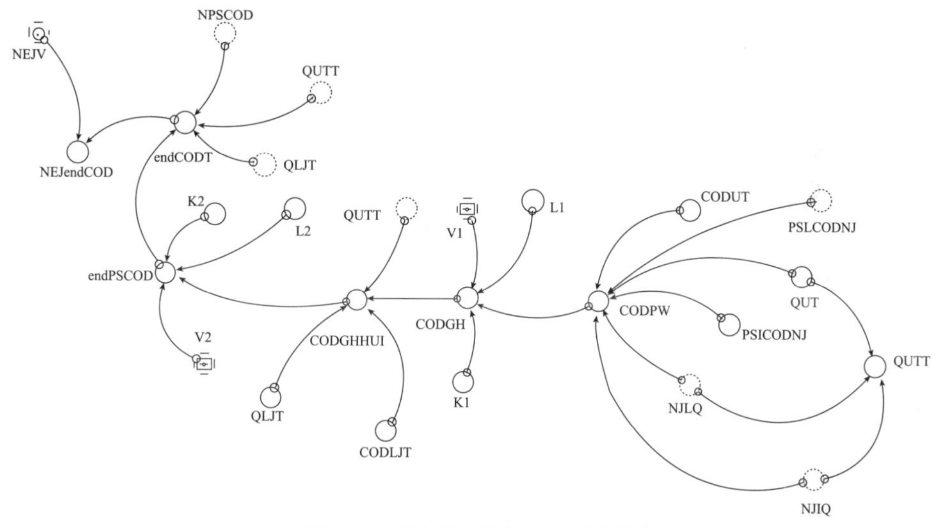

图 6-5　尼尔基水库库末水质模型

根据图中的模型结构，由上游来水水质与流量依据质量及水量平衡计算嫩江县排污口的水质，由排污口的排放量及排放污水量按照一维水质公式计算得到甘河汇入处的水质，按照甘河汇入水质及甘河流量推算出尼尔基水库库末的污染物量，并与非点源排放的污染物的量相结合，根据尼尔基水库的库容计算出尼尔基水库中的污染物含量。计算公式如下：

$$\mathrm{CODPW}=\frac{\mathrm{CODUT}\times\mathrm{QUT}+\mathrm{PSLCODNJ}\times\mathrm{NJLQ}+\mathrm{PSICODNJ}\times\mathrm{NJIQ}}{\mathrm{NJLQ}+\mathrm{NJIQ}+\mathrm{QUT}} \tag{6-13}$$

$$\mathrm{CODGH}=\mathrm{CODPW}\times\exp\left(-\frac{\mathrm{K1}\times\mathrm{L1}}{\mathrm{V1}}\right) \tag{6-14}$$

$$\mathrm{CODGHHUI}=\frac{\mathrm{CODGH}\times\mathrm{QUTT}+\mathrm{CODLJT}\times\mathrm{QLJT}}{\mathrm{QUTT}+\mathrm{QLJT}} \tag{6-15}$$

$$\mathrm{QUTT}=\mathrm{QUT}+\mathrm{NJLQ}+\mathrm{NJIQ} \tag{6-16}$$

$$\text{endPSCOD} = \text{CODGHHUI} \times \exp\left(\frac{-\text{K2} \times \text{L2}}{\text{V2}}\right) \tag{6-17}$$

$$\text{endCOD} = \text{endPSCOD} \times \left(\text{QUTT} + \text{QLJT}\right) + \text{NPSCOD} \tag{6-18}$$

式中，CODPW 为嫩江县排污口处的 COD 浓度；CODUT 为上游来水浓度；QUT 为上游来水流量；PSLCODNJ 为嫩江县污水处理厂排污口排放浓度；NJLQ 为嫩江县污水处理厂污水排放量；PSICODNJ 为嫩江县喇叭河排污口排放浓度；NJIQ 为嫩江县喇叭河排污口排放量；CODGH 为甘河汇入处的 COD 浓度；K1 为上游来水断面到排污口之间河段的 COD 降解系数；L1 为上游来水断面到排污口之间河段的河长；V1 为上游来水断面到排污口之间河段的流速；CODGHHUI 为甘河汇入点处 COD 浓度；QUTT 为上游来水汇合嫩江县排污污水量；CODLJT 为甘河 COD 浓度；QLJT 为甘河流量；endPSCOD 为尼尔基库末 COD 点源浓度；K2 为甘河汇入点到尼尔基库末之间河段的 COD 降解系数；L2 为甘河汇入点到尼尔基库末之间河段的河长；V2 为甘河汇入点到尼尔基库末之间河段的流速。

氨氮、总磷、总氮的水质模拟的模型、公式与 COD 污染的情况类似，因此按照以上的模型结构与公式可以模拟氨氮、总磷与总氮的水质状况。

6.1.4 特征污染物的模拟

模型如图 6-6 所示。由于上游来水、甘河汇入、排污口的监测数据中并没有特征污染物的数据，在模型中无法考虑这部分特征污染物的研究。因此特征污染物的来源在本研究中考虑为水田、旱田农药施用的残留与排放。

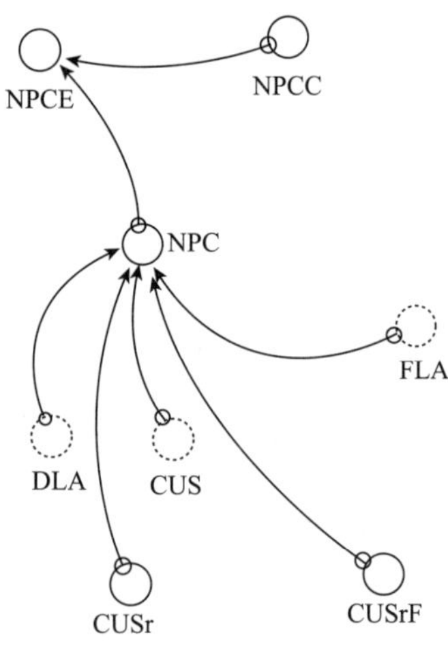

图 6-6　特征污染物排放量模型

$$NPCE = NPC \times NPCC \tag{6-19}$$

$$NPC = DLA \times CUS \times CUSr + FLA \times CUS \times CUSrF \tag{6-20}$$

式中，NPCE 为特征污染物排放量；NPC 为特征污染物产生量；NPCC 为特征污染物排放入河系数；CUS 为农药在每亩农田的施用量；CUSr 为旱田农药残留系数；CUSrF 为水田农药残留系数。

通过以上公式计算特征污染物的排放量，同时，由于特征污染物难以降解，因此在污染物排放过程中不考虑其降解情况。

6.2 系统动力学模型验证

将相关数据输入系统动力学模型，对尼尔基水库水质状况进行模拟，如图 6-7 所示。其中模型社会经济数据采用 2013 年嫩江县社会经济公报，水质状况采用 2013 年水质监测数据，污染物排放采用排污口监测数据，土地利用状况则采用遥感图片解译数据等。模型的时间边界为 2013～2024 年，共 12 年，地理范围为尼尔基水库及嫩江上游干流汇水区，运行系统动力学决策模型，可以得到如下模拟结果。

图 6-7　风险决策系统动力学模型

人口模拟结果显示，人口数量逐渐上升，2013 年人口数量为 504 345 人，到 2024 年人口数量为 517 833 人，增长量为 13 000 人，人口规模呈现逐渐上升趋势，这也说明了社会经济呈现逐渐发展的趋势，在城市化率没有明显增长的前提下，非农业人口总量上升，生活点源污染物排放量也会随之上升。同时随着人口数量上升，社会经济发展也较为明显。如图 6-8 所示。

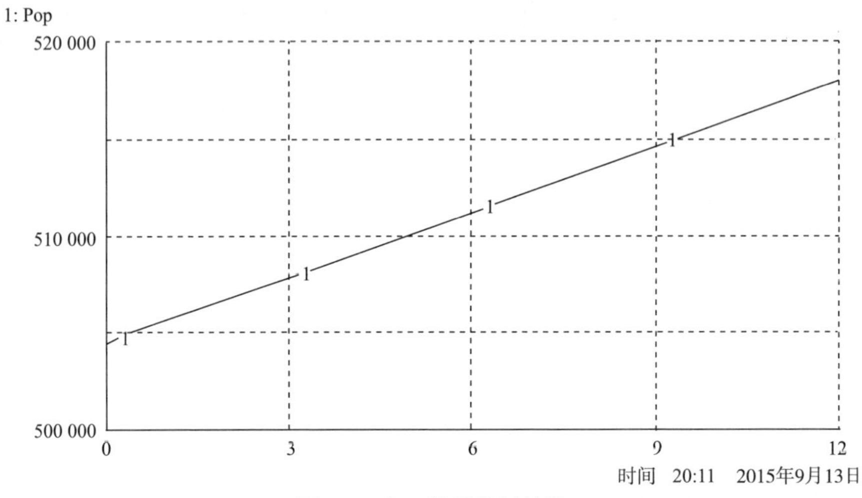

图 6-8 人口数量模拟结果

如图 6-9、图 6-10 所示，GDP 总量呈现平稳上升的趋势，其在 2013～2016 年增速减慢，之后增速逐渐加快，到 2024 年，能够实现 GDP 总量 343 亿元。而嫩江县主要的支柱产业为农业，其中 2013 年农业 GDP 在整个 GDP 中所占的比重较大，整体接近于 1，总量为 64 亿元。而随着社会经济发展，农业 GDP 在 GDP 中所占的比重逐渐下降，到 2024 年，占整个 GDP 的 21%，总量为 73.5 亿元。

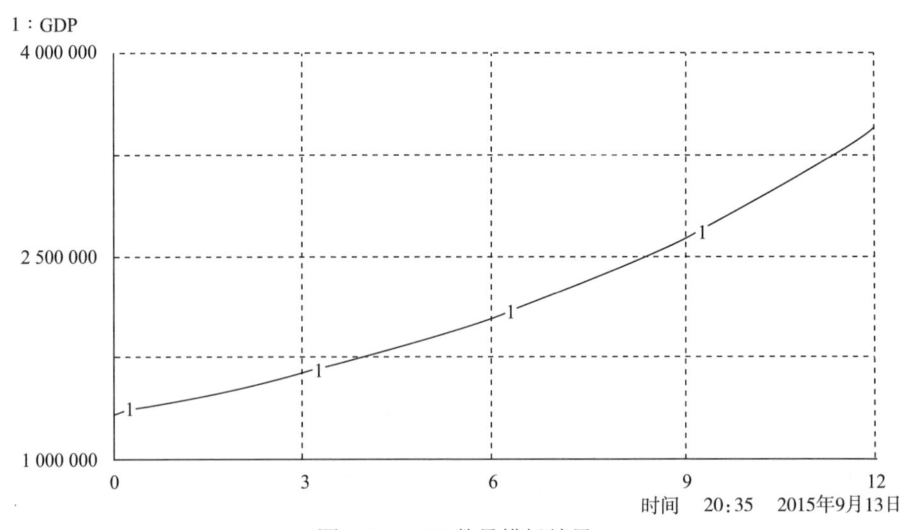

图 6-9 GDP 数量模拟结果

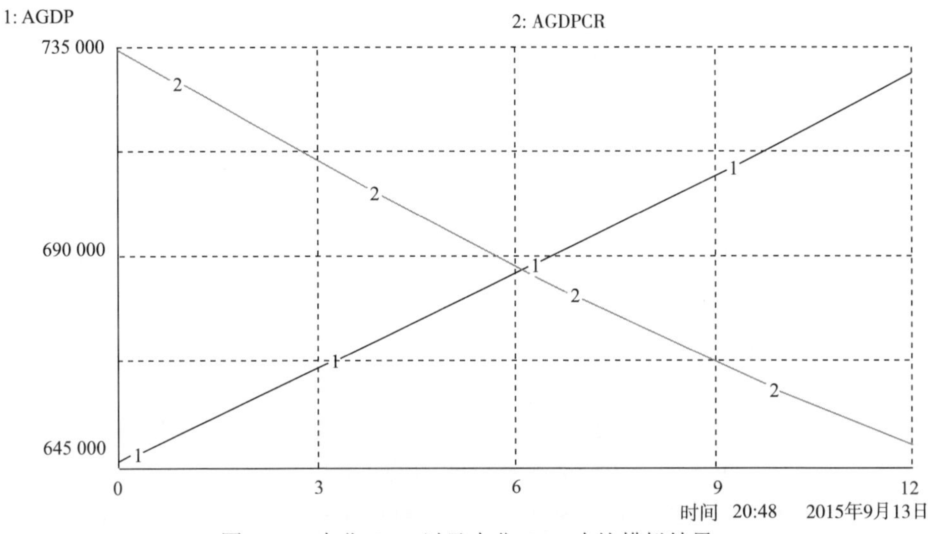

图 6-10 农业 GDP 以及农业 GDP 占比模拟结果

如图6-11 所示，根据模拟结果可以看到，随着社会经济的发展，尼尔基水库的污染物浓度也呈现缓慢上升的趋势，其COD 浓度从 14mg/L 逐渐上升到 16mg/L，氨氮浓度在 0.5mg/L 左右，总氮浓度为 1.6mg/L，总磷浓度为 0.07mg/L。按照 2014 年繁荣新村断面的监测数据，高锰酸盐指数为 5.68mg/L，按照 COD 为高锰酸盐指数 3 倍计算，COD 应为16.8mg/L，氨氮浓度为0.66mg/L，总氮浓度为 1.8mg/L，总磷浓度为 0.09mg/L。对比模拟结果与实际检测值，可以看到模型的模拟结果较为准确。

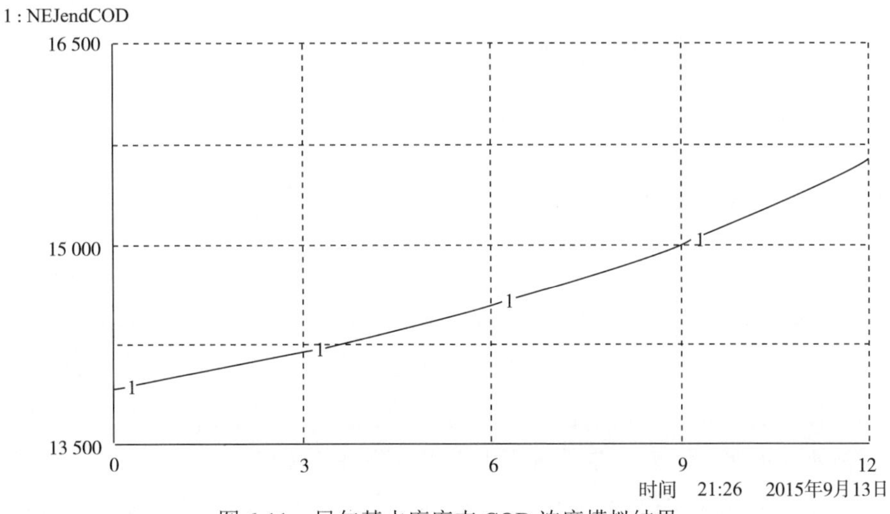

图 6-11 尼尔基水库库末 COD 浓度模拟结果

6.3 水生态风险预警与决策

6.3.1 水生态风险预警

就目前而言，尼尔基水库及上游水质较好，但是随着未来社会经济的快速发展，其水质状况必然出现恶化，图 6-11 的模拟结果也显示相同的趋势，尼尔基水库库末的 COD 浓度呈现上升趋势，但是上游的社会经济发展，居民的生活水平提高，同时带来的是生活点源污染物排放量的上升，而一旦这种上升速度超过了污水处理厂的处理能力，将引起排污口水质的明显恶化，进而使尼尔基水库产生水生态风险。同时，由于社会经济发展过程中农业比例下降、工业比例上升，在技术水平维持不变的情况下，工业点源的排放量势必呈现上升趋势，并且，当更多的旱田转为水田，水田的大量农业退水中含有的 N、P 等营养元素随上游干流汇入尼尔基水库，势必对尼尔基水库的水生态风险产生巨大的影响。因此，必须考虑社会经济发展过程中社会经济发展、工业发展、土地利用状况等对尼尔基水库的水生态风险影响。也要考虑石灰窑断面以上干流的水质突发状况，以及甘河支流上加格达奇区等大规模污染排放，对尼尔基水库水生态情况产生的影响。相关风险源及模型中采用参数如表 6-1 所示。

表 6-1 模型参数表

风险源	方案	人口规模/人	工业增加值/万元	上游来水浓度/（mg/m^3）	甘河来水浓度/（mg/m^3）	水田面积/hm^2
生活排放	方案 0	1 008 690	215 009	19 720	10 920	887
工业排放	方案 1	504 345	430 018	19 720	10 920	887
上游干流来水	方案 2	504 345	215 009	40 000	10 920	887
甘河水质	方案 3	504 345	215 009	19 720	40 000	887
水田面积调整	方案 4	504 345	215 009	19 720	10 920	272 790

生活排放风险源：考虑嫩江县污水处理厂处理生活污水的能力保持现状，人口规模达到现状的两倍，初始人口为 1 008 690 人，模拟社会经济发展对嫩江干流水质的影响，对尼尔基水库水生态风险进行预警。

工业排放风险源：考虑嫩江县工业排放水平不变，即单位增加值 COD 排放量不变，工业 GDP 水平达到现有水平的两倍，达到 430 018 万元，模拟经济结构变化对嫩江干流水质的影响，对尼尔基水库的水生态风险状况进行预警。

上游干流来水风险源：考虑系统外输入的影响，即上游来水水质出现较大波动，对嫩江干流水质产生冲击，考虑上游来水浓度达到目前的两倍，为40 000mg/m^3，对尼尔基水库的水生态风险进行预警。

甘河水质风险源：考虑系统外输入的影响，即甘河来水水质出现较大波动，对嫩江干流水质产生冲击，考虑甘河水质状况为V类水，甘河来水浓度为40 000mg/m^3，对尼尔基水库的水生态风险进行预警。

水田面积风险源：考虑嫩江干流汇水区域、尼尔基水库汇水区域内的水田面积，随着大量农田退水进入上游干流，进而对尼尔基水库水生态状况产生冲击，考虑旱田面积全部转为水田面积，即水田面积为272 790hm^2，对尼尔基水库的水生态风险进行预警。

将以上参数输入模型可以看到不同风险源对嫩江干流水质的影响情况。如图6-12～图6-16所示。

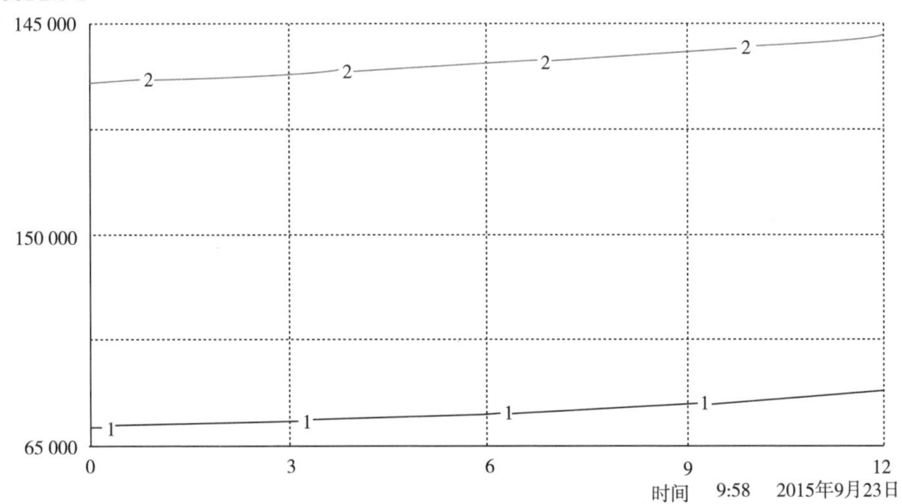

图6-12　人口增长方案下嫩江排污口处COD浓度

从图中可以看出，COD 点源排放部分影响较大的是生活点源排放，工业源排放影响不及生活源明显。可以看到图6-13中2号线呈现明显上升的趋势，由于嫩江县工业基础薄弱，在其初始值为现状两倍的情况下，工业排污量依旧不大。

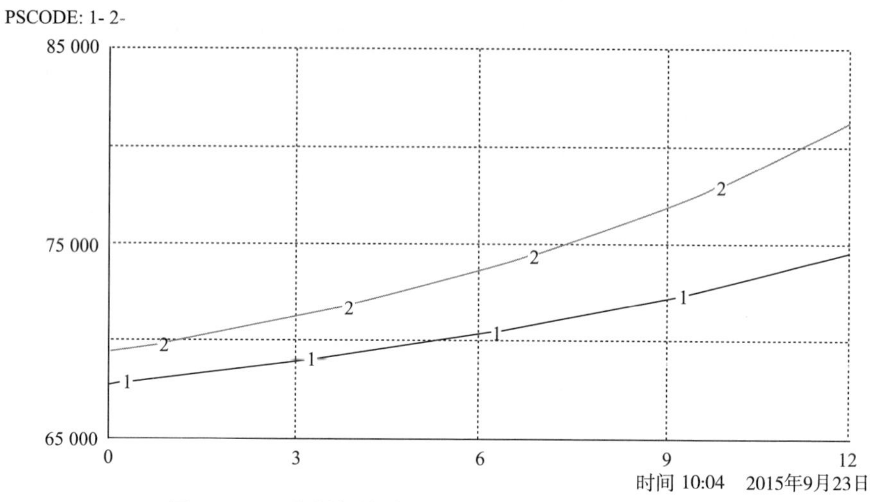

图 6-13 工业增加值增长方案下排污口处 COD 浓度

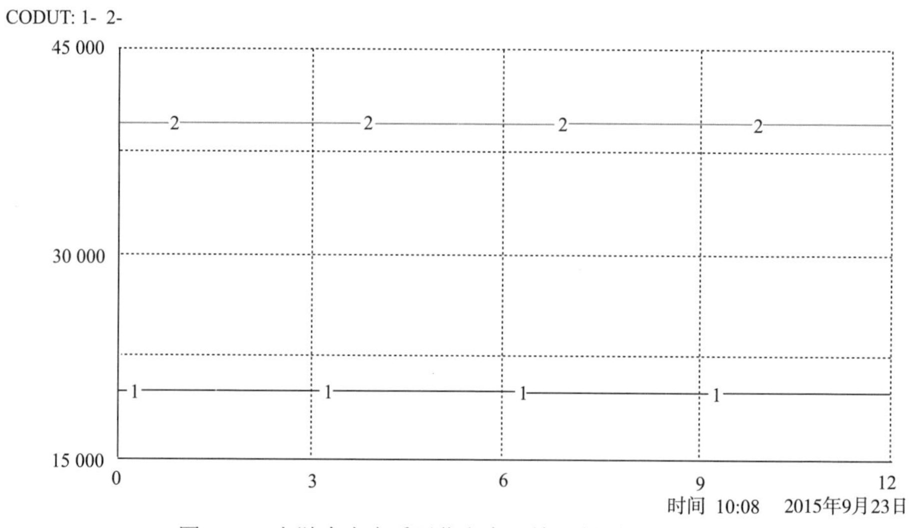

图 6-14 上游来水水质恶化方案下输入断面 COD 浓度

由于上游来水与甘河汇入的水质状况属于系统外输入，因此其变化对于相应断面的水质影响是线性直接的，用以模拟在上游或支流汇入水质达到V类水的情况下，尼尔基水库的水质状况以及其水生态风险状况。

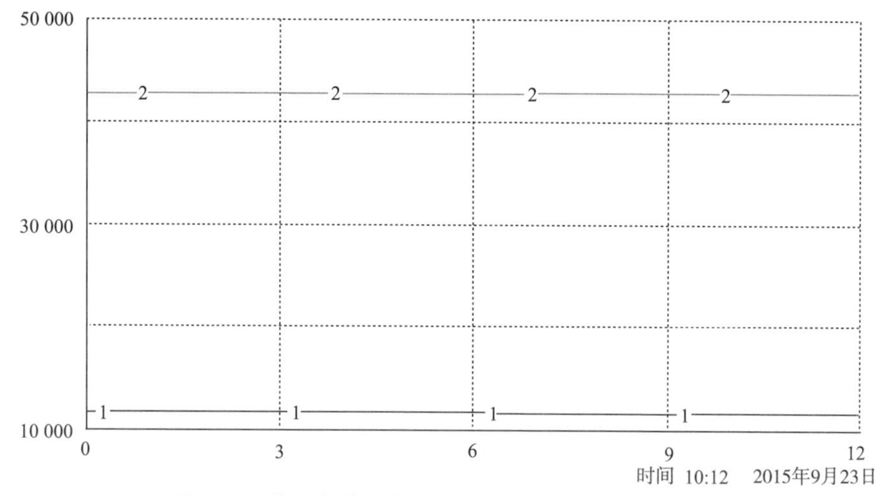

图 6-15 甘河水质恶化方案下汇入断面 COD 浓度

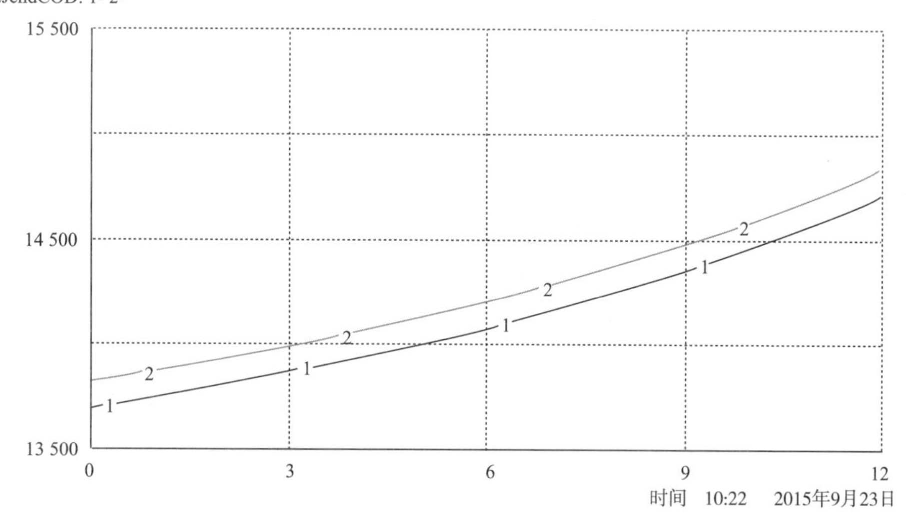

图 6-16 水田面积增长方案下入库断面 COD 浓度值

从图6-16 中可以看到，在研究区内旱田面积转变为水田面积之后，尼尔基水库入库断面的水质浓度呈现上升的趋势。旱田由于地表降水与径流的汇入使水体的非点源污染的输出系数与水田退水的污染物排放量差异较小，且农田面积有限，所以在不更改农田面积的基础上，其水质状况变化不明显。

同理，针对氨氮、总氮、总磷的排放量，设置相应的参数，可以获得不同断面的氨氮、总氮、总磷的相应水质状况。如图 6-17～图 6-19 所示。

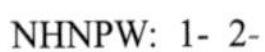
NHNPW: 1- 2-

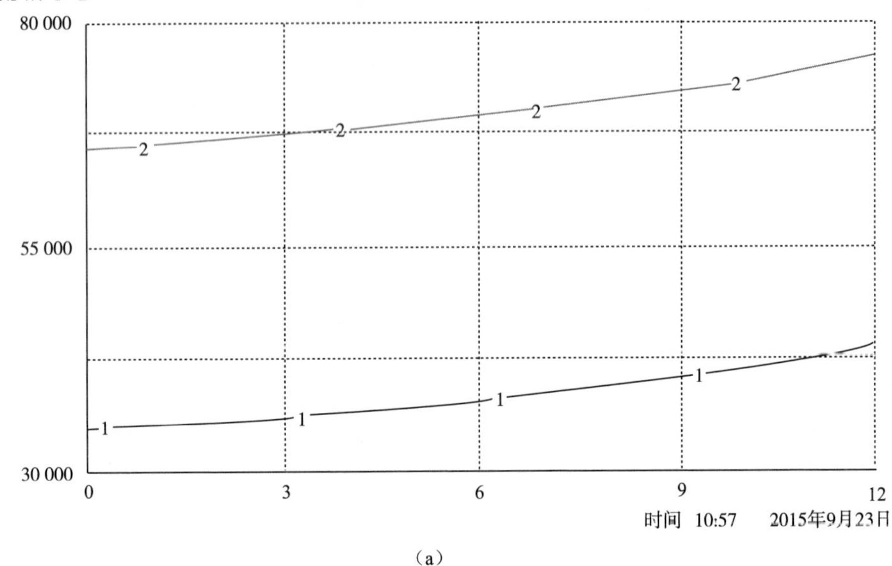
80 000
55 000
30 000
0
3
6
9
12
1
2
时间 10:57 2015年9月23日

(a)

NHNPW: 1- 2-

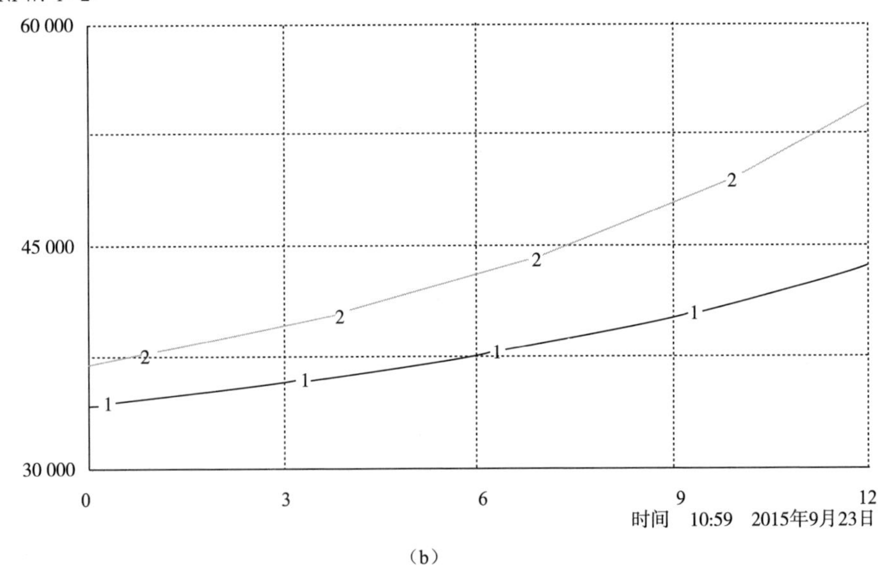
60 000
45 000
30 000
0
3
6
9
12
1
2
时间 10:59 2015年9月23日

(b)

NHNUT: 1- 2-

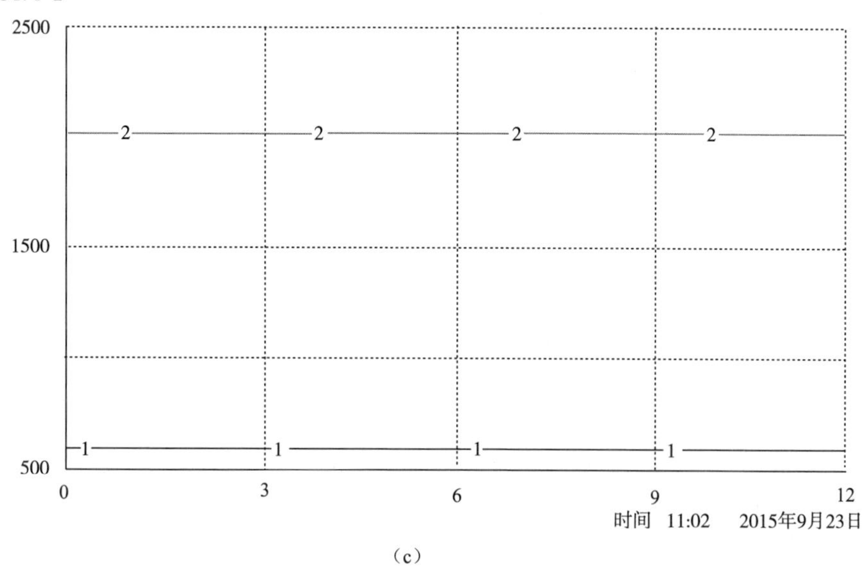
2500
1500
500
0
3
6
9
12
时间 11:02 2015年9月23日

（c）

NHNLJT: 1- 2-

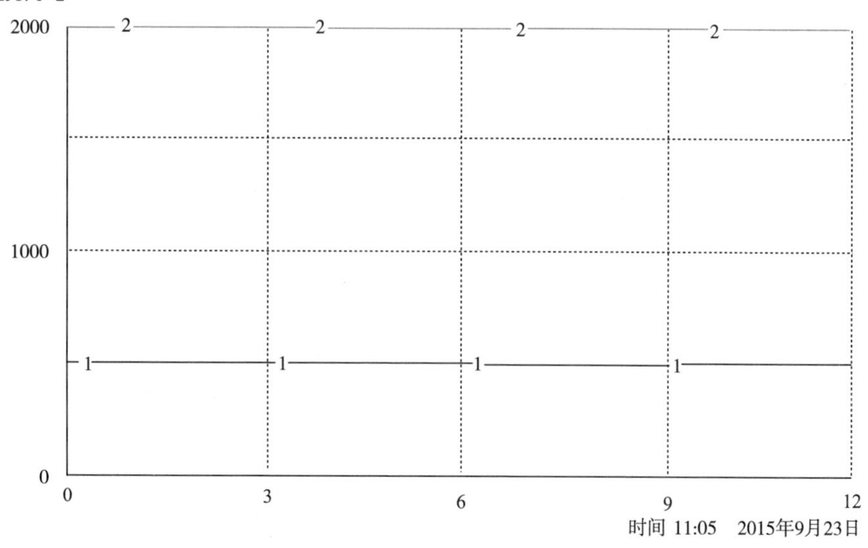
2000
1000
0
0
3
6
9
12
时间 11:05 2015年9月23日

（d）

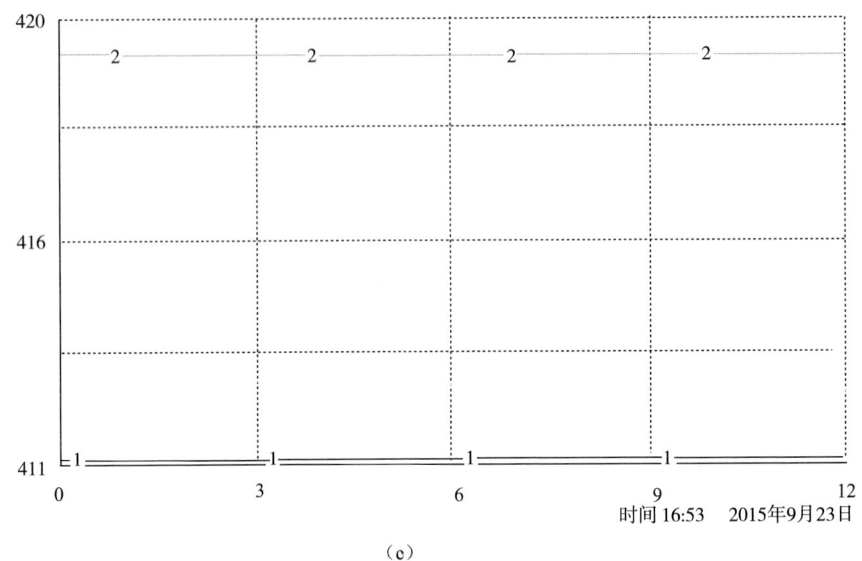

(c)

图 6-17 不同方案下各相应断面的氨氮水质模拟结果

TNPW: 1- 2-

105 000
75 000
45 000
0
3
6
9
12
时间 11:15 2015年9月23日

(a)

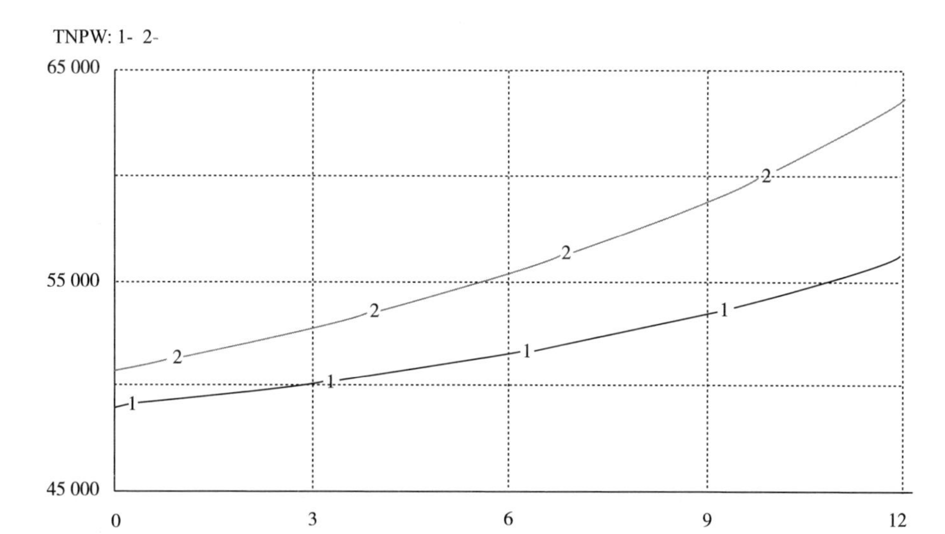
TNPW: 1- 2-
65 000
55 000
45 000
0
3
6
9
12
时间 11:17 2015年9月23日

（b）

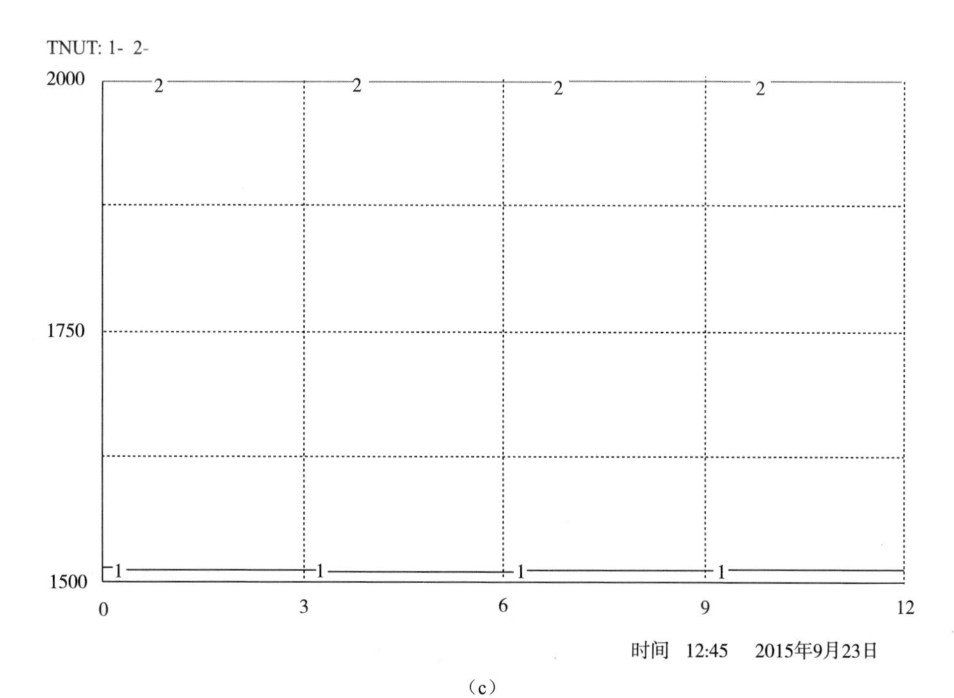
TNUT: 1- 2-
2000
1750
1500
0
3
6
9
12
时间 12:45 2015年9月23日

（c）

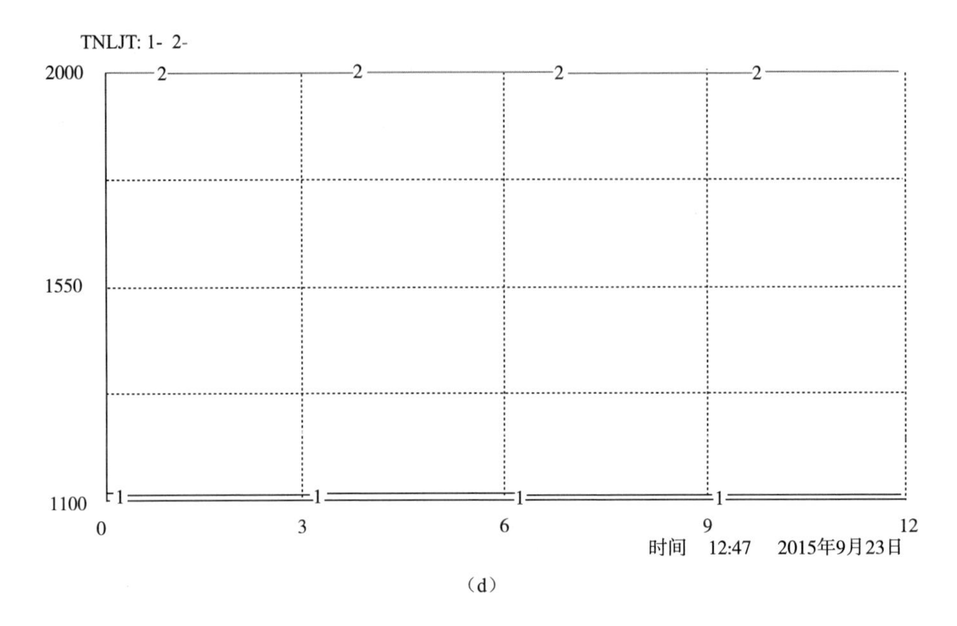

（d）

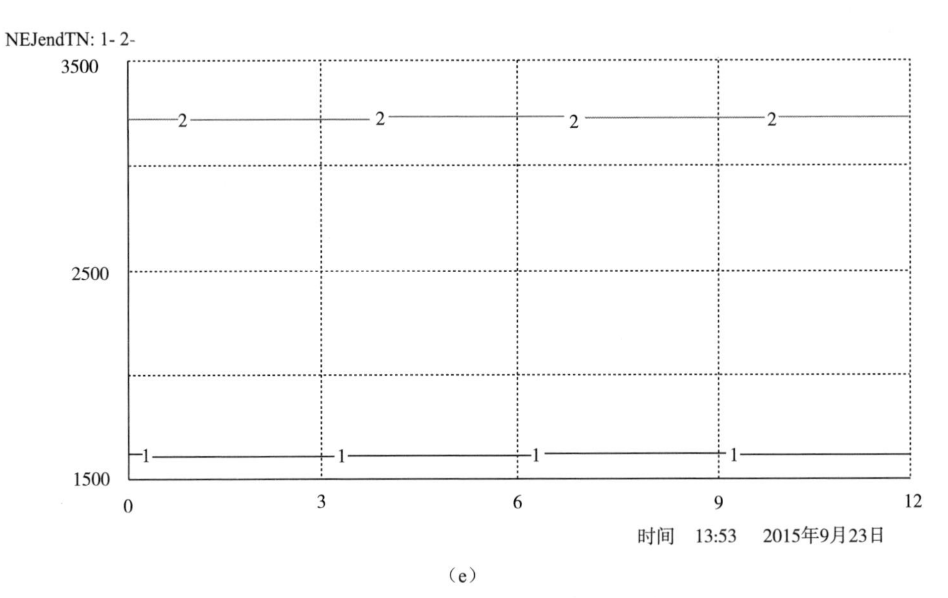

（e）

图 6-18 不同方案下各相应断面的总氮水质模拟结果

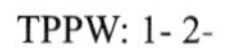
TPPW: 1- 2-

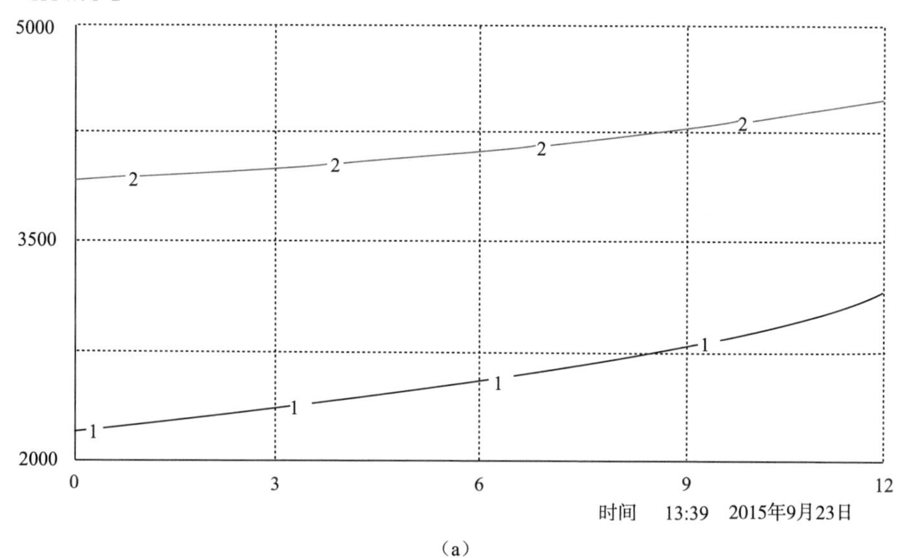
5000
3500
2000
0
3
6
9
12
时间 13:39 2015年9月23日

（a）

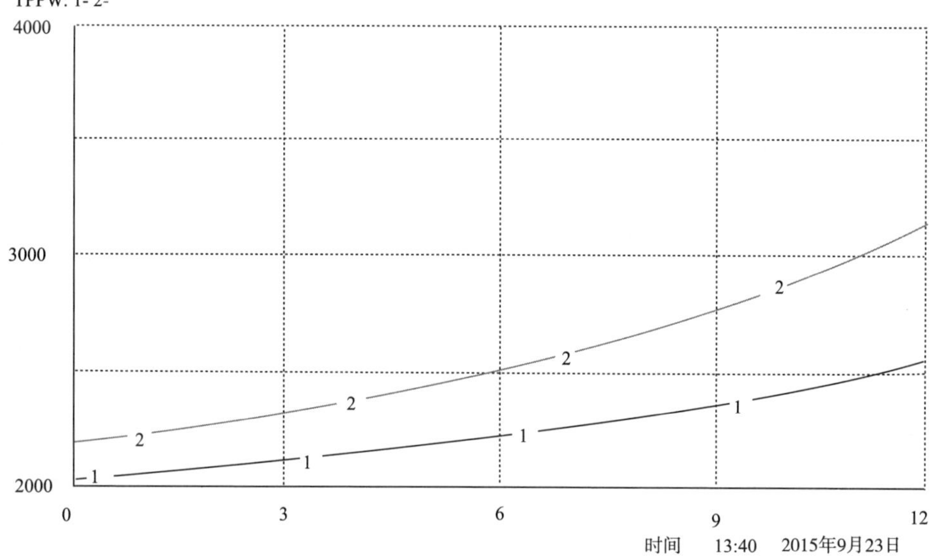
TPPW: 1- 2-
4000
3000
2000
0
3
6
9
12
时间 13:40 2015年9月23日

（b）

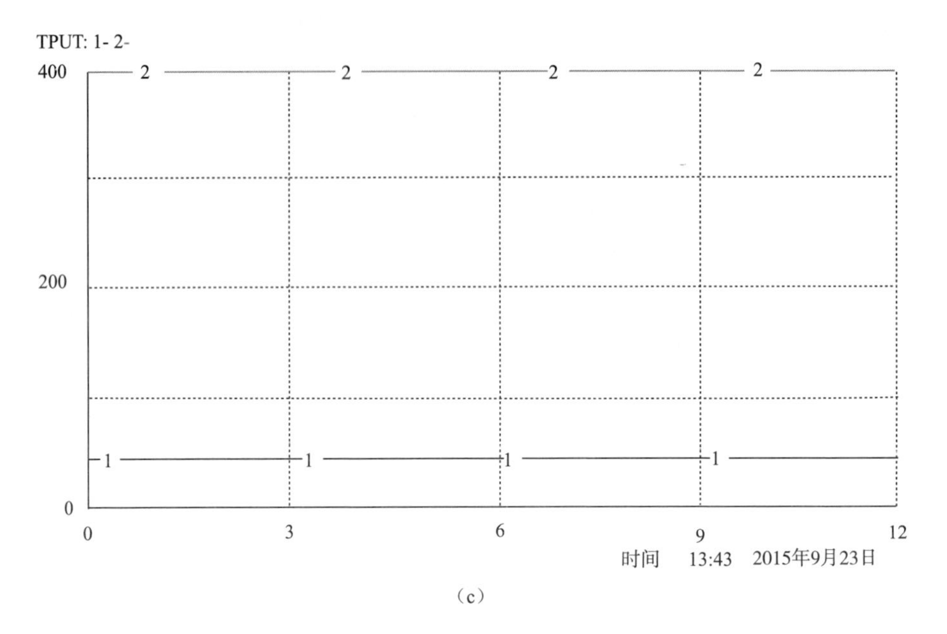

TPUT: 1- 2-
400
200
0
2
1
0
3
6
9
12
时间 13:43 2015年9月23日

（c）

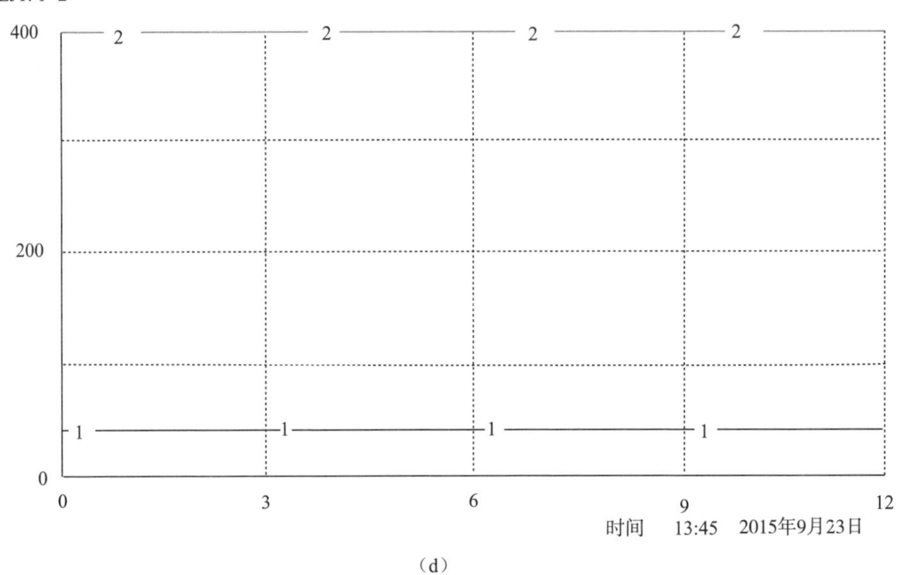

TPLJT: 1- 2-
400
200
0
2
1
0
3
6
9
12
时间 13:45 2015年9月23日

（d）

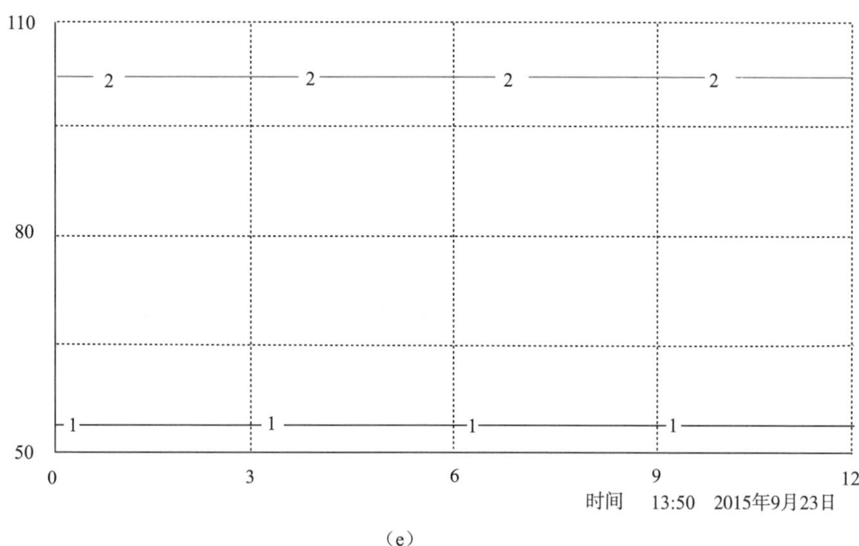

（e）

图 6-19 不同方案下各相应断面总磷水质模拟结果

根据以上模拟结果，可以确定不同风险源引起的上游干流来水、干流沿江排污及甘河汇入点的水质变化情况，并认为高锰酸盐指数与 COD 的变化趋势一致，氨氮与总氮变化趋势一致。

将以上参数输入基于贝叶斯网络的上游水质与下游水质关系模型，可以得到不同风险源作用下，尼尔基水库高锰酸盐指数（COD_{Mn}）、氨氮、总磷的情况，如表 6-2～表 6-4 所示。

表 6-2 各风险源作用下尼尔基水库库末水质情况概率分布表

指标	风险源	Ⅰ	Ⅱ	Ⅲ	Ⅳ	Ⅴ
高锰酸盐指数	生活排放	22.2	24.0	18.0	16.6	19.3
	工业排放	22.2	24.0	18.0	16.6	19.3
	上游干流来水	25.4	25.1	14.7	19.6	15.1
	甘河水质	27.8	23.2	17.4	12.7	18.9
氨氮	生活排放	24.4	20.2	13.2	25.3	16.8
	工业排放	24.4	20.2	13.2	25.3	16.8
	上游干流来水	19.7	19.4	27.7	15.2	18.0
	甘河水质	19.2	16.7	24.6	26.8	12.7

续表

指标	风险源	Ⅰ	Ⅱ	Ⅲ	Ⅳ	Ⅴ
总磷	生活排放	0	100	0	0	0
	工业排放	0	100	0	0	0
	上游干流来水	0	100	0	0	0
	甘河水质	0	100	0	0	0

表 6-3　各风险源作用下尼尔基水库库中水质情况概率分布表

指标	风险源	Ⅰ	Ⅱ	Ⅲ	Ⅳ	Ⅴ
高锰酸盐指数	生活排放	22.2	0	36.5	22.0	19.3
	工业排放	22.2	0	36.5	22.0	19.3
	上游干流来水	25.4	0	37.8	21.7	15.1
	甘河水质	27.8	0	32.0	21.3	18.9
氨氮	生活排放	24.4	20.2	33.8	19.5	2.11
	工业排放	24.4	20.2	33.8	19.5	2.11
	上游干流来水	19.7	19.4	41.2	17.5	2.25
	甘河水质	19.2	16.7	42.3	20.2	1.59
总磷	生活排放	0	100.0	0	0	0
	工业排放	0	100.0	0	0	0
	上游干流来水	0	100.0	0	0	0
	甘河水质	0	100.0	0	0	0

表 6-4　各风险源作用下尼尔基水库坝前水质情况概率分布表

指标	风险源	Ⅰ	Ⅱ	Ⅲ	Ⅳ	Ⅴ
高锰酸盐指数	生活排放	0	0	38.8	61.2	0
	工业排放	0	0	38.8	61.2	0
	上游干流来水	0	0	37.7	62.3	0
	甘河水质	0	0	35.1	64.9	0
氨氮	生活排放	24.4	20.2	34.3	18.9	2.11
	工业排放	24.4	20.2	34.3	18.9	2.11
	上游干流来水	19.7	19.4	41.2	17.5	2.25
	甘河水质	19.2	16.7	41.4	21.1	1.59
总磷	生活排放	0	66.7	33.3	0	0
	工业排放	0	66.7	33.3	0	0
	上游干流来水	0	66.7	33.3	0	0
	甘河水质	0	66.7	33.3	0	0

由表 6-2～表 6-4 可知，当生活排放为主要风险时，尼尔基水库库末水质最可能的概率分布情况是 COD_{Mn} 水质为Ⅱ类水、氨氮为Ⅳ类水、总磷为Ⅱ类水；当工业排放为主要风险源时，其水质情况分布是 COD_{Mn} 水质为Ⅱ类水、氨氮为Ⅲ类水、总磷为Ⅱ类水；当上游干流来水为主要风险源时，水库水质的情况分布是 COD_{Mn} 水质为Ⅰ类水、氨氮为Ⅲ类水、总磷为Ⅱ类水；甘河水质影响下水质状况 COD_{Mn} 为Ⅰ类水、氨氮为Ⅳ类水、总磷为Ⅱ类水。而在尼尔基水库库中断面上，生活排放影响下，概率最高的水质状况是 COD_{Mn} 为Ⅲ类水、氨氮为Ⅲ类水、总磷为Ⅱ类水；工业排放的影响下，水质状况与生活排放相同；而在上游干流来水为主要污染源的状况下，尼尔基水库库中的水质状况是 COD_{Mn} 为Ⅲ类水、氨氮为Ⅲ类水、总磷为Ⅱ类水；在甘河水质影响下水质状况与上游干流来水状况一致。在尼尔基水库坝前，水质状况是 COD_{Mn} 为Ⅳ类水、氨氮为Ⅲ类水，总磷为Ⅱ类水。

同时，根据系统动力学模型对非点源模拟情况可知，在耕地面积不变的情况下，所有旱田改为水田，所引起的尼尔基水库水质变化情况是 COD_{Mn} 为Ⅱ类水、氨氮为Ⅱ类水、总氮为Ⅴ类水、总磷为Ⅴ类水。

将以上四个风险源影响下的水质情况带入之前的尼尔基水库水生态风险评价指标体系，可以计算出在以上四个风险源下的尼尔基水库水生态风险发生的等级与概率。按照最大概率计算，当人口上升，生活污水排放成为主要的风险源时，水质状况是 COD_{Mn} 为Ⅰ类水、氨氮为Ⅳ类水、总磷为Ⅱ类水，其最终的生态风险指数为 0.3864，与目前情况相比水生态风险有明显上升，评价等级为轻度风险，发生概率为 6.1%，具有发生生态风险的可能性。由于工业生产扩大造成的工业废水排放增大产生的水生态风险状况与生活排放一致，其最终的生态风险指数为 0.3864，发生概率为 6.1%。上游干流来水水质变化成为主要风险源时的尼尔基水库水质概率分布状况与前两种情况相同，其最终生态风险指数同样为 0.3864，但是其发生概率更大，达到 10.5%。甘河水质风险为轻度风险，发生概率为 6.8%。在旱田变为水田的情况下，COD_{Mn} 水质为Ⅲ类水、总磷，总氮水质情况为Ⅴ类水，经过计算其水生态风险为 0.427，介于轻度风险与中度风险之间，较其他风险源的水生态风险因子上升明显，说明旱田变为水田对尼尔基水库水生态风险具有较大影响。

在尼尔基水库库中，当主要风险源为生活源时，可以知道概率最大的水质状况是 COD_{Mn} 为Ⅲ类水、氨氮为Ⅲ类水、总磷为Ⅲ类水，其最终的生态风险指数为 0.607，仍为中度风险，发生概率为 12.3%，其较 2014 年现状值小的原因在于，之前假设氨氮与总氮变化趋势一致，未来可采用上游监测断面的多期总氮数据对贝叶斯网络进行修正，将得到更好效果。工业排放源为主要风险源时，其水生态风险等级与发生概率与生活源状况相同。当上游干流来水成为主要风险源时，其水生态风险指数仍为 0.607，中度风险等级，但是发生概率有较大上升，达到 15.6%。甘河水质为主要风险源时，水生态等级为中度风险，发生概率为 13.5。

在尼尔基水库坝前，当主要风险源为生活源时，按照概率最大的水质状况计算，其最终的生态风险指数为 0.504，为中度风险，较 2014 年现状值有较大上升，发生概率为 14%。工业排放源为主要风险源时，水生态风险等级为中度风险，发生概率为 14%。当上游干流来水为主要风险源时，其生态风险指数为 0.504，为中度风险，但是发生生态风险的概率更大，达到 17.12%。甘河水质为主要风险源时，其生态风险等级为中等风险，发生生态风险的概率为17.9%。在尼尔基水库库末、尼尔基水库库中可以看到上游干流来水的风险最大，而在尼尔基水库坝前则主要为甘河水质发生生态风险的概率最大。

6.3.2 水生态风险决策

根据前文所述，对尼尔基水库水生态风险具有较大影响的风险源主要为上游干流来水、沿江排放、甘河水质以及上游的土地利用变化情况。针对以上的风险源状况，采用如下的策略进行控制。

通过控制人均污染物排放量，在保证人口规模的前提下，控制沿江点源排放中的生活源排放，降低生活污染源排放所引起的尼尔基水库水生态风险；降低工业增长中的工业排放，在保证工业持续增长的前提下，通过技术升级、节能减排减少沿江点源排放所引起的尼尔基水库水生态风险；通过监控上游干流来水与甘河汇入的水质，降低进入尼尔基水库的污染物的量；通过旱田水田的限量转换，降低非点源污染情况，同时控制农田中化肥与农药的施用量，进而降低由于农药与化肥的过量施用，引起的过量残余农药与化肥通过地表径流进入水体。

氨氮、总氮、总磷的相关参数按照表 6-5 中 COD 计算的参数进行调整，进行方案决策，相关的模拟结果如图 6-20～图 6-24 所示。

表 6-5 模型参数表

控制风险源	方案	人均 COD 排放	单位工业增加值 COD 排放	上游来水浓度	甘河来水浓度	水田面积
控制生活源	方案 0	40 000 000	21 000 000	19 720	10 920	272 790
控制工业源	方案 1	95 600 000	10 000 000	19 720	10 920	272 790
控制上游来水	方案 2	95 600 000	21 000 000	10 000	10 920	272 790
控制甘河汇入	方案 3	95 600 000	21 000 000	19 720	10 000	272 790
调整土地利用	方案 4	95 600 000	21 000 000	19 720	10 920	100 000

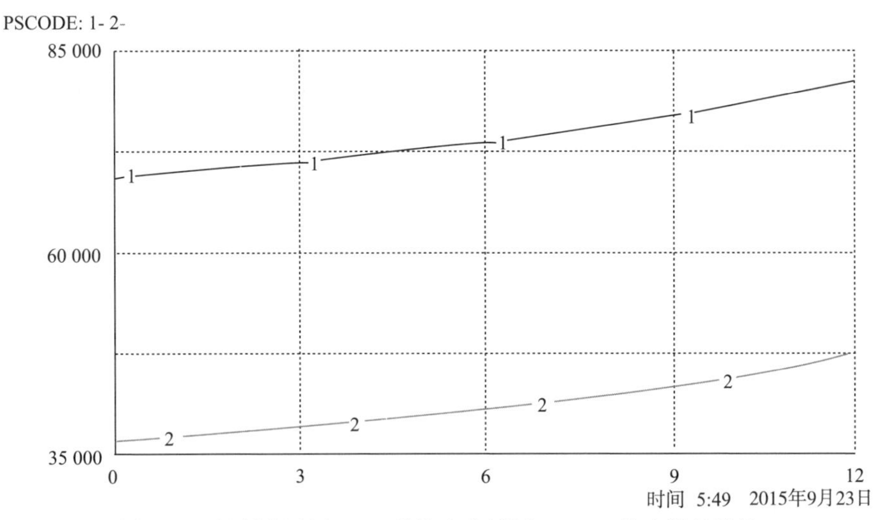

图 6-20 控制生活源 COD 排放方案排污口 COD 浓度模拟结果

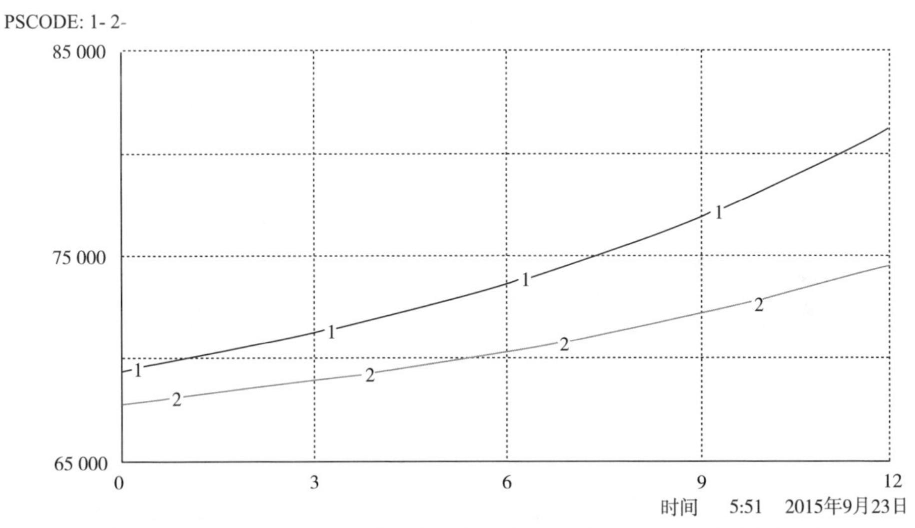

图 6-21 控制工业源 COD 排放方案尼尔基水库库末 COD 浓度模拟结果

如图 6-20 所示，1 号线为不采用任何控制方案的情况下，嫩江排污口处的 COD 浓度变化情况，2 号线为控制生活污染源排放的情况下，嫩江排污口处的 COD 浓度的模拟结果，说明 COD 污染的主要来源应为生活污染的点源排放，当城镇排放量下降到 40kg/（人·a）时，排污口处 COD 浓度下降约 50%，控制生活污染源是较为有效的控制 COD 浓度的方法，水质状况从劣Ⅴ类水质直接上升到Ⅳ类水质；图6-21 中，1 号线为不采取任何控制方案的情况下，尼尔基水库库末 COD 浓度模拟结果，2 号线为控制工业源 COD 排放策略下尼尔基水库库末 COD 浓度模拟的结果，当万元工业增加值 COD 排放量下降到 10kg/万元的情况下，排污口处 COD 浓度的值为 67～75mg/L，水质状况仍然较差。

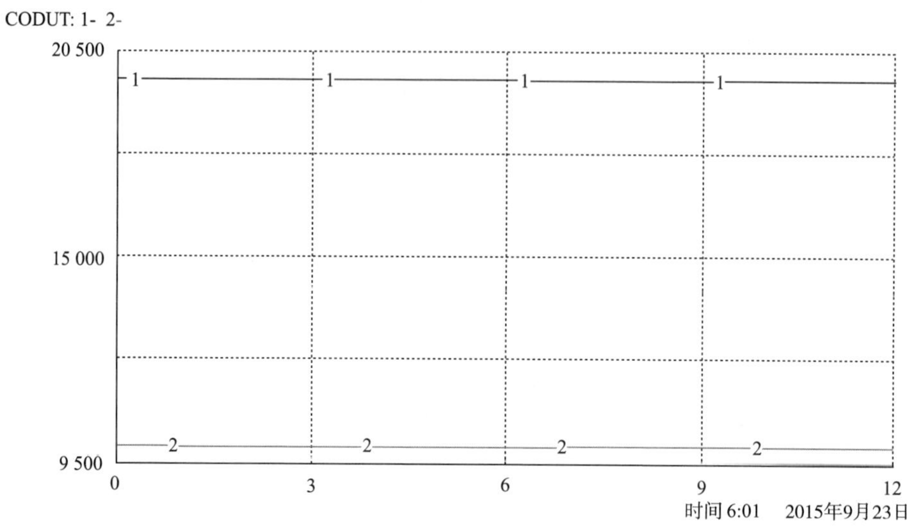

图 6-22 控制上游来水方案上游来水 COD 浓度模拟结果

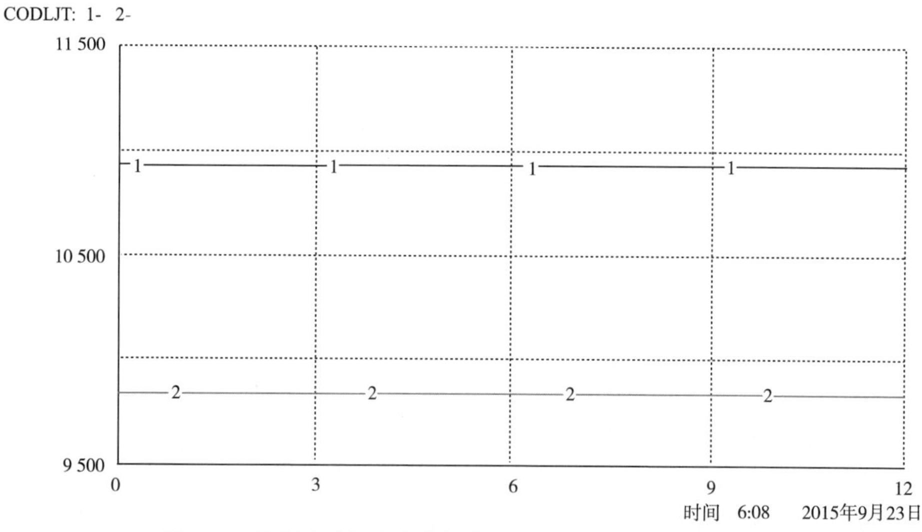

图 6-23 控制支流汇入方案柳家屯断面 COD 浓度模拟结果

图 6-22 中，1 号线为不采取任何控制方案的情况下，柳家屯断面的 COD 浓度模拟结果，2 号线为严格控制上游来水水质在 10mg/L 的 COD 浓度变化的结果。

图 6-23 中 1 号线为控制甘河汇入时柳家屯断面的 COD 浓度模拟结果，2

号线为严格控制甘河汇入水质在 10mg/L 的策略下，柳家屯断面的水质情况。

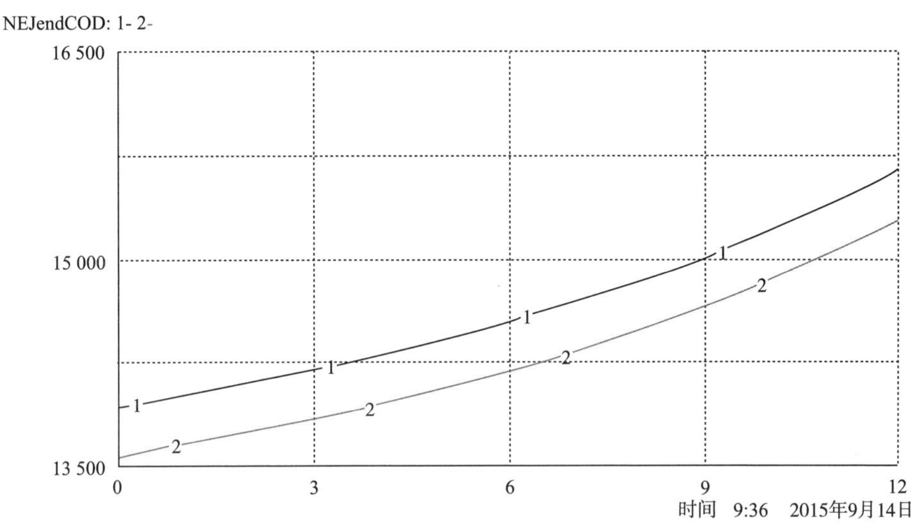

图 6-24 调整土地利用方案尼尔基水库库末 COD 浓度模拟结果

图 6-24 为调整土地利用方案尼尔基水库库末 COD 浓度模拟结果，1 号线为不采取任何方案的模拟结果，2 号线为水田面积调整后的模拟结果，其模拟结果小于政策实际实施情况下的浓度值。从图上可以看出，通过调整土地利用情况，对于控制 COD 的浓度有一定效果，但是并不显著，其变化范围为 13.5～15.5mg/L，并不能有效改变入库水质，使之优于Ⅲ类水。

因此就 COD 的控制而言，最有效的方法是控制嫩江县污水处理厂的排放量，降低生活源中 COD 污染物的含量，其次为控制甘河汇入，由于甘河汇入口距离尼尔基水库库区较近，且其流量较大，加之嫩江干流上游流速较快，若不对甘河加以控制，大量的甘河上游污染物在不经过降解的情况下直接汇入库区，会对尼尔基水库的水生态风险造成较大影响。

如图 6-25 所示，针对以上五种方案，对氨氮进行模拟，图 6-25（a）中 1 号线表示按照目前状况下污染物浓度模拟结果，2 号线表示控制生活源排放的污染物浓度，图 6-25（b）中 2 号线表示控制工业源排放的污染物浓度，图 6-25（c）中 2 号线表示控制上游来水的污染物浓度，图 6-25（d）中 2 号线表示控制甘河汇入的污染物浓度。图 6-26 中 2 号线表示调整土地利用尼尔基水库库末污染物浓度的模拟结果。

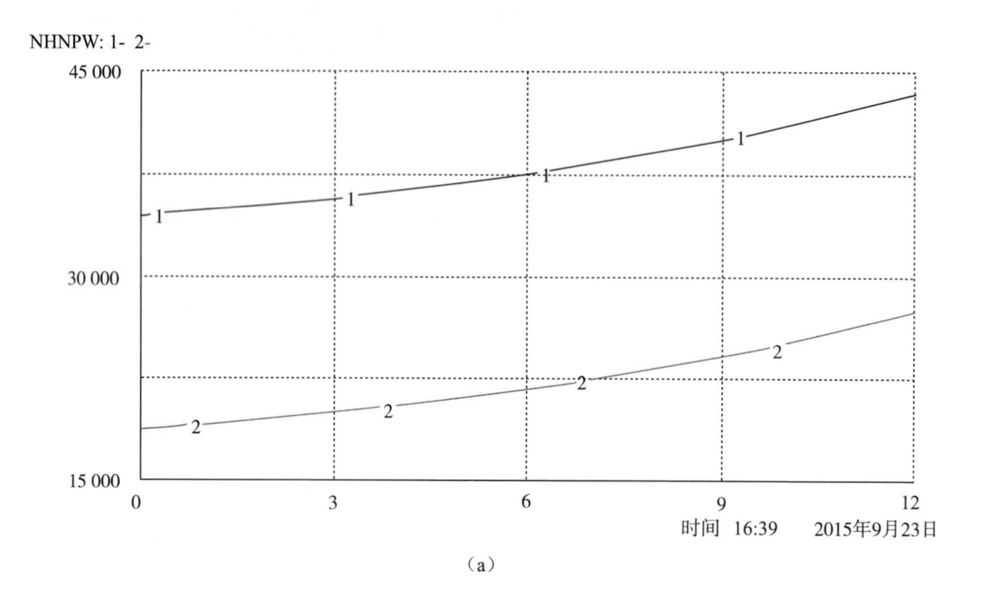
NHNPW: 1- 2-
45 000
30 000
15 000
0
3
6
9
12
时间 16:39 2015年9月23日

（a）

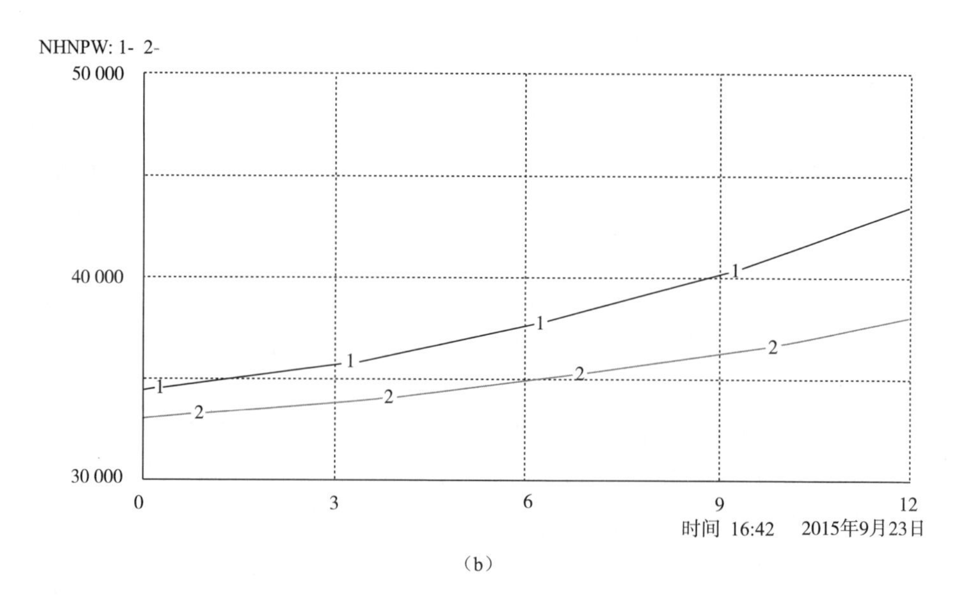
NHNPW: 1- 2-
50 000
40 000
30 000
0
3
6
9
12
时间 16:42 2015年9月23日

（b）

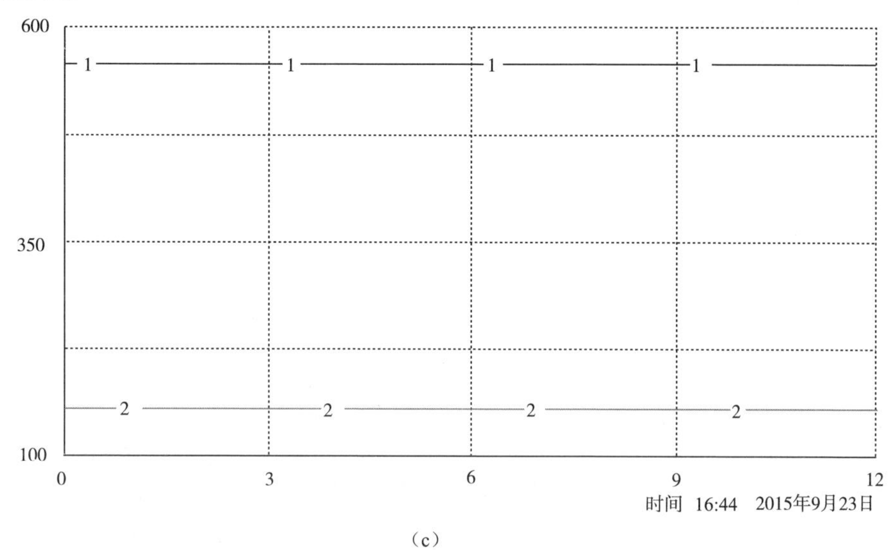

（c）

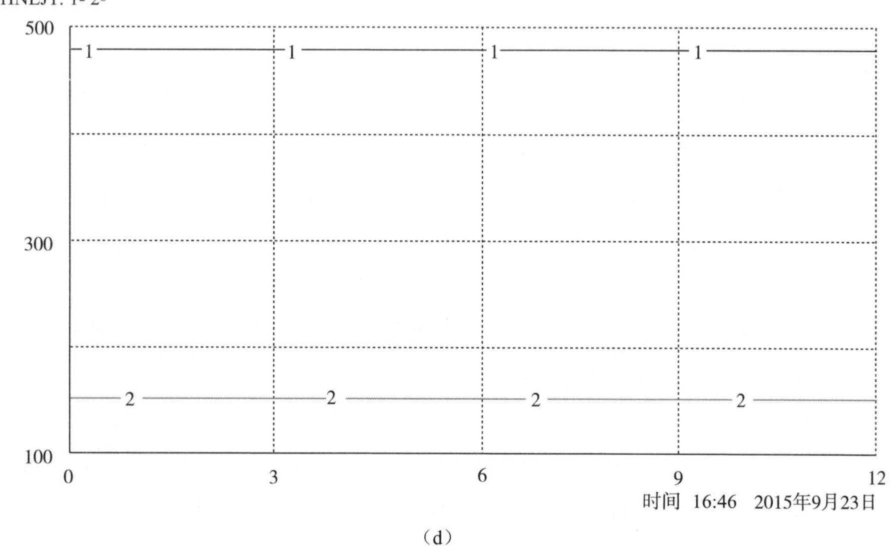

（d）

图 6-25 不同方案各相应断面氨氮浓度模拟结果

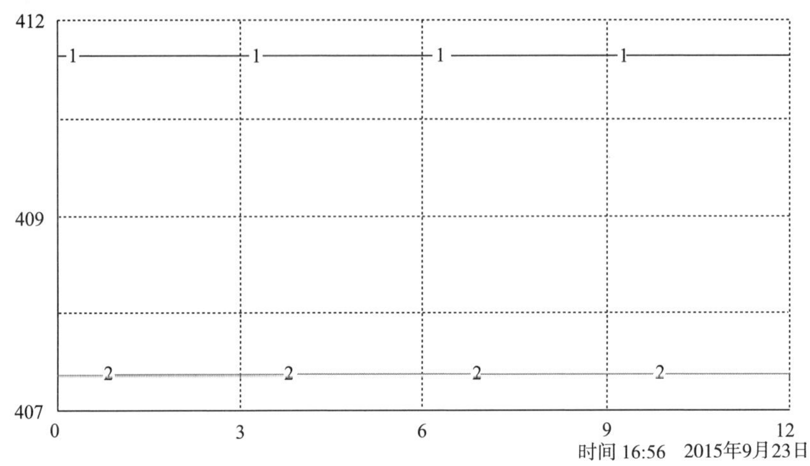

图 6-26 限制水田面积方案尼尔基水库氨氮浓度模拟结果

不同方案各相应断面氨氮浓度模拟结果状况，其中按照控制生活点源排放的方案，嫩江排污口氨氮浓度为15mg/L，为Ⅴ类水水质；控制工业点源排放的方案，嫩江排污口氨氮浓度为34mg/L，为Ⅴ类水水质；严格控制上游来水水质方案下，石灰窑断面的水质为 0.1mg/L；严格控制甘河汇入来水水质方案下，柳家屯断面的水质为 0.1mg/L；限制水田面积方案下，尼尔基水库的氨氮浓度为 0.4075mg/L，为Ⅱ类水水质。

不同方案相应断面的总磷浓度模拟结果如图 6-27 所示，1 号线表示按照目前状况下各对应对面的污染物浓度模拟结果，图 6-27（a）中 2 号线表示控制生活元排放方案嫩江排污口断面的总磷浓度，图 6-27（b）中 2 号线表示控制工业源排放方案嫩江县排污口的总磷浓度，图 6-27（c）中 2 号线表示控制上游涞水方案柳家屯断面的总磷浓度，图 6-27（d）中 2 号线表示控制甘河支流汇入方案柳家屯断面的总磷浓度。

图 6-28 中，2 号线表示限制水田方案尼尔基水库库末污染物浓度的模拟结果，可以看到总磷浓度的最优策略与总氮状况一致，控制生活源排放情况下，嫩江排污口水质为 1.5mg/L；控制工业源排放情况下，嫩江排污口水质为 2mg/L；而在控制上游来水与甘河汇入方案下，石灰窑断面与柳家屯断面水质为 0.02mg/L；在调整水田面积策略下，尼尔基水库氨氮浓度为 0.0485mg/L。

将以上结果带入基于贝叶斯网络的上游水质与下游水质关系模型，可以获知尼尔基水库的水质状况的概率分布情况，如表 6-6 所示。

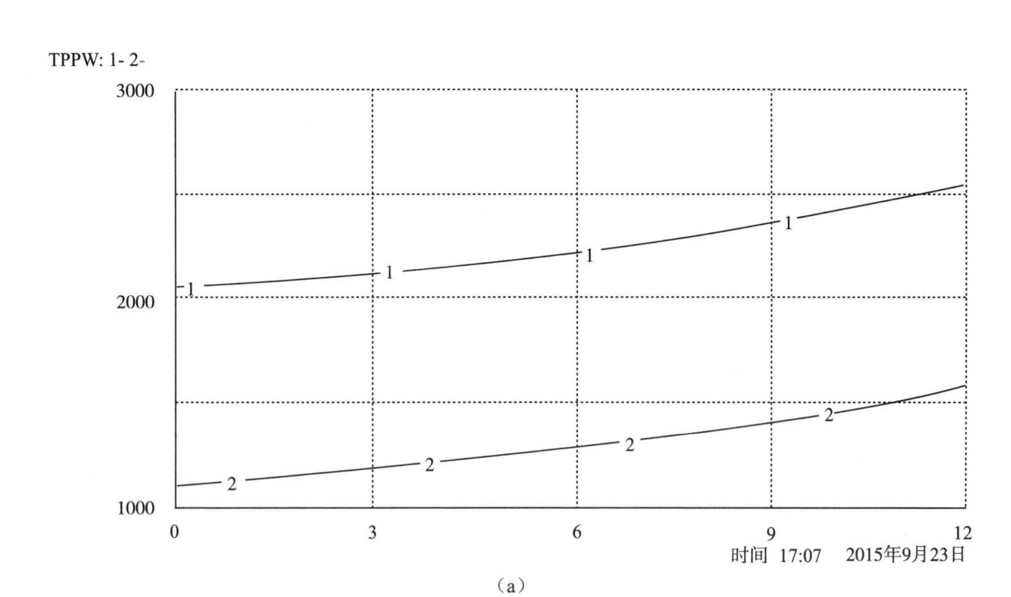
TPPW: 1- 2-
3000
2000
1000
0
3
6
9
12
1
2
时间 17:07 2015年9月23日

(a)

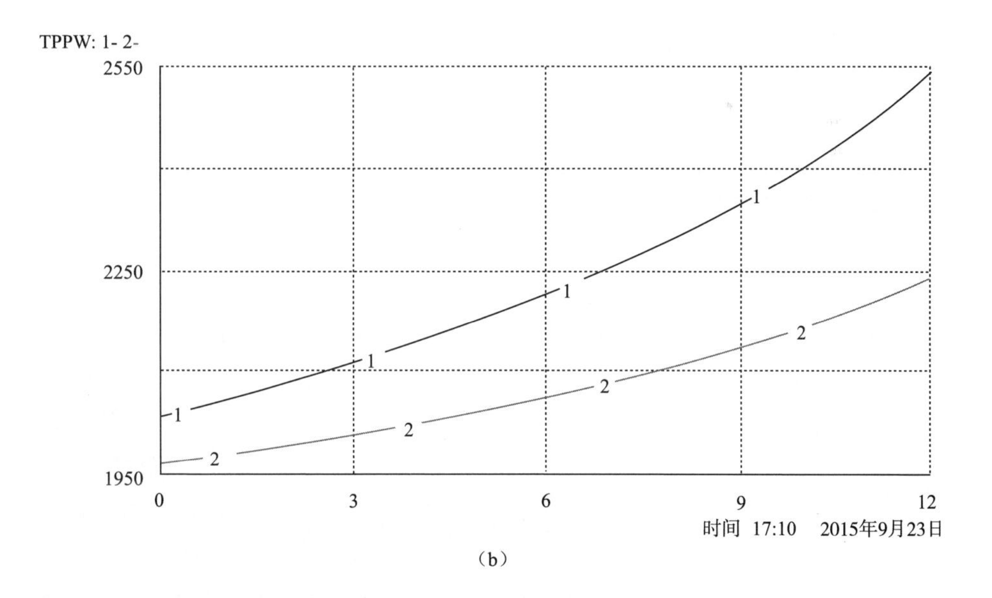
TPPW: 1- 2-
2550
2250
1950
0
3
6
9
12
1
2
时间 17:10 2015年9月23日

(b)

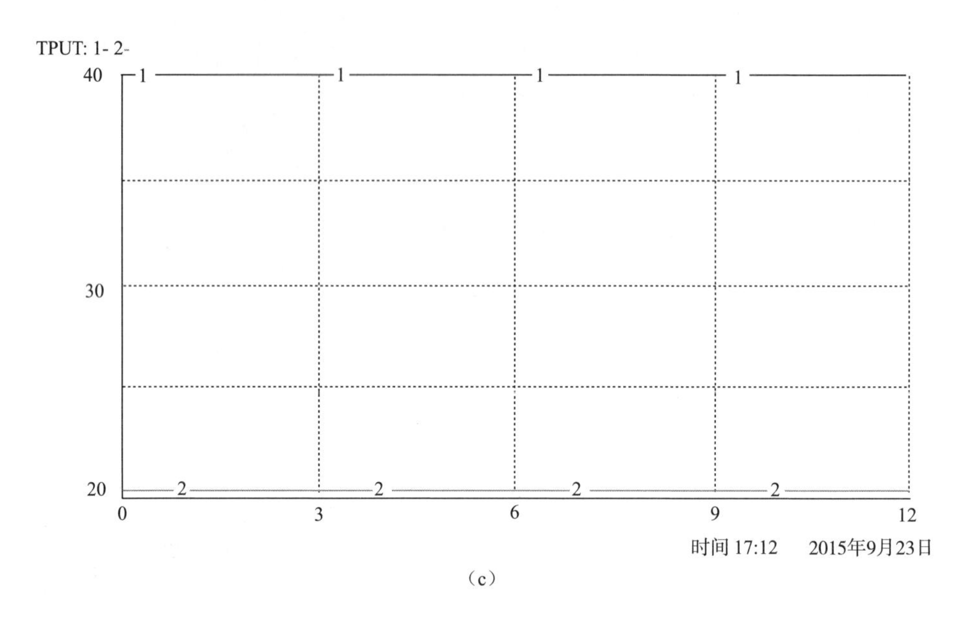

（c）

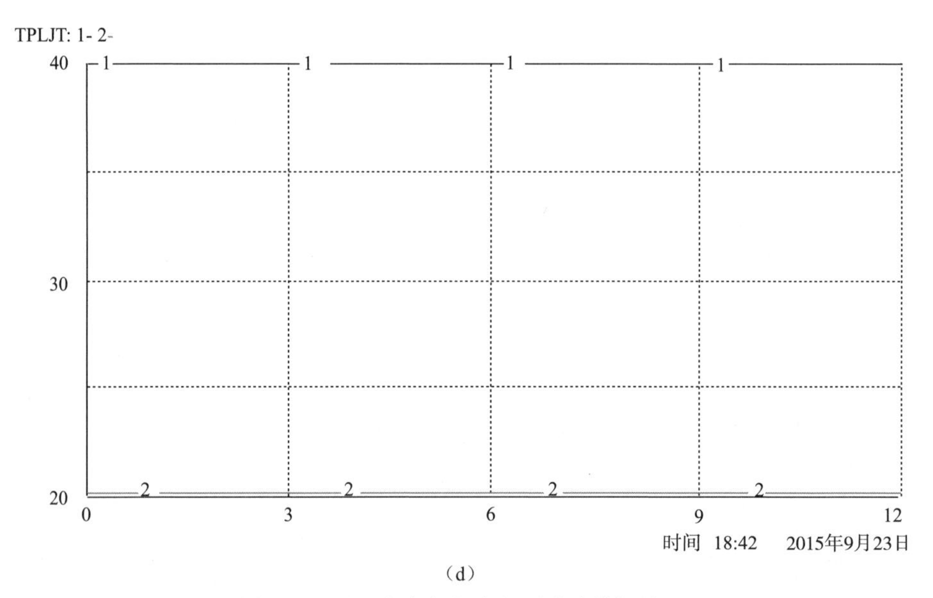

（d）

图 6-27 不同方案各相应断面总磷模拟结果

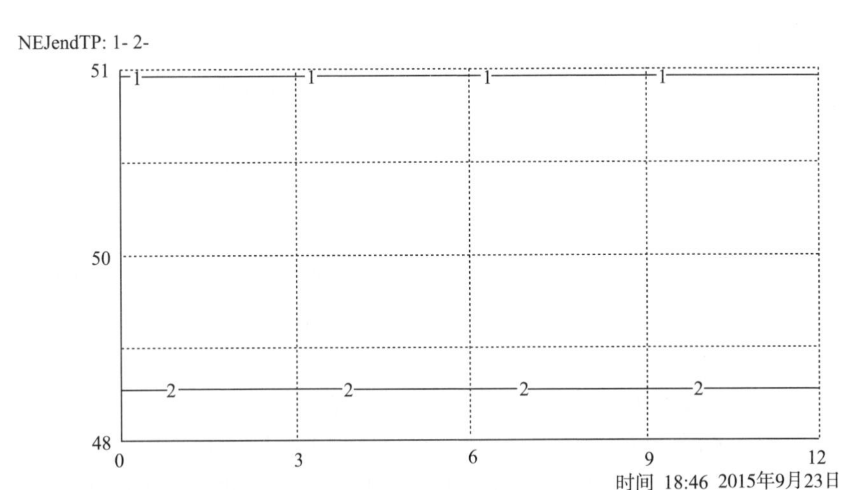

图 6-28 限制水田方案尼尔基水库总磷模拟结果

表 6-6 各方案下尼尔基水库水质情况概率分布表

指标	风险源	Ⅰ	Ⅱ	Ⅲ	Ⅳ	Ⅴ
COD	生活源排放	25.5	22.1	18.7	15.6	0
	工业源排放	25.5	22.1	18.7	15.6	0
	上游来水水质	35.4	12.8	18.1	19.9	13.8
	甘河汇入水质	29.9	20.8	15.4	18.1	15.7
氨氮	生活源排放	23.1	25.7	20.0	11.9	19.3
	工业源排放	23.1	25.7	20.0	11.9	19.3
	上游来水水质	32.6	22.4	13.1	15.8	16.1
	甘河汇入水质	23.7	33.2	12.9	5.17	25.1
总磷	生活源排放	0	100.0	0	0	0
	工业源排放	0	100.0	0	0	0
	上游来水水质	0	100.0	0	0	0
	甘河汇入水质	0	100.0	0	0	0

当控制生活源排放时，尼尔基水库 COD 水质为Ⅰ类水的概率最高，为 25.5%；氨氮为Ⅱ类水水质的概率最高，为 25.7%；总磷为Ⅱ类水水质的概率最高，为 100%。当控制工业源排放时，尼尔基水库 COD 水质为Ⅰ类水的概率最高，为 25.5%；氨氮为Ⅱ类水水质概率最高，为 25.7%；总磷为Ⅱ类水水质的概率最高，为 100%。控制上游来水时，尼尔基水库 COD 水质为Ⅰ类水的概率最高，为 35.4%；氨氮为Ⅰ类水的概率为 32.6%；总磷为Ⅱ类水的概率最高，

为 100%。控制支流汇入时，尼尔基水库 COD 水质为Ⅰ类水的概率为 29.9%；氨氮水质为Ⅱ类水的概率为 33.2%；总磷为Ⅱ类水的概率为 100%。

通过系统动力学模拟，当采用限制水田数量方案时，尼尔基水库 COD 水质为Ⅰ类水、氨氮水质为Ⅱ类水、总磷水质为Ⅱ类水。将以上模拟结果带入水生态风险评价模型中，可以校验控制方案的有效性。

结果显示，当采用控制生活源排放策略时，尼尔基水库水生态风险指数为 0.354 596，生态风险评价等级为轻度风险，其概率为 29.7%，尼尔基水库库末所有数值皆为三个断面中的最小值，因此在评价当中如果仅改变 COD、总氮、总磷三个值，则 0.354 596 为最小值。当采用控制工业源方案时，水生态风险指数为 0.354 596，控制生活源排放方案和控制工业源排放方案的概率相等，皆为 6.55%。由于控制上游来水与支流汇入方案下尼尔基水库水质状况较为一致，因此可以断定，在控制上游来水方案下，尼尔基水库生态风险等级为轻度风险，其概率为 11.54%；而采用控制甘河汇入方案时，水生态风险等级为轻度风险，其概率为 9.93%；而当采用限制水田数量方案时，尼尔基水库水生态风险等级为轻度风险，水华生态风险等级为无风险。

因此，在控制尼尔基水库水生态风险的方案中，控制水田数量是最有效的，尽管其评价结果与其他四种方案一致，但是水库的水质状况优于其他策略。而在其他控制策略中，最有效的是控制上游来水水质，出现无风险的概率最高，其次为控制甘河汇入水质策略，最后为控制生活源与工业源排放情况。

6.4 嫩江流域示范区水生态风险分析

6.4.1 嫩江流域示范区的水质情况分析

对嫩江流域示范区的水质情况进行时空分析，得到以下结论。

（1）在时间分配中，2011 年各监测点位的常规监测指标明显优于 2012 年，而在金属、有毒物、盐类等指标中根据点位不同情况有所不同，其总体趋势依旧是 2011 年水质更好。尼尔基水库三个点位的对比中可以看到，2014 年水质情况较差，2013 年水质情况次之，2012 年水质情况最好。

（2）在 2014 年，嫩江流域示范区 3 月监测指标数据明显优于 7 月。

（3）污染物浓度的空间分布中，上游的支流多布库尔河、固固河、欧肯河、门鲁河水质情况较好，科洛河水质情况一般，但对嫩江干流水质的影响都不明显，甘河水质较好，不会对尼尔基水库水质产生明显的冲击。

（4）在嫩江干流上主要的污染源来自点源排放，以嫩江县排污口与繁荣新村排污干渠为主，呈现沿程浓度逐渐降低的趋势。

（5）尼尔基水库库区以非点源排放为主，依靠地表径流进入水体。

6.4.2 嫩江流域示范区水生态风险预警决策

建立嫩江流域示范区水生态风险预警决策模型，采用系统动力学耦合贝叶斯网络模型技术，突出预警决策研究中的定量化优势，与之前建立的生态风险评价模型结合，实现尼尔基水库的水生态风险预警与决策。并在对现状数据进行对比分析的基础上，验证模型的准确性，通过对相关风险源风险的预警研究与控制策略的决策研究，验证模型的可用性。通过对嫩江上游水质的数据分析，可以确定对尼尔基水库的水生态风险具有较为明显影响的主要风险源为嫩江县生活污水排放、嫩江县工业废水排放、上游来水水质状况波动造成的冲击、甘河汇入水质波动造成的冲击以及土地利用变化中旱田转为水田的过程。通过系统动力学模拟以上风险源对嫩江上游水质造成的影响，并将模拟结果输入贝叶斯网络计算尼尔基水库水质的概率分布情况，最终通过尼尔基水库水生态风险评价模型，获得不同风险源可能引起尼尔基水库水生态风险的程度与概率。结果显示，对尼尔基水库水生态风险影响程度最大的是水田面积上升，其水生态风险指数达到0.427；其次为上游来水汇入，由于上游来水水量较大、流速较快，因此其水质状况一旦发生波动，势必对尼尔基水库水质状况产生冲击，引发生态风险，其水生态风险指数为0.3864，发生概率为10.5%；再次为甘河汇入，甘河作为嫩江上游最大支流，水量较大，且上游有加格达奇等大型城镇，其水质波动对尼尔基水库的冲击较大，发生轻度水生态风险概率为6.8%；最后为嫩江县排放，其发生轻度水生态风险概率为 6.1%。

6.4.3 尼尔基水库生态风险分析

针对可能存在的尼尔基水库水生态风险状况，本项目提出了相应的方案，定量化产生控制策略，采用降低人均排放、减少单位工业 GDP 污染排放、严格控制上游来水水质与甘河汇入水质、限制水田数量等策略应对生态风险。模拟结果显示，较为有效的方案为限制水田数量，将水生态风险指数降低到0.354，水华生态风险等级为不发生。其他方案中最有效的是控制上游来水水质，当保证上游来水水质时，尼尔基水库不发生水华生态风险的概率为11.54%；保证甘河汇入水质状况为 I 类水时，尼尔基水库不发生水华生态风险的概率为9.93%；降低人均 COD 排放量时，尼尔基水库不发生水华生态风险的概率为 6.55%；降低万元工业产值排放量时，尼尔基水库不发生生态风险的概率为 6.55%。

对尼尔基水库进行生态风险分析，得到以下结论。

（1）2014 年尼尔基水库库中水华风险呈重度风险，坝前和库末水华风险呈轻度风险，尼尔基水库的水华风险总体呈中度风险。灌区排水和排污口排水导致污染物在库中堆积，是水华风险的主要原因。

（2）2014 年尼尔基水库的库末、库中、坝前三个监测点污染风险指数为 0.25～0.5，整体处于轻度风险程度。

（3）2014 年尼尔基水库库中的生态风险较大，为中度风险，坝前和库末为轻度风险，尼尔基水库的生态风险总体呈中度风险。

6.5 嫩江流域示范区水生态保护对策

6.5.1 嫩江流域示范区水生态风险的预警策略

对嫩江流域示范区水生态风险的预警和决策提出以下建议。

（1）全面完善上游支流监测数据，在监测数据完善的基础上，实现对水生态风险评价中所有指标的预警，并对水生态风险预警贝叶斯网络进行更新，实现对水质数据而不是水质类别的预警，从而更准确把握水质的时空变化。

（2）明晰特征污染物的来源与进入水体的途径，加强对特征污染物数据的监测，为更有效降低特征污染物污染的决策提供数据基础，同时加强土地利用时空模型的研究，使非点源控制决策的模拟结果更贴近实际状况。

6.5.2 尼尔基水库水生态保护策略

尼尔基水库呈中度生态风险，提出以下建议。

（1）加强灌区农田退水污染防治；加强农药和化肥的使用管理；合理处理灌区畜禽粪便，进行无害化处理；推广生态农业技术，开展宣传教育，提高农民的认识，号召广大农民积极响应。

（2）加强污水处理厂升级改造，提升出水质量。

（3）完善排水体系，雨污分流。城区排水系统应遵循清污分流、污污分流、雨水分流原则，分为酸碱废水排水系统、生活污水排水系统、清洁下水排水系统、清洁雨水排水系统、生产废水和污染雨水排水系统。

（4）区域风险防范，建设生态风险应急预案，明确组织机构与职责，部署应急疏散计划以及配备事故发生后的应急监测仪器和设备。

7

叶绿素 a 测定方法的研究实验

水体的富营养化与浮游植物生长密切相关，是整个生态系统中物质循环和能量流动的基础（初级生产力），通过对浮游植物实施有效的监测，结合相关水质参数进行分析，及时发现水体的变化情况与原因，有利于快速有效地解决问题。同时通过营养化程度评价分析，准确掌握整个水体情况，有利于保护水生态环境安全。叶绿素 a 是水体中浮游生物的重要组分，是水体营养状态评价和富营养化评价的重要参数。准确地测定叶绿素 a 的含量，对于评价水体富营养化程度具有重要意义。本章对三种测定叶绿素 a 的方法（分光光度法、高效液相色谱法和活体叶绿素荧光法）进行比较分析。

7.1　叶绿素 a 的研究现状

水体中叶绿素 a 含量的测定对于预测有害藻类的爆发和间接测量水体富营养化程度具有重要意义。叶绿素 a 的含量与水体中的多种环境因子密切相关，例如氮、磷、光照强度、周期、水温、pH、DO 等水质参数。

王崇等在研究光照与磷对铜绿微囊藻生长的交互作用中，实验发现铜绿微囊藻的饱和光强为 40～100μmol/（m^2· s），随着光照增强，细胞叶绿素 a 含量呈下降趋势（王崇等，2010）。荀尚培等在春季巢湖水温和水体叶绿素 a 浓度的变化关系的分析实验中证明，当叶绿素 a 的浓度较低，小于 13μg/L 时，叶绿素 a 的浓度与水温无相关性；但是当叶绿素 a 的浓度大于 20μg/L 时，水温处于 18～21℃，两者之间存在很好的相关系数。缪灿等通过对巢湖夏秋季叶绿素 a 的影响因素分析研究，发现在夏秋季节温差不大的环境中，温度是影响藻类生物量的重要因素，且叶绿素 a 的含量与磷的浓度、DO 和 pH 呈显著正相关。

7.1.1　分光光度法测定水体中的叶绿素 a 方法研究

分光光度法测定水体中的叶绿素 a 是应用最广泛的方法，主要是根据叶绿素 a 的脂溶性，利用有机溶剂提取，进行吸收光谱的测定并计算出结果。按照提取剂的不同可以分为丙酮法、乙醚法、二甲基亚砜法、二甲基甲酰胺法、乙醇法、丙酮乙醇混合液法。由水利部水文局主持，松辽流域水环境监测中心主编的《水质 叶绿素的测定 分光光度法》（SL88—2012）水利行业标准，是对原水利行业标准《叶绿素的测定（分光光度法）》（SL88—1994）的修编和替代。

7.1.2 叶绿素 a 的其他分析方法

7.1.2.1 荧光分析法

近年来荧光分析法受到越来越多的关注，不仅在测定叶绿素 a 的方面，还可以应用于其他的领域。荧光分析法按照其对藻类细胞的破坏分为破坏性分析方法和非破坏性分析方法。

破坏性分析方法在测定一些水样之前需要前处理，前处理的方法与分光光度法的前处理的方法相似，但是其精密度比分光光度法要高。采用热浴提取，减少提取的时间；通过氮吹浓缩的方法，降低其提取的损失。普通的荧光分析法需要确定其激发波长和发射波长，此法测定叶绿素 a 的检测限很低，但是对于荧光发射峰相距较近的色素，会影响其测定。采用同步荧光法检测，能够消除其他色素的干扰，提高测定的灵敏度。有时会采用两种波长的比率来测定叶绿素 a 的浓度，建立一种快速的测定方法。

7.1.2.2 高效液相色谱法

使用高效液相色谱法测定叶绿素 a 时，需要破坏测定物质的原样，由于使用仪器的要求比较高，在对水样进行前处理时，其方法步骤与分光光度法的前处理方法相似，但是做了改进，结合不同的细胞破碎方式、提取方法，采用色谱纯的试剂，操作步骤也需要更加精密，提高测定的灵敏度，减少叶绿素 a 的提取损失，降低对人体的伤害。

7.1.2.3 其他方法

遥感技术测定叶绿素 a 近年来已经被国内外的许多学者证实具有可行性，具有监测范围广、速度快、成本低和便于进行长期动态监测的优势，其中高光谱遥感在水质遥感领域有着重要的发展前景。通过对水体的反射光谱以及相关的水质参数，建立高光谱的反射模型，可以在一定程度上进行定量估算。目前在建立模型的过程中，能够采用不同的算法计算叶绿素 a 的浓度。也有研究人员采用多方面的数据，建立神经网络模型，获取整个检测范围内的水体中的叶绿素 a 浓度。

7.1.3 检测叶绿素 a 方法的应用

综上所述，由于分析化学技术的发展，特别是各种联用技术的发展，使叶绿素 a 的分析方法更加快速和精确。叶绿素的分离分析的方法的发展使得各种叶绿素衍生物的分离成为可能，同时可以促进建立更加科学的叶绿素测定标准，使水体中的叶绿素及其衍生物的定量更加精确。在水体富营养化的研究中，通过叶绿素 a 与一些理化环境参数的相关性分析，发现水体中的磷元素和氮元素是水体富营养化的主要限制因子，关于其中产生主要影响的因子，研究者得出了不同的结论。叶绿素 a 不同的测定方法特点及适用范围参见表 7-1。

表 7-1 叶绿素 a 测定方法比较表

方法	优点	缺点	适用条件
分光光度法	准确、经济、应用广泛、技术成熟	费时、提取不完全、结果重现性差	实验室广泛应用
荧光分析法	低毒安全、快捷、对水体中藻类进行分类、应急监测	基于其他方法、进行校正	现场测定、应急监测
高效液相色谱法	精确、灵敏、高效、样品少	昂贵、试剂纯度要求高、配制标准品溶液	精确要求、色素的分离、微量分析
遥感方法	大尺度、全方位、动态监测、成本低	干扰较大、地域性和季节差异	空间全面监测、动态评价
Mg^{2+}间接方法	省去标准品、操作简便	去除无机离子干扰、结果转换	简便、快速测定

分光光度法测定叶绿素 a 的方法，技术已经成熟，仍然是目前最普遍的实验室测定方法，此方法耗时长，操作复杂，对于实验人员的健康安全有很大影响。相比于分光光度法，荧光分析法在准确度上高一个级别，且监测快捷，可现场监测，数据无延迟性，可应用于应急监测，能够将水体中的藻类类别准确测定出来，但是使用前需要对仪器进行校正，校正的方法需要以别的测定方法为基础来设定存储一种准确的光谱特征图。在测定结果的精确度方面，利用高效液相色谱法是最合适的方法，此方法能够精确地测定叶绿素 a 和其他色素及其衍生物的含量，但是此方法采用的设备昂贵，且所需要的试剂要求高，测定时需要配置所测样品的标准液，测定的代价较大。利用遥感的方法测定，能够动态监测某一湖泊水库的整体水体状况，能够全方位的动态评价水质状况，但是此方法应用在一定的水质模型的基础上，应用中受到的干扰较大，并且也需要通过其他的方法测定水样作为基础。间接方法测定叶绿素 a，克服了在直接测定叶绿素 a 方法中因见光分解产生误差的缺点，简化测定步骤，但是此方法需要采用一定的措施去除水体中其他无机离子的干扰。

随着水体的富营养化程度的加剧，水体水质遭到严重的污染，水生态平衡也受到破坏。富营养化水体中藻类监测主要是测定叶绿素 a 的浓度，叶绿素 a 是衡量水体富营养化程度的重要指标，作为水生态系统中主要初级生产者的生物量和生产力的指标被广泛使用，对于预测有害海藻的爆发和间接测量水体富营养化程度具有重要意义。因此，准确灵敏地测定叶绿素 a 的含量，有利于水资源保护和水生态环境保护。今后的叶绿素 a 标准的建立可能会与理化参数和生物学活性结合，建立更加快速、便捷、准确地叶绿素 a 的测定方法。

7.2 分光光度法测定叶绿素 a 研究

7.2.1 方法原理

将一定量水样用玻璃纤维膜过滤，收集藻类，使用反复冻融法对藻类进行处理，用 90%丙酮溶液提取叶绿素，根据叶绿素光谱特性依次测定 750nm、664nm、647nm、630nm 波长下的吸光度，计算叶绿素的含量。

7.2.2 测定范围的确定

（1）本方法的检出限定义为做一批试剂空白，测量空白值，并换算为样品中的叶绿素的浓度，由标准偏差计算出检出限。

$$\text{MDL}=t(n-1,\alpha)\times S \tag{7-1}$$

式中，MDL——方法检出限；

t——自由度为 n–1，置信度为 1–α 时 t 分布的单边临界值；

n——重复分析的样品数；

α——显著性水平；

S——n 次加标测定浓度的标准偏差。

当 α=0.01，n=7 时，t（n–1，α）为 3.14。结果见表 7-2。

根据实际验证，当过滤纯水为 300mL、比色皿光程为 1cm 时，计算出叶绿素 a 检出限为 0.11μg/L，叶绿素 b 检出限为 0.25μg/L，叶绿素 c 检出限为 0.25μg/L。如果增大过滤水样体积并使用大于 1cm 的吸收池时，可以降低各种叶绿素的检出限。

表 7-2 叶绿素分光光度法的检出限

空白样品编号	空白样品叶绿素 a 测定结果/（μg/L）	空白样品叶绿素 b 测定结果/（μg/L）	空白样品叶绿素 c 测定结果/（μg/L）
1	0.12	0.12	0.13
2	0.11	0.27	0.27
3	0.09	0.17	0.12
4	0.14	0.13	0.28
5	0.20	0.30	0.29

续表

空白样品编号	空白样品叶绿素 a 测定结果/（μg/L）	空白样品叶绿素 b 测定结果/（μg/L）	空白样品叶绿素 c 测定结果/（μg/L）
6	0.11	0.15	0.12
7	0.13	0.30	0.25
平均值	0.13	0.20	0.21
标准偏差	0.03	0.08	0.08
检出限	0.11	0.25	0.25
测定下限	0.50	1.00	1.00

（2）测定下限。通过实验验证，以 4 倍检出限作为方法测定下限，因此规定本方法的叶绿素 a 测定下限为 0.5μg/L，叶绿素 b 测定下限为 1.0μg/L，叶绿素 c 测定下限为 1.0μg/L。

7.2.3 干扰及消除

脱镁叶绿素 a 能干扰叶绿素 a 的测定，当含有脱镁叶绿素 a 时，应在测定叶绿素 a 的同时测定脱镁叶绿素 a 的含量，以校正干扰。

校正脱镁叶绿素 a 时，分别测定酸化前后吸收池内的吸光度，代入公式中计算，以校正脱镁叶绿素 a 对叶绿素 a 的干扰。

7.2.4 试剂和材料

7.2.4.1 碳酸镁悬浊液

ω（$MgCO_3$）=1%。于 1.0g 碳酸镁粉末中，加入 100mL 纯水，搅拌成悬浊液。每次使用时应充分摇匀。

7.2.4.2 丙酮溶液

ϕ（C_3H_6O）=90%。在 900mL 丙酮中加 100mL 纯水。研究显示，丙酮溶液在提取水体中叶绿素的实验过程中具有提取效率高、不易产生副产物等优点，但在使用时也应注意其具有的一定毒性，实验人员应做好防护工作。

7.2.4.3 盐酸溶液

C（HCl）= 0.1mol/L。将 8.5mL 浓盐酸加入到 500mL 纯水中，冷却至室温并稀释至 1000mL。使用盐酸溶液的主要目的是在检测脱镁叶绿素 a 含量时，利用盐酸对待测液酸化，通过检测酸化前后的吸光度值可计算得到脱镁叶绿素 a 的含量。

7.2.5 仪器和设备

仪器和设备包括可见分光光度计、抽滤器、Whatman GF/F 玻璃纤维滤膜（直径 47mm、孔径 0.7μm）、真空泵、低温冰箱、离心机、培养皿、具塞玻璃离心管（容量 10mL 或 15mL）、铝箔、镊子、聚四氟乙烯有机相针式过滤器（孔径 0.45μm）。

7.2.6 水样的采集与保存

根据不同的水体，采集 500～1000mL 水样。水样采集在棕色玻璃瓶或深色塑料瓶中，水样应充满瓶子，并且向每升水样中加入 1mL 1%的碳酸镁悬浊液，以防止酸化引起的色素溶解。水样应避光保存，低温运输。采样后 24h 内用微孔滤膜过滤水样，过滤后的滤膜在低于-20℃的冰箱内保存，并于 25d 内分析完毕。

7.2.7 分析步骤

7.2.7.1 抽滤

将微孔滤膜安装在连接有真空泵的抽滤器上，根据水样的富营养化程度准确量取定量体积的混匀水样进行抽滤，抽滤时负压不应超过 20kPa，逐渐减压，在水样完全通过滤膜时结束抽滤。用镊子小心将滤膜取出，将有样品的一面对折，用滤纸吸干剩余水分。

如样品不能及时提取，应将吸干水分的滤膜放入培养皿中，外面包裹一层铝箔，放入低于-20℃的冰箱中保存。

7.2.7.2 提取

将过滤后的滤膜放入带有螺帽的离心管中，旋紧螺帽，放入-40℃低温冰箱中冷冻 20min，取出放置于室温下 5min，此过程反复 3 次。向离心管中加入 10mL 90%丙酮溶液，盖紧旋帽剧烈摇振片刻，放置于 4℃冰箱中避光浸泡 4～12h 备用，在浸泡过程中应再摇振 2～3 次。

7.2.7.3 离心

将离心管放入离心机中，以 3500r/min 的速度离心 15min。

7.2.7.4 测定

将离心后的上清液倒入 1cm 比色皿中，以 90%丙酮溶液做参比，分别在 750nm、664nm、647nm、630nm 波长处测定吸光度。

当含有脱镁叶绿素 a 时，应在测定叶绿素 a 的同时测定脱镁叶绿素 a 的含量。具体做法为向装有离心上清液的 1cm 比色皿内滴加 0.1mol/L 的盐酸 40μL（约 1 滴），酸化 20min 后测定 750nm、665nm 波长处吸光度值。

7.2.7.5 结果计算

按下式计算水体中叶绿素的浓度：

$$\rho_{\text{chl-a}}=\frac{[11.85(A_{664}-A_{750})-1.54(A_{647}-A_{750})-0.08(A_{630}-A_{750})]\times V_1}{V_2\times L} \quad (7\text{-}2)$$

$$\rho_{\text{chl-b}}=\frac{[21.03(A_{647}-A_{750})-5.43(A_{664}-A_{750})-2.66(A_{630}-A_{750})]\times V_1}{V_2\times L} \quad (7\text{-}3)$$

$$\rho_{\text{chl-c}}=\frac{[24.52(A_{630}-A_{750})-7.60(A_{647}-A_{750})-1.67(A_{664}-A_{750})]\times V_1}{V_2\times L} \quad (7\text{-}4)$$

式中，$\rho_{\text{chl-a}}$——水样中叶绿素 a 的质量浓度（μg/L）；

$\rho_{\text{chl-b}}$——水样中叶绿素 b 的质量浓度（μg/L）；

$\rho_{\text{chl-c}}$——水样中叶绿素 c 的质量浓度（μg/L）；

A_{750}——提取液在波长 750nm 处的吸光度值；

A_{664}——提取液在波长 664nm 处的吸光度值；

A_{647}——提取液在波长 647nm 处的吸光度值；

A_{630}——提取液在波长 630nm 处的吸光度值；

V_1——提取液体积（mL）；

V_2——水样体积（L）；

L——比色皿光程（cm）。

计算校正脱镁叶绿素 a 后叶绿素 a 的浓度：

$$\rho_{\text{chl-a}'}=\frac{26.7\,[(A_{664}-A_{750})-(A_{665\text{a}}-A_{750\text{a}})]\times V_1}{V_2\times L} \quad (7\text{-}5)$$

$$\rho_{\text{phe-a}}=\frac{26.7\,[1.7(A_{665\text{a}}-A_{750\text{a}})-(A_{664}-A_{750})]\times V_1}{V_2\times L} \quad (7\text{-}6)$$

式中，$\rho_{\text{chl-a}'}$——水样中校正脱镁叶绿素 a 后叶绿素 a 的质量浓度（μg/L）；

$\rho_{\text{phe-a}}$——水样中脱镁叶绿素 a 的质量浓度（μg/L）；

A_{750}——提取液酸化前在波长 750nm 处的吸光度值；

A_{664}——提取液酸化前在波长 664nm 处的吸光度值；

$A_{750\text{a}}$——提取液酸化后在波长 750nm 处的吸光度值；

A_{665a}——提取液酸化后在波长665nm处的吸光度值；

V_1——提取液体积（mL）；

V_2——水样体积（L）；

L——比色皿光程（cm）。

7.2.8 叶绿素a的提取方法改进

对《叶绿素的测定（分光光度法）》（SL88—1994）的主要修订内容如下。

1. 修改水样的保存方式

原标准规定水样采回实验室后在2～5℃的冰箱中避光保存。因为水中叶绿素不稳定，易起变化，美国EPA方法规定水样应在现场进行过滤，冷冻滤膜。

新标准根据我国国情，规定水样在24h内过滤。不能立刻分析时，滤膜在低于-20℃的冰箱内保存。

2. 修改过滤藻类的滤膜

原标准使用醋酸纤维滤膜。叶绿素a测定时要求750nm处吸光度值低0.005，因醋酸纤维滤膜在丙酮溶液中溶解，用离心方法有时很难达到分析要求。在实际测试中，使用醋酸纤维滤膜，在750nm处的吸光度为0.008～0.019，平均为0.012。

新标准使用玻璃纤维滤膜。虽然价格稍高，但可以有效地避免滤膜的溶解对测定结果的影响。在实际测试中，750nm处的吸光度为0～0.005，平均为0.002，可以满足750nm处吸光度低于0.005的要求。

3. 修改提取方法

原标准中使用研钵研磨滤膜。研钵是开放式的器皿，完全由实验人员手工操作，实验中使用的溶剂丙酮易挥发，对人体产生危害；另外研钵内壁不平整，极易黏附滤膜残渣，不易洗脱，易造成样品损失；由于实验人员，对研磨的操作不尽相同，容易造成实验结果重现性差。

新标准中使用的反复冻融法，即使用超低温冰箱对滤膜上的藻类反复进行冰冻-融化操作，使藻类细胞壁破裂，再使用丙酮进行提取。反复冻融法不但具有易操作、叶绿素损耗少、溶剂挥发较少、操作平行性好、一次可处理大批样品、劳动强度少等优点，还可以有效提高实验结果的重现性。

由于所有藻类植物体内均含有叶绿素a，并且叶绿素a为其主要部分，检测叶绿素a的含量较有代表性。在其他测定条件不变的情况下，分别使用研钵研磨和反复冻融法对两组水样中叶绿素a进行测定，可以看出，使用反复冻融法提取叶绿素 a 结果明显优于研钵研磨的结果。实验结果如表 7-3 及图 7-1～图 7-3 所示。

表 7-3　使用不同提取方法提取叶绿素的检测结果

序号	水样一		水样二	
	使用研钵研磨后测定叶绿素 a 浓度/（μg/L）	使用反复冻融法测定叶绿素 a 浓度/（μg/L）	使用研钵研磨后测定叶绿素 a 浓度/(μg/L）	使用反复冻融法测定叶绿素 a 浓度/（μg/L）
1	15.65	17.98	5.25	7.44
2	14.65	17.89	6.78	7.88
3	15.12	18.65	7.38	7.02
4	18.29	18.43	5.33	7.25
5	18.22	17.46	6.56	7.88
6	15.25	18.04	7.25	6.89
平均值	16.20	18.08	6.43	7.39
标准偏差	1.63	0.42	0.93	0.36
相对标准偏差/%	10.04	2.32	14.46	5.70

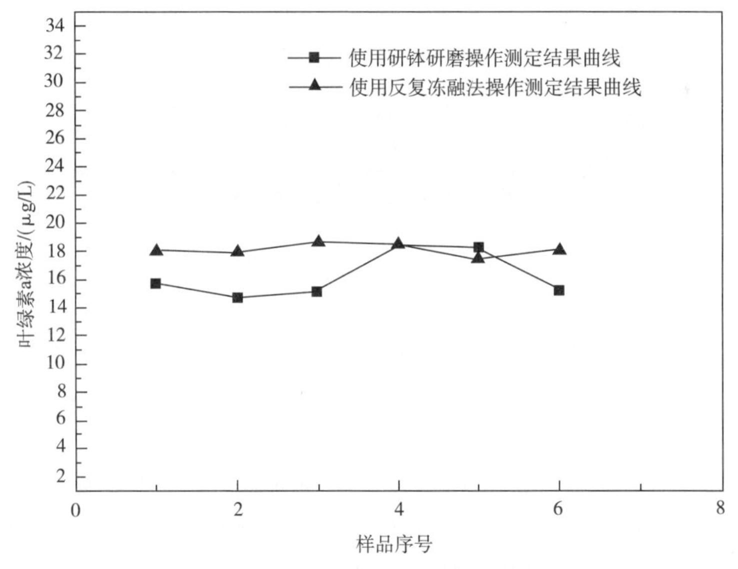

图 7-1　水样一不同提取方法测定结果曲线对比

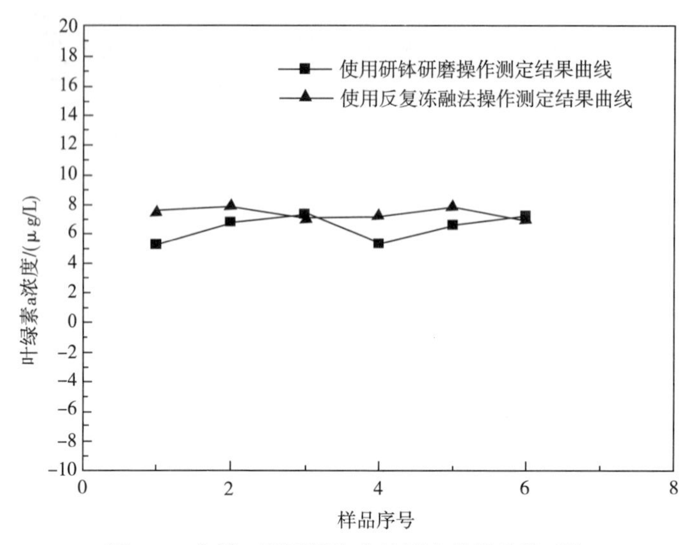

图 7-2　水样二不同提取方法测定结果曲线对比

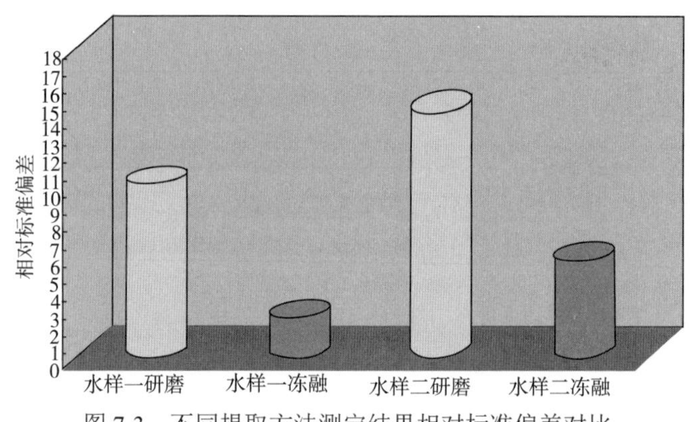

图 7-3　不同提取方法测定结果相对标准偏差对比

4. 改进提取过程

原标准在过滤水样时在高负压下抽干滤膜，抽干水分后会使滤膜瞬间通过大量空气，高压空气有可能会使部分藻类外壁破损，这样对易氧化的叶绿素会产生氧化损耗，干扰叶绿素的准确测定。

新标准中对抽滤方法进行了改进，在抽滤水样时不抽干滤膜，而是逐渐减小负压，待最后一点水样通过滤膜后停止抽滤，使用滤纸吸干滤膜水分，避免大量空气接触对叶绿素的氧化破坏，提高检测的准确性。

将研磨的提取方法改为超声波提取和反复冻融提取，并比较三种提取方法对水体中藻细胞的叶绿素 a 含量的测定的精度。通过对同一水样进行重复的提取实验，得到的实验结果如表 7-4 所示。

表 7-4　不同提取方法下叶绿素 a 含量　　　　单位：μg/L

水样编号	提取方法		
	研磨法	超声波法	反复冻融法
1	67.826	87.427	92.034
2	63.456	82.358	89.783
3	54.039	87.380	89.226
4	56.457	82.136	92.077
5	39.322	79.767	88.755
6	83.673	81.212	89.210
7	69.986	78.861	91.105
8	72.343	72.776	86.837
平均值	63.390	81.490	89.880
标准偏差	13.470	4.740	1.790
相对标准偏差/%	21.250	5.810	1.990

由表 7-4 可以看出，反复冻融法对叶绿素 a 的提取浓度是最高的，其次是超声波法，最后是研磨法。超声波法中叶绿素 a 的检测浓度是反复冻融法测定浓度的 92%，研磨法的测定浓度只有反复冻融法的 70%，其值远小于反复冻融法的测定值。从三种提取方法对叶绿素a 测定浓度的标准偏差和相对标准偏差分析，采用反复冻融法提取，测定结果具有很好的重现性和平行性，超声波法次之，而研磨法的提取效果重现性和平行性都是非常不稳定的，说明采用研磨法测定的叶绿素a 含量是不准确的。因此，选用反复冻融法作为叶绿素 a 的提取方法，测定浓度准确且重现稳定性好。

在采用研磨提取方法的操作中，需要将样品进行研磨，并使用提取溶剂多次提取、洗涤和转移，这样的过程不仅繁琐，而且提取液在转移过程中不完全，叶绿素 a 产生很大的损失，最后叶绿素 a 提取液的测定结果准确度不高，误差比较大，因此，同一水样的重复实验结果的平行性很差。

超声波提取方法主要是利用外场的介入强化，是利用溶媒来进行叶绿素 a 的提取。在超声波辐射的过程中，有一部分的辐射能量会进入藻细胞当中，使藻细胞中的叶绿素 a 分解。并且，在超声提取的过程中，超声的时间过长，超声波仪器中的温度不断升高，促使藻细胞中的叶绿素 a 分解，从而降低叶绿素 a 的提取浓度，造成测定的叶绿素 a 含量较低且平行性不好。

反复冻融法则是利用在较低温的条件下，藻细胞内会形成冰粒，且细胞液的浓度增高而引起溶胀，促使藻细胞结构的破碎，引起叶绿素的溶出。因此反复冻融法的提取效果受到藻细胞的种类以及同种藻细胞的不同生长情况的影响。在本实验中低温的条件保证了叶绿素 a 的不易降解，反复冻融的提取方法对藻细胞中的叶绿素 a 有很好的提取效果，且检测结果的平行性好，说明反复冻融的提取方法具有很好的稳定性。

因此，从水体藻细胞的提取效果以及提取的稳定性来看，反复冻融法是最佳的提取方法，操作简便，适用于大批量样品的测定。

5. 叶绿素 a 的提取溶剂选择

在采用反复冻融法作为提取方法的基础上，采用不同的有机溶剂作为叶绿素 a 的提取溶剂，比较不同溶剂的提取效果。提取溶剂分别为：无水乙醇、无水丙酮、乙醇与丙酮的混合溶液（1∶1）、90%乙醇水溶液和 90%丙酮水溶液。采用不同的有机溶剂分别对水体中叶绿素 a 进行提取，得到不同提取溶剂的叶绿素 a 提取液，经过波长为 600～800nm 范围内的光谱扫描，不同的有机溶剂对叶绿素 a 提取液吸收光谱可以看出，吸收峰的形状基本相同，说明可以用丙酮法的计算公式来计算其中叶绿素 a 的含量，计算结果如表 7-5 所示。

表 7-5　不同提取溶剂对叶绿素 a 的提取效果　　单位：μg/L

水样编号	提取方法				
	无水乙醇	无水丙酮	乙醇、丙酮混合液（1∶1）	90%乙醇	90%丙酮
1	135.927	121.964	126.843	164.760	163.029
2	140.374	125.328	120.341	170.150	157.250
3	131.390	131.484	116.343	159.260	152.426
4	122.678	124.883	129.878	148.700	156.691
5	123.952	126.055	151.097	158.730	158.162
6	132.429	127.297	132.389	160.520	159.721
7	134.970	135.317	130.329	163.600	157.235
8	132.644	142.187	127.075	160.780	153.309
9	134.236	123.230	128.159	162.710	154.618
10	121.234	127.133	142.219	146.950	159.515
平均值	130.983	128.488	130.467	159.616	157.196
标准偏差	6.300	6.200	10.000	7.040	3.190
相对标准偏差/%	4.810	4.820	7.660	4.410	2.030

在不同提取液提取叶绿素 a 的实验过程中发现，水样过滤时使用的乙酸纤维滤膜在乙醇和乙醇溶液中不发生溶解现象，而在丙酮和丙酮的溶液中会完全溶解，对于乙酸纤维滤膜在丙酮或丙酮溶液中的溶解是否对提取液的检测结果产生影响，分别通过 90%乙醇溶液和 90%丙酮溶液进行空白实验，以测定其空白提取液在不同波长下的吸光度来分析。

从表 7-5 中可以看出，90%乙醇溶液的提取效果高于无水乙醇，其检测结果相差 18%；90%丙酮溶液的提取效果也高于无水丙酮的提取效果，两者的检测结果相差 20%。说明提取溶液中含有一定的水分，能够更好的提取样品中的叶绿素 a，至于原因还需进一步的研究。乙醇丙酮混合液的提取效果小于 90%乙醇溶液和 90%丙酮溶液，但是略高于无水丙酮的提取效果，其检测结果与无水乙醇的检测值相近，但是其相对标准偏差较高，说明乙醇加入到丙酮中，能够提高叶绿素 a 的提取效果，但是产生的操作误差也较大，测定值不稳定。

五种提取溶剂中提取叶绿素 a 效果最好的是 90%的乙醇溶液，说明 90%的乙醇溶液对叶绿素 a 的提取完全；其次是 90%丙酮溶液，其检测结果与 90%乙醇检测结果相差 2%，通过对两组数据的差异性分析，发现两组检测值的准确度无明显差异，说明 90%丙酮溶液对叶绿素 a 的提取也较完全。比较两者的标准偏差和相对标准偏差，90%的乙醇溶液的相对标准偏差较高，说明其操作中的误差比较大，由 90%乙醇溶液提取的叶绿素 a 含量的精度较低；相反，采用 90%的丙酮溶液进行提取，其操作中的误差较小，在使用此方法时容易受到控制。因此采用 90%丙酮作为叶绿素 a 的提取溶剂，不仅对叶绿素 a 的提取较完全，而且实验操作比较稳定，产生的系统误差比较小。

分别取 6 张乙酸纤维滤膜，放置于离心管中，反复冻融后，向其中的 3 支加入 90%乙醇溶液，另外 3 支离心管则加入 90%丙酮溶液，在 4℃的暗环境下静置 24h，分别以 90%的乙醇溶液和 90%丙酮溶液作为参比溶液，然后在 750nm、663nm、645nm 以及 630nm 的波长下测定其吸收值，通过吸收值来分析溶解的纤维滤膜对于提取液的影响，其吸收值结果如表 7-6 和表 7-7 所示。

表 7-6　乙酸纤维滤膜在乙醇溶液中的吸光度表

空白样	750nm	663nm	645nm	630nm
1	0	0	0	0
2	0	0.001	0	0.001
3	0	0.001	0	0

表 7-7　乙酸纤维滤膜在丙酮溶液中的吸光度表

空白样	750nm	663nm	645nm	630nm
1	0	0	0	0
2	0.001	0.001	0	0
3	0.001	0	0	00.001

由表 7-7 可以看出，丙酮溶液的叶绿素 a 的提取液吸光度在 750nm、663nm 以及 630nm 波段有轻微的影响，由表 7-6 可以看出，空白样的乙醇溶液提取液

的吸光度在663nm及630nm波段也有轻微的波动，但是这种轻微的波动在分光光度计的灵敏度范围（绝对误差0.0025）内是允许的，因此，乙酸纤维滤膜在丙酮溶液中的溶解对于的其检测结果的影响很小。

由于不同提取液的检测结果都是通过丙酮法的计算公式得出的，虽然几种提取液的扫描光谱图基本相似，但是各特征吸收峰的吸收值仍然存在差异，在相同波长下的比吸收系数不同，其计算公式也存在着差异，所以以相同的计算公式来计算其他的提取液中叶绿素a的含量，其测定结果必然存在一定的误差，从而影响测定结果的准确度。

6. 叶绿素a提取液的静置时间

采用反复冻融法作为叶绿素a的提取方法，90%丙酮溶液作为提取溶剂，将水样中叶绿素a的提取液放置在4℃的暗环境下静置，并在不同的静置时间测定提取液中叶绿素a浓度。叶绿素a浓度随静置时间的变化显示，静置时间的7h内，叶绿素a在静置时间为4h时的提取效率趋于完全，在前2h的时间中，叶绿素a的提取是非常快速的，前3h的静置时间，叶绿素a的提取浓度分别是叶绿素a提取完全后浓度的67%、88%和94%。在1～2h，叶绿素a的提取浓度变化较快，在2～4h，叶绿素a的提取浓度的变化逐渐平缓，直至提取完全，在4～7h，叶绿素的变化很小，曲线近于直线，说明静置时间4h时，叶绿素a的提取近乎完全。

静置时间4～72h内的叶绿素a提取浓度的变化趋势表明，4h时叶绿素a的提取浓度达到最高，在24h内叶绿素a浓度的变化较小，但是在24～48h的静置时间内，叶绿素a的浓度逐步降低，其降低的速度较快，在静置时间48～72h的时间内，叶绿素a浓度降低得更快。在24h内叶绿素a的浓度降低3%左右，在48h内叶绿素a的浓度降低12%左右，在72h内叶绿素a的浓度降低30%左右。由此说明，在静置时间24h中，叶绿素a的浓度变化不大。因此，确定叶绿素a提取液的静置时间范围在4～24h。静置时间的安排，可以视实际实验中的情形来确定，以减少实验时间，提高实验效率。

7.3 高效液相色谱法实验

此实验采用高效液相色谱法测定水样的叶绿素a的浓度，通过优化实验确定流动相的组分、比例，流动相的梯度洗脱程序以及流速等色谱条件。在确定色谱条件的基础上，配制叶绿素a标准溶液的浓度梯度，利用紫外检测器（UV）和荧光检测器（FLD）分别检测叶绿素a标准溶液浓度，并对应色谱峰峰面积的响应值，绘制叶绿素a的标准曲线；由检测样品的色谱峰峰面积响应值来计算实际水样中的叶绿素 a 的浓度；通过叶绿素 a 的加标回收实验，比较两种检测器检测结果所求的加标回收率，分析高效液相色谱法检测水体叶绿素 a 浓度的准确性。

7.3.1 流动相的组分比例及流速的确定

以 90%丙酮配制一定的叶绿素 a 的溶液，在紫外-可见分光光度计中进行全波长吸收扫描，由叶绿素 a 溶液的全波长吸收光谱图看出，在波长 400～800nm 的范围内出现了两个较明显的波峰，分别在波长430nm 和663nm 出现，其中吸收值较大的是在波长为430nm 时产生的，考虑检测响应值的灵敏度，确定紫外检测器的检测波长为430nm。

文献资料指出，采用高效液相色谱法检测叶绿素 a，其选用的流动相差别不大，多为甲醇、丙酮、醋酸铵、乙腈和乙酸乙酯等，洗脱系统采用一元、二元甚至三元的梯度洗脱系统。本实验中考虑到有机溶剂的极性强度以及溶剂对反相柱产生损害的大小，选用甲醇、乙酸乙酯和乙腈溶剂作为流动相的组分。

在确定流动相组分的实验中，首先采用二元流动相，其选用组分分别为 A：甲醇+乙酸乙酯（1∶1）；B：乙腈。梯度洗脱程序采用等度洗脱的方式，流速为 1.5mL/min，进样量为 20μL，通过改变组分 A 和 B 的比例，来比较叶绿素 a 标准溶液的色谱峰的出峰效果。

从色谱图可以看出，流动相中乙腈的比例越大，叶绿素a 与其溶剂分离的时间间隔越长，但是乙腈会增加反相柱对叶绿素 a 的保留作用，造成叶绿素 a 的色谱峰的响应值灵敏度低，且存在检测不连续的现象。反之，流动相中乙腈的比例越小，叶绿素a 色谱峰的峰型越好，灵敏度越高。当乙腈所占的比例为零时，叶绿素a 的色谱峰出峰时间减少，峰形对称，检测连续且响应值灵敏度高。因此，乙腈具有延长叶绿素 a 出峰时间的作用，考虑到叶绿素 a 色谱峰峰型以及出峰的时间，可以在流动相中加入少量（20%左右）的乙腈，来分离叶绿素 a 与其溶剂。

进一步优化流动相实验，将乙腈所占的比例取为零，此时流动相的组分选用分别为 A：甲醇；B：乙酸乙酯。流速为 1.5mL/min，进样量为 20μL，改变流动相中的组分 A、B 的比例，观察其色谱峰的情况可以看出，流动相组分中，乙酸乙酯的比例越高，色谱峰出峰的时间就越短，与溶剂峰的时间间隔越小，当甲醇与乙酸乙酯的比例达到 20∶80 时，叶绿素 a 的出峰效果最好，峰高最高，但是与溶剂峰靠近，两峰之间有一定的重合，分离效果不是很好。因此增加组分中乙酸乙酯的比例会促进叶绿素 a 与其溶剂峰的洗脱和检测，减少色谱峰之间的时间间隔，提高叶绿素 a 色谱峰响应值的灵敏度。

为了进一步提高两种色谱峰分离的效果，确定流动相的组分为A：甲醇；

B：乙酸乙酯。组分比例为 20∶80，进样量 20μL，改变流动相的流速，观察叶绿素 a 色谱峰的出峰的情况可以看出，流速的减小会降低被分析物的洗脱速率，进而延迟色谱峰的出峰时间，但是不改变其峰型，为缩短检测时间，提高检测效率，流速为 1.2 mL/min 最合适。

综合以上叶绿素 a 的色谱峰的分析以及其他的因素发现，在叶绿素 a 的色谱峰检测时间内，除了会出现叶绿素 a 的峰，还有溶剂峰，考虑到两种峰的分离效果、时间间隔、叶绿素 a 色谱峰出峰的效果以及其响应值的大小和灵敏度，确定流动相梯度洗脱系统采用三元梯度洗脱：A 乙腈、B 甲醇、C 乙酸乙酯。流速为 1.2mL/min。各图中溶剂峰的出峰时间在 2min 以内，所以在梯度洗脱程序的前 2min 内，添加一定的乙腈，并调整甲醇与乙酸乙酯的比例，在减少反相柱对叶绿素 a 的保留作用，延长叶绿素 a 色谱峰的出峰时间的同时，获得较好的分离效果；在检测分析叶绿素 a 时，降低乙腈的比例至零，并提高甲醇与乙酸乙酯的比例，提高叶绿素 a 色谱峰的出峰效果和响应值的灵敏度，减小色谱峰之间的间隔时间。通过梯度洗脱时间的调整，确定流动相的梯度洗脱程序。如表 7-8 所示。

表 7-8　流动相的梯度洗脱程序

时间/min	组分 A/%	组分 B/%	组分 C/%
0	20	24	56
1.5	20	24	56
2	0	20	80
5	0	20	80
6	20	24	56
8	20	24	56

由表 7-8 可知，在 1.5min 内，色谱峰是溶剂峰，流动相中的乙腈比例为 20%，甲醇和乙酸乙酯的比例为 3∶7，其作用是在增加叶绿素 a 色谱峰与其溶剂峰的间隔时间，同时阻止反相柱对叶绿素 a 的保留作用，促使叶绿素 a 检测连续。1.5～2min 内逐步降低乙腈的比例至零，并增大甲醇与乙酸乙酯的比例至 2∶8。2～5min 内叶绿素 a 色谱峰的出峰，乙酸乙酯比例的增大会促进叶绿素 a 的连续检测。在 6～8min 时，将流动相中各组分比例调整为开始检测时的比例，为后面的样品测定时基线的平稳做准备。

使用上述的色谱条件，分别测定叶绿素 a 的溶液和水体中的叶绿素 a 浓度，由于进行此实验时室外的温度极低，水体中的叶绿素 a 含量也极低，因此实验中增加了提取液的进样量，将其提高为 80μL。水体中叶绿素 a 提取液中的物质并不只是单一的叶绿素 a，还存在其他的杂质，从叶绿素 a 溶液的色谱峰出峰时间来判断提取液中叶绿素 a 的色谱峰的分离度高，峰形对称。虽然提取液的色谱图中图形比较复杂，但是用此改进的高效液相色谱法的色谱条件，能够很好地分离并检测水样中的叶绿素 a 浓度。

7.3.2 荧光检测器激发、检测波长的选择

在改进的高效液相色谱法的色谱条件的基础上，确定荧光检测器（FLD）的最佳激发波长和发射波长。分别采用三种不同的荧光激发波长、发射波长对叶绿素 a 的溶液进行检测：①λex=444nm、λem=660nm；②λex=430nm、λem=667nm；③λex=430nm、λem=663nm。根据其色谱峰以及响应值的情况，确定最佳的激发波长、发射波长。

在三种不同的荧光激发波长、发射波长下，色谱峰的峰型效果都比较好，但是②的色谱峰的峰高和响应值（峰面积）高于其他的激发波长、检测波长，说明此激发波长、发射波长下的荧光检测器响应值更加灵敏。因此选择荧光检测器（FLD）的激发波长、发射波长为 λex=430nm、λem=667nm。

7.3.3 叶绿素 a 的标准曲线

称取一定量的叶绿素 a 的标准品，加入 90%丙酮溶液，配制成叶绿素 a 浓度为 1000μg/L 的储备液，取适量的储备液配制成浓度为 200μg/L 的中间溶液，分别稀释此中间溶液，配制成梯度浓度分别为 0.2μg/L、0.4μg/L、0.6μg/L、0.8μg/L、1.0μg/L、2.0μg/L、5.0μg/L、10.0μg/L、20.0μg/L、50.0μg/L、100.0μg/L、150.0μg/L、200.0μg/L 的叶绿素 a 的标准溶液，分别用紫外检测器（$\lambda = 430$nm）和荧光检测器（λex = 430nm、λem = 667nm）检测不同浓度的叶绿素 a 的标准溶液，得到各浓度的检测响应值，见表 7-9。

表 7-9 叶绿素 a 浓度与紫外检测器和荧光检测器响应值

序号	叶绿素 a/（μg/L）	UV 响应值	FLD 响应值
1	0.2	—	76.520 0
2	0.4	—	110.248 3
3	0.6	0.005	122.921 7
4	0.8	0.010	186.588 3
5	1.0	0.011	225.756 7
6	2.0	0.026	444.666 7
7	5.0	0.047	1 026.033 0
8	10.0	0.119	2 297.206 7
9	20.0	0.227	4 470.176 7
10	50.0	0.579	11 375.426 7
11	100.0	1.193	22 577.808 3
12	150.0	1.862	35 203.461 7
13	200.0	2.453	46 501.631 7

表 7-9 给出了叶绿素 a 的浓度梯度及其分别在高效色谱液相仪的紫外检测器和荧光检测器的响应值。采用紫外检测器检测时，得出的叶绿素 a 标准曲线为

$$叶绿素\ a = 0.0123 \times (UV - 0.0074) \quad (R^2 = 0.9997) \tag{7-7}$$

采用荧光检测器检测时，得出的叶绿素 a 标准曲线为

$$叶绿素\ a = 232.575 \times (FLD - 74.0) \quad (R^2 = 0.9998) \tag{7-8}$$

叶绿素 a 标准溶液浓度为 0.2μg/L 和 0.4μg/L 时，紫外检测器检测不出其响应值，在叶绿素 a 的其他浓度下其响应值变化没有荧光检测器的响应值的变化灵敏度高，说明在叶绿素 a 浓度低的情况下，采用荧光检测器检测叶绿素 a 浓度具有较高的灵敏度和精密度。实验中发现，高效液相色谱仪器的信噪比为 3.0 时，确定紫外检测器的检出限为 0.5μg/L，荧光检测器的检出限为 0.1μg/L，再次说明荧光检测器的精密度高于紫外检测器的精密度。

7.3.4 叶绿素 a 的加标回收实验

对相同的水样进行加标回收实验，在加标回收实验规定的范围内（原水样浓度的 0.5～2 倍），分别加入低、中、高三种浓度的叶绿素 a 标准溶液，加入的叶绿素 a 标准溶液浓度分别为 20μg/L、50μg/L 及 100μg/L，检测加标前后的叶绿素 a 浓度值，结果见表 7-10 和表 7-11。

表 7-10　紫外检测器测定加标前后叶绿素 a 浓度值

样品	初始量/（μg/L）	加入量/（μg/L）	检出量/（μg/L）	加标回收率/%
1	28.919	20.000	46.967	90.24
2	28.195	50.000	82.528	108.67
3	27.868	100.000	130.707	102.84

表 7-11　荧光检测器测定加标前后叶绿素 a 浓度值

样品	初始量/（μg/L）	加入量/（μg/L）	检出量/（μg/L）	加标回收率/%
1	32.656	20.000	50.790	90.67
2	33.917	50.000	88.905	109.98
3	32.498	100.000	136.381	103.88

表 7-10 和表 7-11 通过对叶绿素 a 的不同浓度在紫外检测器和荧光检测器检测的加标回收实验发现，加入的标准溶液浓度为 20μg/L，其加标回收率分别为 90.24%和 90.67%；加入标准溶液的浓度为 50μg/L，其加标回收率分别为 108.67%和 109.98%；加入标准溶液的浓度为 100μg/L，其加标回收率分别为 102.84%和 103.88%。在三组实验中，紫外检测器和荧光检测器检测得到的加标回收率都很相近，误差均小于 2%，且三组加标回收率均在允许的加标回收率范围（80%～120%）内，所以这两种检测器检测的浓度值均是准确、有效的。

7.4 活体叶绿素荧光法实验

活体叶绿素荧光法是一种快速测定水体中叶绿素的方法，根据藻类主要捕光色素对光谱的吸收不同以及利用叶绿素的荧光技术，对自然界水体中存在较多的蓝藻、绿藻和硅藻进行定性的自动分类以及定量的测定出三种藻类分别的叶绿素 a 浓度及水样中叶绿素 a 的总浓度。因此，必须保证水样中的藻细胞是活性的，水样中不需要加入任何的固定试剂。在检测样品时，所需的样品量为 1～2mL，只需要将水样在暗环境下进行暗适应 5min 左右，省略了水样的前处理步骤，因此此方法具有操作简便、检测快捷等特点。

7.4.1 浮游植物荧光仪的校正

浮游植物荧光仪在使用之前需对其进行校正，使用纯种的蓝藻、绿藻和硅藻藻液分别校正浮游植物荧光仪，同时进行浓度校正和光谱校正。但是用来校正的纯种藻液中的叶绿素 a 浓度需要使用分光光度法来检测，并保存对应藻细胞的光谱图，作为校正的参考光谱图，以实现荧光仪器的校正过程。

此实验中校正浮游植物荧光仪的叶绿素 a 浓度是由已改进的分光光度法测定的，浮游植物荧光仪的测量范围为 0.1～300μg/L，经过校正的浮游植物荧光仪在测定水样时，不仅能够测定水样中叶绿素 a 的总量浓度，还能够检测蓝藻、绿藻和硅藻中的叶绿素 a 的浓度，由此可以分析水样中的优势藻群，利用仪器的拟合光曲线的功能可以分析藻细胞的“生长潜能”，以预测藻类的生长趋势。

7.4.2 活体叶绿素荧光法与分光光度法比较

对同一水样进行两组实验，分别采用分光光度法和活体叶绿素荧光法测定其叶绿素 a 浓度，检测结果见表 7-12。

表 7-12　分光光度法与活体叶绿素荧光法检测叶绿素 a 浓度

水样	分光光度法/（μg/L）	活体叶绿素荧光法			
		叶绿素 a 总浓度/（μg/L）	蓝藻/（μg/L）	绿藻/（μg/L）	硅藻/（μg/L）
1	30.13	28.66	17.48	8.63	2.55
2	30.03	27.84	16.98	8.38	2.48
3	32.93	28.94	17.65	8.71	2.58
4	28.69	28.51	17.39	8.58	2.54
5	30.17	28.79	17.56	8.67	2.56
6	30.74	28.95	17.66	8.71	2.58
7	29.21	29.00	17.69	8.73	2.58
8	30.20	29.13	17.77	8.77	2.59
平均值	30.26	28.73	17.52	8.65	2.56
标准偏差	1.25	0.41	—	—	—
相对标准偏差/%	4.14	1.42	—	—	—

由表 7-12 可以看出，改进的分光光度法检测的叶绿素 a 浓度高于活体叶绿素荧光法的检测值，两者之间相差 5%。虽然两者之间存在一定的系统误差，但是误差较小，且这两者之间存在一定的线性关系，有待进一步研究。改进分光光度法的标准偏差和相对标准偏差都高于活体叶绿素荧光法，说明活体叶绿素荧光法在检测水样中叶绿素a浓度时具有较好的稳定性。在活体叶绿素荧光法的测定中，其蓝藻、绿藻及硅藻的叶绿素a比例分别为61.0%、30.1%和8.9%，说明测定的水样中蓝藻为主要的藻群，检测得的各藻类的比例与水样配制的各藻类的比例（60%、30%和 10%）相近，说明活体叶绿素荧光法能够定性分析水体中的藻类分布状况。

在荧光仪的校正过程中，由于浓度测定时的水样与校正时的水样存在一定的时间间隔，导致叶绿素a浓度校正时存在一定的误差；活体叶绿素荧光法采用荧光技术对活性的藻细胞进行测定，其值通常比分光光度法的吸收值精确，因此荧光法的检测值会降低；在测定时检测所需的水样（1～2mL）较少，水体中藻细胞分布不均匀，取样时也会产生一定的误差。

由于两种方法得到的检测结果误差较小，在实际的水体测定中，尤其在现场水体的测定中，采用此方法可以很快的得出水体中叶绿素 a 的总浓度，并判断出水体中的主要优势藻群，定性的判断水体的富营养化的状况。所以采用活体叶绿素荧光法测定水体的叶绿素 a 浓度，具有方便携带、检测快捷、操作简便、检测所需水样量少等的特点，省略了实验中的一系列繁琐的操作。如果能对水体长期监测，则不仅可以检测得到水体中的叶绿素 a 浓度，还能够监测并分析水体中藻类的光合作用的活性，以及水体中优势藻群的变化，预测水体中藻类未来生长的趋势。

7.5 三种实验方法测定的叶绿素 a 值的比较

7.5.1 分光光度法与高效液相色谱法的比较

对同一水样进行 3 组实验，分别采用分光光度法和高效液相色谱法测定其叶绿素 a 浓度，测定的数据见表 7-13。

表 7-13 高效液相色谱法液相法与分光光度法的测定数据表 单位：μg/L

水样	高效液相色谱法		分光光度法
	紫外（UV）检测	荧光（FLD）检测	
1	9.138	9.472	9.977
2	8.976	9.419	9.682
3	8.976	9.338	10.084
4	8.569	8.788	8.989
5	8.407	9.243	9.903
6	9.182	9.383	9.765
7	8.588	9.050	8.730
8	8.650	9.015	9.865
平均值	8.811	9.213	9.624
标准偏差	0.29	0.24	0.49
相对标准偏差/%	3.31	2.60	5.12

表 7-13 是同一水样在高效液相色谱法和分光光度法下的检测值，比较高效液相色谱法中紫外检测器和荧光检测器这两种检测器的检测值，可以看出荧光检测器的检测值比紫外检测器的检测结果高，两者相差 4%，但是两组数据无显著性差异；比较两种检测器检测结果的标准偏差和相对标准偏差，可以看出荧光检测器的值比紫外检测器的值低，说明高效液相色谱法中，使用荧光检测器的检测值比紫外检测器的检测值准确且更稳定；比较分光光度法与高效液相色谱法的检测结果，分光光度法检测叶绿素 a 的浓度值高于高效液相色谱法的值，其中分光光度法的测定值比高效液相荧光法的测定值高 3%，比高效液相紫外检测法的测定值高 8%，但是从标准偏差和相对标准偏差来看，分光光度法高于高效液相色谱法，说明使用高效液相色谱法测定叶绿素 a 的浓度具有

很好的稳定性。

7.5.2 三种方法在叶绿素 a 低浓度下测定情况的比较

采用纯蓝藻配制一低浓度的水样，将此水样分为4组，并对每组水样分别采用高效液相色谱法、分光光度法以及活体叶绿素荧光法测定其叶绿素 a 的浓度，其检测结果见表 7-14。

表 7-14 三种方法测定结果数据表 单位：μg/L

水样	高效液相色谱法		分光光度法	活体叶绿素荧光法			
	紫外（UV）检测	荧（FLD）检测		总量	蓝藻	绿藻	硅藻
1	1.539	1.540	2.453	1.81	1.62	0.14	0.05
2	1.253	1.495	2.736	1.89	1.83	0.05	0.01
3	1.602	1.713	1.892	2.11	1.94	0.17	0
4	1.347	1.510	2.896	1.47	1.39	0	0.08
5	1.408	1.479	2.108	1.69	1.62	0.01	0.06
6	1.413	1.604	3.316	1.86	1.66	0.09	0.11
7	1.256	1.304	1.531	2.82	2.67	0.15	0
8	1.498	1.448	0.982	1.52	1.49	0.01	0.02
平均值标准	1.415	1.511	2.239	1.90	1.78	0.08	0.04
偏差相对标	0.13	0.12	0.77	0.43	0.40	0.07	0.04
准偏差/%	8.99	7.83	34.19	22.49	22.52	89.60	98.21

由表 7-14 可以看出，高效液相色谱法能够精确测定水样中叶绿素 a 的浓度，且重复水样的检测值变动比较小，说明测定方法精确且比较稳定，但运行成本高。在分光光度法的检测中，其相对标准偏差高于高效液相色谱法，但运行成本低，且常规实验室均可以开展相关检测工作。采用活体叶绿素荧光法测定低浓度的水样时，测定的叶绿素 a 总浓度以及水体中蓝藻的叶绿素 a 浓度都存在一定的波动，检测值极不稳定，由于水体中有机质的干扰，导致荧光仪在进行藻类分类时产生较大的误差。所以，当水样中的叶绿素 a 浓度较低（小于 5μg/L）时，建议采用高效液相色谱法，能够准确且稳定的检测出水体中叶绿素 a 的浓度，尤其是荧光检测器，其检测值更加精确、稳定。

7.6 本章小结

本章通过对分光光度法和高效液相色谱法的实验优化分别得出两种实验测定方法的最佳实验参数条件。通过对活体叶绿素荧光仪的校正，对水体中叶绿素 a 的含量进行测定，并验证其叶绿素 a 含量以及各藻类分类测定结果的准确性。同时对三种实验方法的叶绿素 a 含量的检测进行比较，得出以下结论。

1）分光光度法测定叶绿素 a

通过分光光度法实验优化，确定分光光度法的最佳实验参数。反复冻融法作为叶绿素 a 的提取方法，90%丙酮的水溶液作为提取溶剂，叶绿素 a 的提取液静置时间为 4～24h，采用改进的方法测定叶绿素 a 的值准确且稳定。

2）高效液相色谱法测定叶绿素 a

通过高效液相色谱法实验优化，确定高效液相色谱法的最佳色谱条件。采用三元洗脱系统，流动相为 A 乙腈、B 甲醇和 C 乙酸乙酯，洗脱时间程序为 0min：A 20%、B 24%、C 56%；1.5 min：A 20%、B 24%、C 56%；2 min：A 0%、B 20%、C 80%；5 min：A 0%、B 20%、C 80%；6 min：A 20%、B 24%、C 56%；8 min：A 20%、B 24%、C 56%。流速为 1.2mL/min。紫外检测器的波长为 430 nm，荧光检测器的激发波长、发射波长分别为 λex = 430nm、λem= 667nm。液相色谱仪信噪比为 3.0 时，确定采用紫外检测器检测叶绿素 a 的检出限为 0.5μg/L，荧光检测器检测叶绿素 a 的检出限为 0.1μg/L，通过两种检测器对叶绿素 a 含量测定结果的比较，得出荧光检测器的检测结果更加准确、灵敏。

3）活体叶绿素荧光仪测定叶绿素 a

通过对活体叶绿素荧光仪的校正，与分光光度法的检测结果误差较小，能够定性分析水体中蓝藻、绿藻及硅藻各自的叶绿素 a 浓度及其比例，测定结果稳定性好。

比较三种实验方法对较低的叶绿素 a 含量的测定，得出以下结论：三种方法均可应用于地表水体中叶绿素 a 的测定，但当水样中的叶绿素 a 浓度较低（小于 5μg/L）时，建议采用高效液相色谱法。

8

低污染水源生物菌剂的构建及其应用

在地表径流中，有一部分入河湖水，其水质受到一定污染，但主要水质指标又优于污水处理厂二级处理出水。这部分入水，因水质优于污水处理厂出水，所以不能送入污水处理厂进行处理，但对于湖泊而言又是污染源，不处理直接入河湖不能满足流域水质保护的要求，这部分入水被称为“低污染水”。流域低污染水一般包括：污水处理厂达标（二级、一级 B、一级 A）排放水、城镇地表径流、农田排水（含村落地表径流）三种主要类型。流域低污染水虽然污染物氮磷浓度较低，但对于河湖水质保护目标仍造成较大威胁。在低污染水水量较大的河湖流域，污染源得到工程系统治理后，低污染水对湖泊污染的作用凸现，甚至成为流域水污染治理的瓶颈（金相灿，2013）。

8.1 低污染水特征与治理

8.1.1 低污染水特征

流域低污染水具有类型多、水量大、水质区域差异性显著的特征，且其对湖泊富营养化的影响也呈现复杂的地域及季节性变化特点。流域低污染水特征见图 8-1。

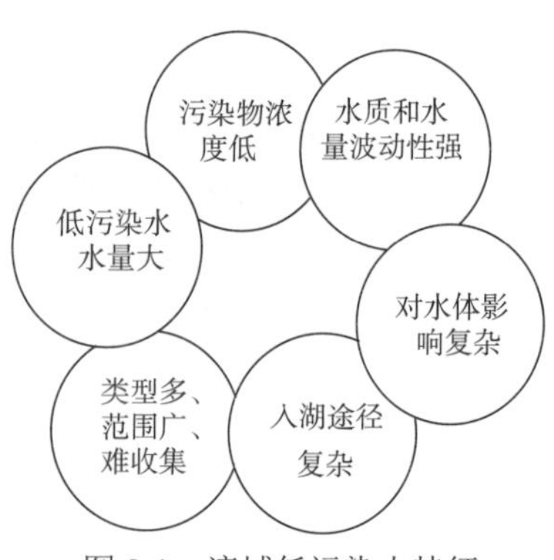

图 8-1 流域低污染水特征

8.1.2 低污染水治理的重要性

流域低污染水治理是流域系统控源中的重要环节，是在产业结构调整控污减排、污染源工程治理达标排放的基础上，通过生态处理与有效净化，进一步减少污染物排入量。通过低污染水治理单元，即湖库、湿地、塘坝、生态河道等的修复与净化作用，形成逐级削减的低污染水处理与净化体系，促进流域自然生态的恢复。因此，低污染水治理对流域完整生态系统的修复有重要促进作用。如图 8-2 所示。

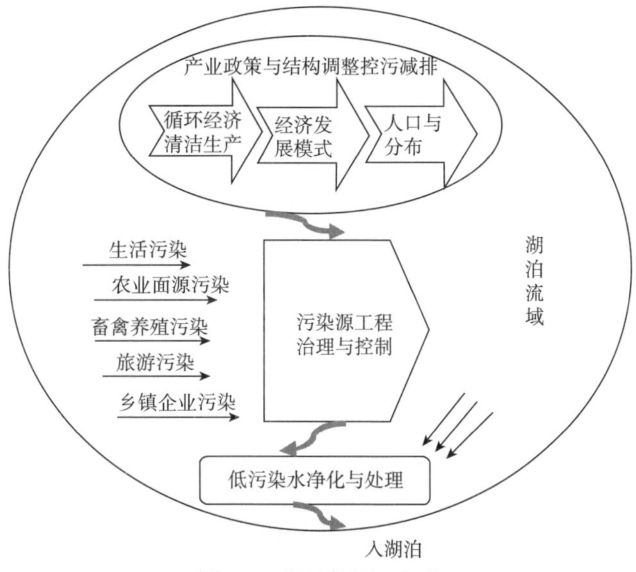

图 8-2 湖泊控源三部曲

8.1.3 低污染水治理难点

8.1.3.1 提高净化效率与降低处理成本

一方面，低污染水较一般污水浓度低得多，若采用传统的污水处理技术，则处理效率较低；另一方面，低污染水水量大，若按传统污水处理技术进行处理，削减单位的氮、磷负荷成本较高，经济上往往难以承受。此外，由于低污染水来源复杂，水质水量变化大，大大增加了处理难度，传统的针对来水水质水量较稳定的污水处理设施难以满足低污染水处理的要求。

8.1.3.2 有效收集低污染水

流域低污染水来源广，包括扣除初期雨水的城镇地表径流与农业区地表径流、污水处理厂排水等，其产生方式、入湖途径复杂，尤其是村落地表径流和城镇地表径流，污染往往在降雨后产生，呈现旱季积累、雨季排放的特点。多种类型的低污染水混合后收集难度大，若按照现有的规范与标准采用常规收集系统，收集线路很长、成本很高、收集效果较差。

8.1.3.3 准确计算低污染水量与污染负荷量

低污染水的产生量及污染负荷量计算涉及因素较多，目前尚无统一的计算方法。每种类型的低污染水其污染源的影响因素差异明显，如农田径流水量受土地利用类型、作物种植、降雨、农田灌溉等因素影响，也受地形地貌、种植习惯、轮作模式、灌溉方法等的影响。因此，如何从流域层面分析低污染水的水量及污染负荷量是一大难点。

8.1.3.4 构建全流域低污染水净化体系

不同流域低污染水受水系特征、地形地貌、污染源特点等影响，其低污染水的时空分布不同，且对河流、湖泊水体污染的影响程度也不同。对不同流域低污染水入湖途径与入湖规律需单独进行系统地分析。

如何根据不同湖泊低污染水特征统筹考虑流域低污染水水量与分布及输移特征，立足于全流域，构建全流域低污染水净化体系，是当前低污染水治理中的技术难点。

8.1.4 流域低污染水治理体系构建

流域低污染水的治理不同于点源污染治理，若仅针对一种类型低污染水或者局部区域开展治理，不能有效地解决流域低污染水的问题。对流域低污染水治理必须立足于流域层面，从全流域的角度系统地开展治理工作，提出低污染水治理方案。

8.2 流域低污染水主要构成

8.2.1 低污染水输送特征分析

针对湖泊不同区域的地形地貌特征，调查流域河道、沟渠分布与低污染水入湖途径；结合湖泊及其入湖河流历史数据，分析流域低污染水输流路径与主要入河、入湖通道。在流域低污染水输流路径上布点采样，对各采样点低污染水污染物量进行计算，重点分析入河、入湖节点污染物量，研究低污染水输流过程中污染物的输移特征；在各片区低污染水入湖量计算的基础上，分析低污染水净化体系的重要控制节点。

8.2.2 流域低污染水处理净化体系方案

调查流域低污染水资源化利用现状，以及河道堤岸、沿河沿湖生态湿地、入河湖沟渠和湖泊缓冲带、湖滨带现状，结合湖泊及其入湖河流历年监测的水环境和水文特征资料，研究堤岸、湿地、缓冲带和湖滨带等对低污染水的自然净化作用，提出低污染水净化体系构建中需重点修复的生态环节。

随着湖泊流域经济的快速发展和城镇人口增长，污水排放量随之增加。城镇污水通过污水处理厂集中处理后排放，其尾水成为流域低污染水的重要来源之一。构建城镇污水处理厂低污染水处理系统是湖泊流域低污染水净化体系的重要环节。湖泊流域内的库塘湿地往往存在严重的人为侵占、退化或消失的现象，对流域库塘与湿地的生态修复，将对低污染水起到有效截留与净化作用。湖泊流域低污染水包括城市面源、污水处理厂尾水、农业区径流等不同类别。不同类别的低污染水净化工艺不同。针对不同类型的低污染水的分布特点、治理工艺、工程布局等，参考国内其他水污染治理的管理方法以及国外相关管理措施，制订不同类别低污染水净化工程管理方案。

8.2.3 低污染水治理的关键技术

湖泊缓冲带是湖滨带外围的陆向辐射带，具有环境功能、生态功能和景观功能，可以拦截污染物和泥沙、过滤和改善过流水质，是湖滨带外围的重要保护圈层。由于缓冲带紧邻湖泊水体，一直是流域内经济发展和自然生态保护矛盾最为集中的区域，大量的农田、民房、餐馆、酒店等人类活动场所侵占了缓冲带，使其生态系统及生态功能遭到破坏，构建缓冲带、恢复其生态与环境功能，对湖泊的保护非常必要和迫切。

针对缓冲带土地利用类型、低污染水分布、水质水量变化、缓冲带污染物削减目标，研究低污染水净化技术的优化组合、不同工艺对污染负荷削减功能的互补性，探索满足缓冲带生态环境功能、经济功能、景观功能等多个内涵的技术集成模式，形成区域低污染水拦截、储存、净化、回用的缓冲带复合型低污染水生态净化成套技术。如图 8-2 所示。

利用缓冲带现有库塘、湿地，进行生态改造，结合人工湿地建设，形成具有调蓄作用的多塘湿地系统，在物种选择上筛选适宜的经济水生植物物种，研究具有调蓄、节水、净化、经济效益等综合效果的整装集成技术。

开展村落面源污染拦截、低污染水强化净化、处理后作为景观用水的整装集成技术研究，研究村落面源污染的水量波动和水质浓度变化，筛选适宜的强化净化成套技术，与新农村建设相结合，探索低污染水强化处理后作为景观用水的可行性。

生态沟渠技术主要应用于农灌沟渠的改造，尤其适用于小型灌渠的生态改造，可对农灌回水进行处理。生态沟渠技术是利用物理沉淀与生物净化去除污染物的一种低污染水处理技术，采用格栅–沉砂系统–农田沟渠处理系统组合的处理工艺。农灌回水进入经改造的生态沟渠，由植物、土壤和微生物对污染物进行分解、吸收，净化后的出水排入自然水体。生态沟渠技术适宜低污染水的净化处理，可以充分利用纵横交错的农田沟渠网，不需要单独占用土地。生态沟渠技术对农业面源污染氮、磷削减率达40%以上。

水中的有机物通过微生物的代谢活动被降解，从而达到水质净化的目的。其中微生物代谢活动所需要的氧由塘表面复氧以及藻类光合作用提供，也可以通过人工曝气供氧。按塘内充氧状况和微生物优势群体，将稳定塘分为好氧塘、兼性塘、厌氧塘和曝气塘。由于使用环境不同，多塘系统的组成也有所不同，中典型的是生态砾石床技术。生态砾石床技术是一种以生态砾石为填料的自然复氧型生态砾石接触氧化技术，可以有效控制削减水中的 SS、TN 和 TP，改善水体水质。生态砾石床技术主要用于对河水水质的异位净化，适用于河流低污染水的净化。

河流的堤岸部分是水陆交错的过渡地带，具有显著的边缘效应，这里有活跃的物质、养分和能量的流动，为多种生物提供栖息地。自然生态堤岸是将河流堤岸保持或恢复到其原有自然状态的一种工艺。自然生态堤岸可以为河流提供相对稳定、友好的滨岸环境，为水生动物、植物提供良好的栖息、繁殖空间，且具有良好的过滤地表径流、改善水质的综合功能。

生态混凝土护坡是适宜河流岸坡生态修复与重建的一种新型绿色环保技术，融合材料工程学、生物学、环境科学、水力学等多学科知识，集水土保持、生态修复、水质净化于一体。生态混凝土堤岸是采用孔隙率为30%的多孔混凝土建设护坡的一种堤岸形式，生态混凝土的多孔结构和巨大的比表面积使其表面适宜富集微生物及生长绿色植物，为岸边植物提供相应的生存空间，同时为微生物提供栖息附着场所。通过植物生长吸收水体中的氮、磷污染物，削减水体中的营养物质。如图 8-3 所示。

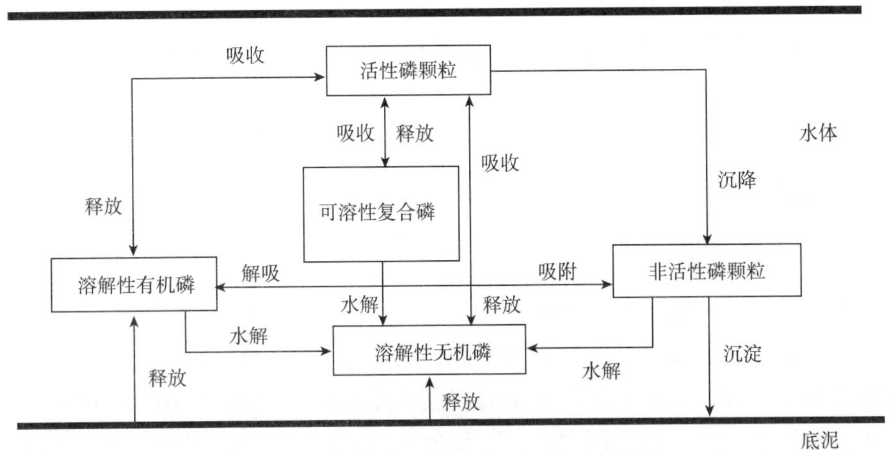

图 8-3　磷循环示意图

改造后的河流湿地将成为河流入湖处河湖水系的交错带或过渡带，与湖泊生态系统形成一个整体，使湖泊不易受到外界的冲击。同时，湿地具有多种生态功能，包括交错带内生物或非生物因素以及相邻生态系统的相互作用、对交错带内能量流动和物质循环的调节，其在景观斑块的变化或稳定性中起到十分重要的作用。

入湖河流河口湿地修复可根据河地区基底现状、水深等条件，因地制宜地培植多种挺水植物、浮叶植物、沉水植物，并使其与周边生态环境协调一致，通过人工保育和自然演变，逐渐使其向自然湿地过渡，最终成为湖滨生态系统的一部分。低污染水净化技术工艺较多，针对不同的低污染水类型、地形地貌、外围污染情况，选择合适的工艺技术进行单独和组合运用。为更好地优化组合碎石床、下凹式绿地和生态拦截带这三种技术，充分发挥其截留净化能力，同时考虑到景观效果，在优先考虑各自的适用条件的基础上，还需考虑空间布局的合理性。

8.3　低污染水源固定化生物菌剂的构建

8.3.1　菌剂的构建内容

本研究是提供一种低污染水源固定化生物菌剂的构建及其应用的方法，以解决现存的生物法处理水源水中氨氮、有机物、铁锰以及藻类和藻毒素处理效果差的问题。通过以下步骤实现：

（1）多功能贫营养菌的复筛和复配；

（2）高效溶藻产生菌筛选；

（3）菌剂的发酵和构建；

（4）菌剂固定化生物强化；

（5）工艺的优化，最终实现低污染水源的处理和生物强化。

8.3.2 具体实施方式

8.3.2.1 具体实施方式一

本实施方式按照以下步骤进行。

（1）多功能贫营养菌的复筛和复配：将高效 COD 降解菌、氨氮细菌与除磷细菌单独发酵后，将上述三种菌的菌液浓度维持在 CFU 为 10^6 个/mL，然后按体积比为 2∶2∶1 的比例混合，即得到多功能贫营养菌。其中，所述的高效 COD 降解菌、氨氮细菌与除磷细菌均是从贫营养驯化的活性炭生物膜上获取后，再通过耐饥饿实验和净化效果实验分离获得。

（2）高效溶藻产生菌筛选：在培养时间为 8～16h、pH 为 6～7、培养温度为 28～32℃、接菌量为 5%、摇床转数为 120～140r/min 的条件下，将溶藻菌置于高效溶藻菌的培养基中进行培养。

（3）生物菌剂的构建：将步骤（1）中得到的多功能贫营养菌与步骤（2）中得到的高效溶藻菌按体积比为 2∶1 的比例混合后，即构建出生物菌剂。

本实施方式步骤（1）中所述的高效 COD 降解菌主要包括短小芽孢杆菌属（*Bacillus*）和不动杆菌属（*Acinetobacter*）；所述的氨氮细菌主要包括亚硝酸菌属（*Nitrosomonas*）、硝酸菌属（*Nitrobacter*）和恶臭假单胞菌（*Pseudomonasputida*）；所述的除磷细菌主要包括假单胞菌属细菌（*Pseudomonas* sp.）和短杆菌属（*Brevibacterium*）。

本实施方式的耐饥饿实验具体操作过程如下：取目标水体，使目标水体的 COD 小于 50mg/L，然后通过驯化，使目标水体中的菌体利用水体中的无机营养盐类物质生长，直至目标水体的水质标准达到国家水质标准，然后分别通过具体实施方式二～具体实施方式四所述的三种培养基，进行高效 COD 降解菌、氨氮细菌与除磷细菌分离。其中，所述的目标水体为江河湖水或者生活用水；所述的达到国家水质标准为江河湖水需达到Ⅳ类水质标准，生活用水需达到一级 B 标准；所述的无机营养盐类物质为硝酸根、磷酸盐以及氨氮类物质。

净化效果实验具体操作过程如下：将耐饥饿实验分离得到的高效 COD 降解菌、氨氮细菌与除磷细菌进行发酵，得到菌剂；将载体的填料投放到待净化的反应器中，然后向反应器中间歇性投加上述得到的三种菌剂，直到反应器内的水体达到国家水质标准。其中，所述的达到国家水质标准为江河湖水需达到Ⅳ类水质标准，生活用水需达到一级 B 标准；所述的高效 COD 降解菌、氨氮细菌与除磷细菌进行发酵所需培养基分别为具体实施方式二～具体实施方式四所述的三种培养基。

8.3.2.2 具体实施方式二

本实施方式与具体实施方式一不同的是高效 COD 降解菌通过耐饥饿实验和净化效果实验分离时，所需的培养基是由 0.5g/L 的葡萄糖、0.5g/L 的 NHCl、0.5g/L 的 KH_2PO_4、0.5g/L 的 K_2HPO_4、0.05g/L 的 $CaCl_2$、0.5g/L 的 $MgSO_4 \cdot 7H_2O$、1mL/L 的微量元素溶液、2g/L 的酵母膏和余量的水组成。其中，所述的微量元素溶液是由 0.2g/L 的 $CoCl_2 \cdot 6H_2O$、0.3g/L 的 $MnCl_2 \cdot 4H_2O$、0.04g/L 的 $ZnCl_2$、0.01g/L 的 $NiCl_2 \cdot 6H_2O$、0.02g/L 的 $CuSO_4 \cdot 5H_2O$、0.01g/L 的 $Na_2MoO_4 \cdot 2H_2O$、0.01g/L 的 $Na_2SeO_4 \cdot 2H_2O$ 和 0.2g/L 的 $FeSO_4$ 组成，培养基 pH 为 7～7.5。其他与具体实施方式一相同。

8.3.2.3 具体实施方式三

本实施方式与具体实施方式一和二不同的是氨氮细菌通过耐饥饿实验和净化效果实验分离时，所需的培养基是由 0.5g/L 的葡萄糖、1g/L 的 NHCl、1g/L 的 $NaNO_3$、0.5g/L 的 KH_2PO_4、0.5g/L 的 K_2HPO_4、0.05g/L 的 $CaCl_2$、0.5g/L 的 $MgSO_4 \cdot 7H_2O$、1mL/L 的微量元素溶液、2g/L 的酵母膏和余量的水组成。所述的微量元素溶液是由 0.2g/L 的 $CoCl_2 \cdot 6H_2O$、0.3g/L 的 $MnCl_2 \cdot 4H_2O$、0.04g/L 的 $ZnCl_2$、0.01g/L 的 $NiCl_2 \cdot 6H_2O$、0.02g/L 的 $CuSO_4 \cdot 5H_2O$、0.01g/L 的 $Na_2MoO_4 \cdot 2H_2O$、0.01g/L 的 $Na_2SeO_4 \cdot 2H_2O$ 和 0.2g/L 的 $FeSO_4$ 组成，培养基 pH 为 7～7.5。其他与具体实施方式一。

8.3.2.4 具体实施方式四

本实施方式与具体实施方式一至具体实施方式三不同的是除磷细菌通过耐饥饿实验和净化效果实验分离时，所需的培养基是由 0.5g/L 的葡萄糖、0.5g/L 的 NHCl、2g/L 的 H_2PO_4、0.5g/L 的 KH_2PO_4、0.5g/L 的 K_2HPO_4、0.05g/L 的 $CaCl_2$、0.5g/L 的 $MgSO_4 \cdot 7H_2O$、1mL/L 的微量元素溶液、2g/L 的酵母膏和余量的水组成。所述的微量元素溶液是由 0.2g/L 的 $CoCl_2 \cdot 6H_2O$、0.3g/L 的 $MnCl_2 \cdot 4H_2O$、0.04g/L 的 $ZnCl_2$、0.01g/L 的 $NiCl_2 \cdot 6H_2O$、0.02g/L 的 $CuSO_4 \cdot 5H_2O$、0.01g/L 的 $Na_2MoO_4 \cdot 2H_2O$、0.01g/L 的 $Na_2SeO_4 \cdot 2H_2O$ 和 0.2g/L 的 $FeSO_4$ 组成，培养基 pH 为 7～7.5，其他与具体实施方式一相同。

8.3.2.5 具体实施方式五

本实施方式与具体实施方式一不同的是步骤（2）中所述的高效溶藻菌的培养基是由1g的葡萄糖、5g的氮源、5g的NaCl、4g的K_2HPO_4、6g的KH_2PO_4、1mL的微量元素溶液和1000mL的去离子水混合后于121℃下灭菌20min制成。其中，所述的微量元素溶液是由1000mg的$CaCl_2 \cdot 2H_2O$、1000mg的$FeSO_4 \cdot 7H_2O$、1400mg的EDTA和1000mL的去离子水组成；所述的氮源为NH_4Cl、NH_4SO_4、尿素或玉米浆；所述的高效溶藻菌的培养基pH为7，其他与具体实施方式一相同。

8.3.2.6 具体实施方式六

本实施方式是按照以下步骤进行的：

将生物载体置于反应器中，向生物载体上喷洒生物菌剂，待形成生物膜后，然后采用间歇性投加菌剂的方法，进行生物菌剂的强化处理，即完成菌剂的投加使用。其中，间歇性投加菌剂的菌剂投加量为5%。

8.3.2.7 具体实施方式七

本实施方式与具体实施方式六不同的是生物载体为火山岩、生物活性炭、沸石、电气石或PVC。其他与具体实施方式六相同。

8.3.2.8 具体实施方式八

本实施方式与具体实施方式六和七不同的是间歇性投加菌剂的方法具体操作如下：

（1）根据实际的处理效果和水力停留时间，按5%的体积比进行菌剂投加，投加期间污水停止运行5～8h；

（2）若菌剂的处理效果不稳定，则再次按照步骤（1）的操作进行，直至菌剂的处理效果稳定为止。其他与具体实施方式六和具体实验方式七相同。

本实施方式步骤（1）中根据实际的处理效果和水力停留时间，按体积百分含量为5%的量投加菌剂，所起到的作用为增加反应器或生物载体填料上的功能微生物的数量，提高其生物活性，保持优势菌种的数量以及挂膜的稳定性。

本实施方式步骤（2）中所述的处理效果不稳定具体指进水的水质波动较大、温度以及有机负荷较大的时候，微生物对污染物的去除率受到影响，表现在主要的目标污染物没有处理达标，即为处理效果不稳定。处理效果稳定具体指处理的水质达到当地对河流的水体的水质指标。

8.3.2.9 具体实施方式九

本实施方式与具体实施方式八不同的是步骤（1）中的根据实际的处理效果和水力停留时间在本实施方式中为 6～8 天。

8.3.2.10 具体实施方式十

本实施方式与具体实施方式八不同的是步骤（1）中污水停止运行时间在反应池为固定的生物反应池时，需增加水力停留时间（停留时间为 8～12h）。

8.3.3 实例验证效果

通过实施案例验证本研究的有益效果。

实施案例获得的高效贫营养菌，对贫营养条件有很好的适应能力，并且对高锰酸盐指数和氨氮有较好的去除效果。

对实施案例制得的固定化后的生物菌剂进行水体修复实验验证。

针对开发的水体修复菌剂，通过运行 SBR 生物反应器，对松花江水和马家沟河水进行生物强化处理，探讨菌剂的适应性和处理效果。

研究采用火山岩作为生物载体填料，菌剂固定初期，采用喷淋的方法，将填料剂浸没在菌剂中，然后采用曝气的方法，曝气三天后，处理松花江水和马家沟的河水，水力停留时间 12～24h，期间每隔 7 天进行一次菌剂的强化处理，菌剂强化的菌剂投加量为 5%，处理效果稳定后停止投加。

研究结果如下：活性污泥内部形态变化的扫描电子显微镜照片如图 8-4 所示，应用于活性炭固定化的生物强化菌剂小试研究表明，能够实现对氨氮、微藻以及 COD 等的有效去除，48h 后氨氮的去除率达到 95%以上，对微藻具有较好的去除作用。

图 8-4 电子显微镜照片

实施案例的固定化生物菌剂对 COD 的去除效率结果表明，生物强化处理的 SBR 反应器中，松花江水和马家沟河水 COD 的去除率分别为 52.72%和 52.12%，第 7 个周期出水 COD 达到了排放标准。

松花江水在菌剂生物强化的前 2 个周期，氨氮和硝态氮去除速率较快，在第 6 个周期进入稳定状态，第 12 个周期后氨氮去除率为 70.37%，磷酸根的去除率为 81.87%，硝态氮为 38.64%，亚硝态氮为 97.07%。相对于直接的一次性投加，生物强化效果更加的稳定，去除的效果更好。

马家沟河水在菌剂生物强化处理的前 2 个周期与松花江水相似，氨氮和硝态氮去除速率较快，第 12 个周期后氨氮去除率为 80.96%，磷酸根的去除率为 50.48%，硝态氮为 59.36%，亚硝态氮为 95.91%，间接的多次投加生物强化效果优于直接一次性投加。实例的固定化生物菌剂（水体修复菌剂）用于实际水体的生物强化处理，关键在于如何使菌剂的功能菌株有效的附着或者固定在污泥或者生物载体填料上，通过调整工艺和菌剂的投加方式，使其成为优势菌种，并不断提高其生物活性，保证水处理过程的稳定和高效。

8.4 实施案例

8.4.1 固定化生物菌剂对松花江水和马家沟河水的 COD 去除效果

图 8-5 为实施案例制得的固定化生物菌剂对松花江和马家沟河水的 COD 去除效果图。

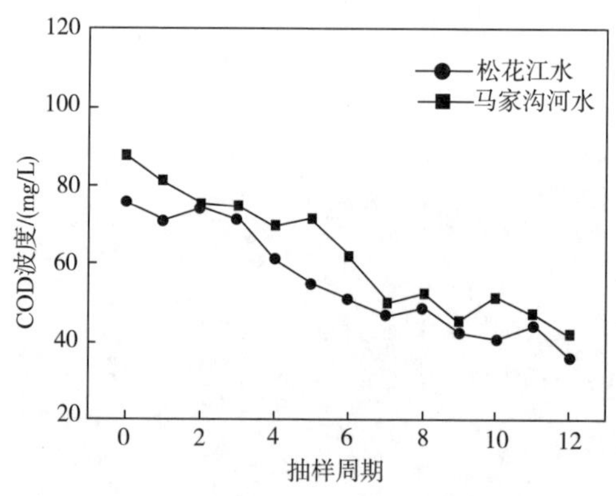

图 8-5 固定化生物菌剂对松花江水和马家沟河水的 COD 去除效果图

8.4.2 固定化生物菌剂对松花江水氨氮、硝氮、亚硝氮、磷酸根的去除效果

图 8-6 为实施案例制得的固定化生物菌剂对松花江水的氨氮、硝氮、亚硝氮和磷酸根的去除效果图。

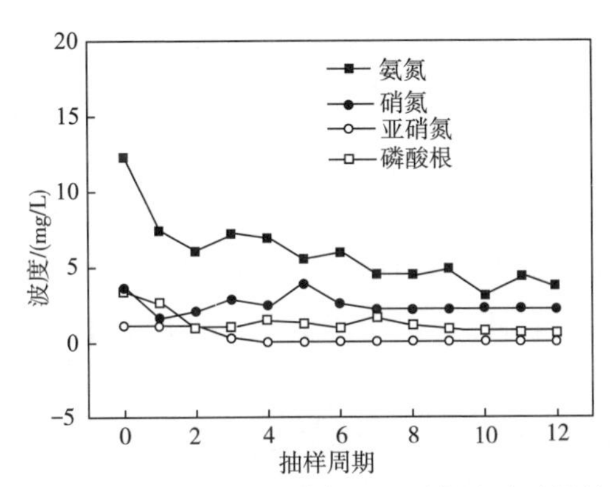

图 8-6　菌剂对松花江水的氨氮、硝氮、亚硝氮和磷酸根的去除效果图

8.4.3 固定化生物菌剂对马家沟河水的氨氮、硝氮、亚硝氮、磷酸根的去除效果

图 8-7 为实施实例制得的固定化生物菌剂对马家沟河水的氨氮、硝氮、亚硝氮和磷酸根的去除效果图。

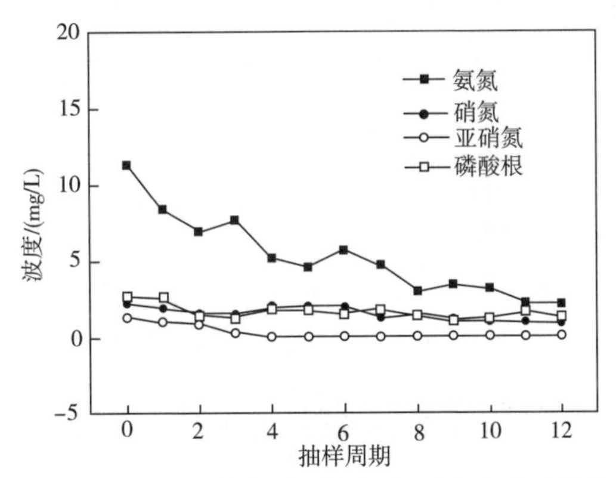

图 8-7　菌剂对马家沟河水的氨氮、硝氮、亚硝氮和磷酸根的去除效果图

上述研究结果表明，投加实施案例制备得到的固定化后的生物菌剂的松花江水和马家沟河水的 COD 去除率分别为 52.72%和 52.12%，氨氮去除率分别

为 70.37%和 80.96%，磷酸根去除率分别为 81.87%和 50.48%，硝态氮去除率分别为 38.64%和 59.36%，亚硝态氮去除率分别为 97.07%和 95.91%。间接投加菌剂生物强化优于直接一次性投加，保证了处理效果的稳定性和高效性，对实际工程中菌剂的生物强化具有很好的借鉴和指导意义。

由于不同的地域以及地理环境中微生物在适应性上具有一定差异，本研究的核心即对不同功能菌株的分离培养，强化分离本地优势的菌群，用于生物的强化处理。最终目标在于通过功能培养基，分离具有降解优势的微生物功能菌。

生物活性炭深度处理技术是利用生长在活性炭上的微生物的生物氧化作用，从而达到去除污染物的技术。该技术可以增加水中溶解性有机物的去除效率；延长活性炭的再生周期，减少运行费用；而且能够将水中的氨氮转化为硝酸盐，进而加强水中溶解性有机物的去除，降低后氯化时的氯剂投加量，降低三卤甲烷的生成量。

生物活性炭深度处理中的一个关键因素是固定化微生物菌剂构建。其具体方法：首先筛选得到贫营养菌、溶藻菌和藻毒素降解菌，进而将三种菌有机的固定在载体上，从而为饮用水的生物处理技术提供高效的固定化微生物菌剂，实现对水源水中有机物、藻类和藻毒素的去除。

8.5 固定化生物菌剂的构建技术路线

低污染水源固定化生物菌剂的构建方法技术路线见图 8-8。

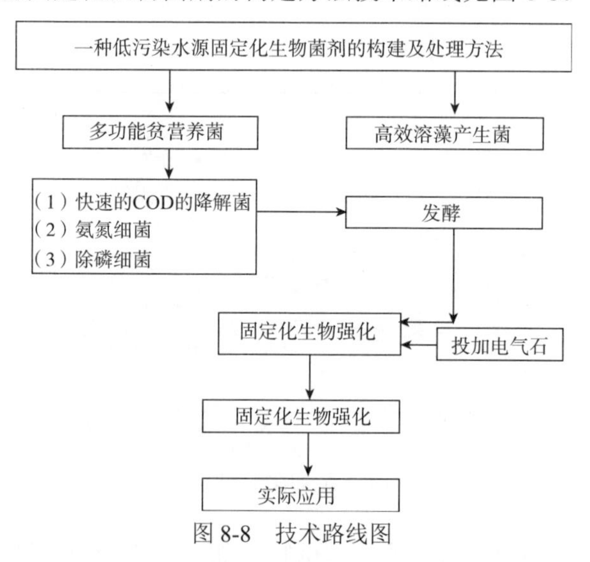

图 8-8　技术路线图

8.6 嫩江典型区域优先控制污染物清单

8.6.1 优先控制污染物筛选过程的确定

污染物优先控制清单的确定对于嫩江流域示范区水域的污染物控制以及流域内的生态环境和人体健康具有重要意义，研究综合国内外优先污染物的筛选方法，结合嫩江流域示范区的流域特点对流域污染物进行筛选。由于研究的是在嫩江流域示范区近五年（2010～2014 年）水质监测数据的基础上进行，其数据众多，而且有些数据为常规监测项目（水温、pH 等）对污染物优先控制清单的筛选意义不大，所以研究在污染物的优先筛选中，首先排除众多监测项目中的对优先控制清单没有影响的常规监测数据，将剩余的可疑污染物（可能作为优先控制污染物）作为初始清单进行下一步的筛选工作；其次，对初始清单进行研究，结合国内外对污染物处理和控制中优先控制的污染物名单与初始清单进行对比，筛选出国内外现阶段优先控制的污染物作为研究的初筛清单；然后，结合国内外对污染物优先控制的研究现状和研究方法，同时考虑到研究区的流域特点和初筛清单污染物的特点，确定一种具有研究区特点和能准确筛选污染物的筛选原则，在确定的筛选原则的基础上对初筛清单进行进一步的筛选，最终得到的污染物优先控制清单作为嫩江流域示范区水环境污染物管理的优先控制管理名单。

8.6.2 嫩江流域示范区优先控制污染物的筛选

优先控制污染物的筛选是在嫩江流域示范区 2010～2014 年水质监测数据的基础上，结合上述筛选原则来进行的。在对嫩江流域示范区优先控制污染物清单进行筛选时，首先，对嫩江流域示范区 2010～2014 年水质监测数据进行初步统计，排除对于污染物优先控制清单的筛选没有影响的数据，由剩余的污染物组成初始清单；然后，结合国内外现有的污染物优先控制清单（中国优先污染物黑名单和美国环境保护局重点控制污染物）挑选出黑名单作为初筛清单；最后，在初筛清单的基础上结合筛选原则，充分考虑污染物水环境中的检出率、污染物的生物毒性效应和水生生物的降解富集能力的条件下筛选出嫩江流域示范区优先控制污染物清单。

8.6.3 初始清单的确定

初始清单是一个由可能成为优先控制清单的污染物组成的名单，在对嫩江流域示范区近五年水质监测数据进行初步统计和筛选，去除常规的监测项目（温度、pH、流量、污水排放量、电导率、总硬度等）和对水环境质量没有影响的监测项目（叶绿素、透明度、蓝藻门、甲藻门、金藻门、黄藻门、硅藻门、裸藻门、绿藻门等）后，得到一个由水环境中可疑污染物（可能作为优先污染物控制清单的污染物）组成的初始清单。

8.6.4 初筛清单的筛选

在嫩江流域示范区近五年水质监测数据初步筛选的基础上，确定检测的 99 种污染物作为初始清单，然后以中国优先污染物黑名单和美国环境保护局（EPA）重点控制污染物作为参考，而 EPA 重点控制污染物则是美国根据美国的地区特点以及整个地球生态环境特点确定的对生态环境和人体健康影响较大的污染物。凡是在黑名单和重点控制污染物名单中出现过的污染物都可以确定为可能对嫩江流域示范区的生态环境和人体健康造成影响的污染物，因而将其确定为初筛清单。经过筛选，确定了 44 种污染物作为初筛清单，如表 8-1 所示。

表 8-1　检测项目表

序号	检测项目	重点控制污染物	黑名单
1	溶解氧		
2	高锰酸盐指数		
3	化学需氧量		
4	五日生化需氧量		
5	氨氮		
6	总磷		
7	总氮		
8	铜	√	√
9	锌	√	
10	铊	√	
11	氟化物		
12	硒	√	
13	砷	√	√
14	汞	√	√
15	镉	√	√
16	六价铬	√	√
17	铅	√	√
18	氰化物	√	√
19	挥发酚		

续表

序号	检测项目	重点控制污染物	黑名单
20	石油类		
21	阴离子表面活性剂		
22	硫化物		
23	粪大肠菌群		
24	铁		
25	锰		
26	硫酸盐		
27	氯化物		
28	硝酸盐		
29	亚硝酸盐		
30	苯乙烯		
31	氯仿		
32	微囊藻毒素-LR		
33	丁基黄原酸		
34	阿特拉津		
35	溴氰菊酯		
36	苯并[a]芘	√	√
37	百菌清		
38	甲萘威		
39	钡		
40	铍	√	√
41	钴		
42	钼		
43	镍	√	√
44	锑	√	
45	钒		
46	2, 4-二氯酚		√
47	2, 4, 6-三氯酚		√
48	邻苯二甲酸二丁酯	√	√
49	邻苯二甲酸二(2-乙基己基)酯		√
50	苯	√	√
51	甲苯	√	√
52	乙苯	√	√
53	异丙苯		
54	氯苯	√	√

续表

序号	检测项目	重点控制污染物	黑名单
55	二甲苯		√
56	1, 2-二氯苯	√	√
57	1, 4-二氯苯	√	√
58	四氯化碳		√
59	三氯甲烷	√	√
60	丙烯醛	√	√
61	吡啶		
62	乙醛		
63	丙烯腈		√
64	松节油		
65	三溴甲烷	√	
66	邻-二硝基苯		√
67	对-二硝基苯		
68	二氯甲烷	√	√
69	2, 4, 6-三硝基甲苯		√
70	1, 2-二氯乙烷	√	√
71	邻-硝基氯苯		
72	间-硝基氯苯		√
73	对-硝基氯苯		
74	环氧氯丙烷		
75	丙烯酰胺		
76	氯乙烯	√	
77	2, 4-二硝基氯苯		
78	三氯乙烯	√	
79	水合肼		
80	四氯乙烯	√	
81	苦味酸		
82	六氯丁二烯		√
83	p, p, -DDE		
84	p, p, -DDT	√	√
85	o, p, -DDT		
86	p, p, -DDD	√	√
87	甲醛		
88	林丹		
89	三氯乙醛		

续表

序号	检测项目	重点控制污染物	黑名单
90	环氧七氯		
91	1, 3, 5-三氯苯		
92	1, 2, 4-三氯苯		√
93	1, 2, 3-三氯苯		
94	硼		
95	1, 2, 4, 5-四氯苯		
96	1, 2, 3, 4-四氯苯		
97	钛		
98	六氯苯	√	√
99	2, 4-二硝基甲苯	√	√

8.6.5 优先污染物控制清单的筛选

污染物的环境检出率体现污染物是否存在于环境中，和其存在于环境的广泛性。研究以嫩江流域示范区近五年水质监测数据为基础，统计初筛清单中44种污染物监测数据，以某种污染物在水环境中的检出次数与检测次数的比值确定其检出的频率即为该污染物在水环境中的检出率。

毒性效应是筛选过程中的重要原则，能体现污染物对水生生物和人体健康的危害程度，研究中急性毒性的确定是用半致死剂量（LD_{50}）表示，以大鼠一次经口的 LD_{50} 的剂量为基准，将 $LD_{50} \leqslant 1000mg/kg$ 的计量记为急性毒性，由于有些污染物的 LD_{50} 未知，所以在急性毒性确定时同样参考污染物与人体接触时所造成的生理反应程度的大小确定其有无急性毒性，如 1g 铊对人体致死确定其具有急性毒性。污染物的三致毒性（致畸性、致突变、致癌性）是由查阅污染物的特性确定的，而水生生物对污染物的降解和富集能力是结合污染物的物理化学性质以及水环境中的生物特点确定的。

对 44 种污染物的环境检出率、急性毒性、三致毒性、生物降解和富集能力进行统计，作为优先控制污染物筛选的依据。如表 8-2 所示。

表 8-2 嫩江优先污染物初筛清单

序号	污染物	环境检出率/%	急性毒性	三致毒性	生物效应
1	铜	0			
2	锌	0			
3	铊	28.6	√		
4	硒	0			

续表

序号	污染物	环境检出率/%	急性毒性	三致毒性	生物效应
5	砷	89.2	√	√	富集
6	汞	20.2			富集
7	镉	2.5		√	富集
8	六价铬	1.4	√	√	富集
9	铅	0		√	富集
10	氰化物	0	√		
11	苯并[a]芘	0	√	√	降解
12	铍	0		√	
13	镍	0		√	
14	锑	0		√	富集
15	2, 4-二氯酚	0	√		降解
16	2, 4, 6-三氯酚	0	√		降解
17	邻苯二甲酸二丁酯	100	√		降解
18	邻苯二甲酸二（2-乙基己基）酯	0			降解
19	苯	9		√	富集
20	甲苯	0			降解
21	乙苯	0			降解
22	氯苯	0			降解
23	二甲苯	0			降解
24	1, 2-二氯苯	10	√	√	富集
25	1, 4-二氯苯	30	√		富集
26	四氯化碳	20		√	降解
27	三氯甲烷	10	√		降解
28	丙烯醛	0	√	√	富集
29	丙烯腈	0	√	√	富集
30	三溴甲烷	0	√		降解
31	邻-二硝基苯	20		√	降解
32	二氯甲烷	0			降解

续表

序号	污染物	环境检出率/%	急性毒性	三致毒性	生物效应
33	2, 4, 6-三硝基甲苯	0			降解
34	1, 2-二氯乙烷	0	√		降解
35	间—硝基氯苯	0			富集
36	氯乙烯	0	√	√	降解
37	三氯乙烯	0		√	降解
38	四氯乙烯	0		√	降解
39	六氯丁二烯	0		√	降解
40	p, p, -DDT	0	√	√	富集
41	p, p, -DDD	0	√	√	富集
42	1, 2, 4-三氯苯	0	√		富集
43	六氯苯	0			富集
44	2, 4-二硝基甲苯	0	√	√	降解

根据表 8-2 中 44 种污染物的环境检出率、毒性效应和生物效应进行统计。首先，考虑到 44 种污染物均为中国优先污染物黑名单和 EPA 重点控制污染物名单中的污染物，本身对生态环境和人体健康会造成严重的影响，所以在研究区的水环境中检出了这些污染物就有可能对水环境以及人体健康造成危害，因此把环境检出的污染物（检出率大于 0）的均纳入优先控制清单；其次，具有急性毒性的污染物与水生物或人体接触时能对水生物和人体造成较大伤害，所以将污染物的生物急性毒性效应作为一个重要的筛选标准，将初筛清单的 44 种污染物中具有急性毒性（LD_{50}≤1000mg/kg）的污染物纳入优先控制清单；最后，综合考虑初筛清单污染物的三致毒性和生物富集、降解能力，将具有三致毒性和生物富集能力较强的污染物纳入优先污染物控制清单。根据优先污染物控制清单的筛选路线，筛选出对生态环境和人体健康影响较大的具有代表性的 25 种污染物作为示范性区域的污染物优先控制清单，如表 8-3 所示。

表 8-3　嫩江污染物优先控制清单

序号	污染物	序号	污染物
1	砷	5	六价铬
2	汞	6	邻苯二甲酸二丁酯
3	铊	7	苯
4	镉	8	1, 2-二氯苯

续表

序号	污染物	序号	污染物
9	1, 4-二氯苯	18	苯并[a]芘
10	四氯化碳	19	p, p, -DDT
11	三氯甲烷	20	p, p, -DDD
12	丙烯醛	21	2, 4-二硝基甲苯
13	丙烯腈	22	2, 4-二氯酚
14	三溴甲烷	23	2, 4, 6-三氯酚
15	邻-二硝基苯	24	1, 2-二氯乙烷
16	氯乙烯	25	1, 2, 4-三氯苯
17	氰化物		

其中砷、汞、铊、镉、六价铬、邻苯二甲酸二丁酯、苯、1，2-二氯苯、1，4-二氯苯、四氯化碳、三氯甲烷、邻-二硝基苯为环境检出率大于 0 的，邻苯二甲酸二丁酯检出率甚至达到 100%，说明其在环境中广泛存在，对生态环境和人体健康具有较大威胁；氰化物、苯并[a]芘、丙烯醛、丙烯腈、三溴甲烷、氯乙烯、p，p，-DDT、p，p，-DDD、2，4-二硝基甲苯、2，4-二氯酚、2，4，6-三氯酚、1，2-二氯乙烷、1，2，4-三氯苯、铅和锑为具有生物急性毒性或者具有三致毒性而且水生物难降解能富集的污染物。研究确定的污染物优先控制清单充分考虑了污染物的水环境检出率、污染物的水环境毒性效应以及水生物的降解富集能力，同时结合了嫩江流域示范区的水环境特点，可以作为嫩江流域示范区的水环境的管理和维护的污染物优先控制清单。

优先控制污染物的筛选是对水环境的监测和控制的基础，结合中外研究方法确定三项筛选原则，选出 25 种污染物作为优先控制污染物，结合优先控制污染物清单，对嫩江流域示范区的水质监测与管理提出以下意见。

1）对优先污染物清单进行实时更新

由于初始清单为近五年的监测数据，不能完全真实的反应嫩江流域的污染物排放情况，所以要对嫩江流域的水质情况进行实时的监测，根据监测的污染物情况，随时调整嫩江流域的优先污染物控制清单，为嫩江流域水质管理提供真实可靠的优先控制清单，以便更好地控制嫩江流域水中污染物。

2）对清单上的污染物实施优先控制加强污染源监测

由于常规监测项目已远不能满足污染源监测要求，水质情况不是现有的 COD、BOD_5 等指标能控制的，所以必须把单项有机污染物的浓度监测与总量控制结合起来。但是生产、排放的污染物种类数目庞大、只能从优先控制、优先监测的途径入手，控制了产量大、环境中广泛存在的主要污染物，就能从根本上控制有毒有机物污染。因此，加强工业污染源监测的最佳途径就是对工业污染源排放实行优先控制，水中优先控制污染物清单正是为这一目的服务的。

3）扩增污染物监测种类

在研究中发现，国内外的优先污染物控制清单（中国污染物黑名单和美国EPA 重点控制污染物清单）有很多不在研究区的监测数据中，黑名单和 EPA 确定的污染物重点控制名单是现阶段国内外研究中已确定的可能会对生态环境和人体健康造成影响的需要优先控制的污染物清单，因而要全面加强流域水质的监测范围，增加监测项目，以后的研究要全面考虑所有可能对生态环境和人体健康造成影响的污染物。

4）健全污染源监测指标体系，开展污染源监测

根据优先控制污染物清单确定监测的污染物种类，进而制定监测标准，查找污染物控制排放标准。因而对嫩江水污染的管理和监测还需要由主管部门会同各工业部门协调确定排放标准的制定，特别是有毒污染物排放标准需尽快制定。

5）分期分批实施，逐步解决嫩江污染物的控制

对污染物的监测与控制是一个长期且巨大的项目，水中污染物的含量也会随时间空间的不同而有所变化，需要相关部门分批分期实施。根据污染物的检出率和污染程度，结合现有的监测技术和管理条件对相关污染物进行优先的控制，然后分期分批次的控制污染物，达到对嫩江流域污染物的控制和水质的优化管理的目的

8.7 DBP 高效降解菌的筛选、分离及鉴定

8.7.1 DBP 作为典型有机污染物的选择依据

8.7.1.1 DBP 的特点及降解方法

邻苯二甲酸二丁酯（DBP）具有色泽浅、挥发性低、气味小和耐低温等特点，是近年来产量最大、用量最多的增塑剂，广泛用于橡胶、塑料、香料等行业。DBP 与载体连接不稳定，极易扩散到环境中，可通过食物、空气、饮用水、化妆品等多种途径进入人体并富集。DBP 对水生植物具有毒性效应，对动物雌激素具有显著干扰作用，能降低细胞膜表面蛋白的表达从而抑制巨噬细胞的吞噬能力，甚至诱导神经细胞凋亡，是一种重要的环境内分泌干扰物及致癌、致畸、致突变物质，引起了各国环保部门的高度重视。美国环保局（EPA）、欧

盟以及中国国家环境监测中心均已将其列入优先控制污染物黑名单。根据《生活饮用水卫生标准》（GB5749—2006），生活饮用水中 DBP 的最大检出浓度不得超过 0.003mg/L。

DBP 在自然环境中的水解、光解速度非常缓慢，属于难降解物质。人工降解 DBP 的方法包括物理法、化学法及生物法。物理法以腐殖酸或活性炭吸附为主，依靠吸附剂强大的孔隙结构及吸附能力去除水中的 DBP。化学法以光催化降解为主，即通过紫外光的作用将水中 DBP 光解去除。虽然以上两种方法对水体中 DBP 的去除均有较好效果，但存在明显缺陷，如附着在吸附剂中的 DBP 的最终去向尚未解决，吸附剂的再生、更换成本高，光催化降解速率慢、需要外源性催化剂等。相比之下，生物法成本低、效果好、无二次污染，是自然环境中 DBP 矿化的主要途径。目前，已有研究成功从土壤、湿地、河流底泥、垃圾填埋场、序批式活性污泥反应器以及石化废水处理厂的活性污泥中分离得到 DBP 的高效降解菌，这些细菌大部分能以 DBP 作为单一碳源及能量来源，生长代谢条件适宜时，能在 6～72h 内实现对目标污染物 DBP 的高效降解，且无代谢产物的积累，应用于实地环境修复不会造成二次污染。

8.7.1.2 DBP 的微生物降解途径

DBP 的微生物降解途径主要分为好氧降解途径与厌氧降解途径。目前分离得到的 DBP 降解菌以好氧降解菌为主，故 DBP 的降解途径研究多集中于好氧降解途径的研究。

1. 好氧降解途径

目前，普遍认为 DBP 的好氧生物降解途径为 DBP-邻苯二甲酸单丁酯（monobutyl phthalate，MBP）-邻苯二甲酸（phthalic acid，PA）途径，即 DBP 首先发生酯解，形成 MBP 及相应的醇，再生成 PA 和相应的醇。

对于 PA 的好氧代谢，不同的细菌降解途径略有差异。在革兰氏阳性细菌中，PA 在邻苯二甲酸和 3，4-双加氧酶作用下生成 3，4-二羟基邻苯二甲酸；在革兰氏阴性细菌中，PA 通过邻苯二甲酸和 4，5-双加氧酶作用生成 4，5-二羟基邻苯二甲酸；而后形成原儿茶酸等双酚化合物，芳香环再开裂形成相应的有机酸，进而转化成丙酮酸、琥珀酸、延胡羧酸等进入三羧酸循环，最终转化为 CO_2 和 H_2O。

李魁晓等从红树林底泥中驯化富集培养分离得到塑化剂-邻苯二甲酸脂类（PAEs）的降解菌 *Rhodococcus rubber* 1k，很好地验证了上述观点（李魁晓和顾继东，2005）。该菌株的主要降解中间产物为邻苯二甲酸一甲酯（monomethyl phthalate，MMP）和 PA，即 DBP 在降解过程中首先水解断裂一个酯键生成 MMP，然后继续断裂第二个酯键生成 PA，最终开环完全降解成 CO_2 和 H_2O。

除上述主要代谢产物外，DBP 代谢过程中瞬间产生或消失的某些微量物质可能对整个生物降解过程产生重要的影响，因此其降解机制还有待开展深入的研究。不同代谢阶段的产物种类和含量变化及代谢过程中酶种类和活性的变化趋势，对 DBP 生物降解原理的深入解析具有重要意义。

2. 厌氧降解途径

目前，对 DBP 厌氧降解途径的研究报道较少。一般认为，在厌氧条件下，PAEs 有机污染物降解成 MBP 和 PA 以后，可进一步降解成苯甲酸，直至 CO_2 和 H_2O 生成。

由于 DBP 是 PAEs 中的一种，所以 PAEs 的厌氧降解途经研究也值得借鉴。产甲烷菌是厌氧过程的优势菌种，故以产甲烷菌的厌氧降解途径为代表。产甲烷菌厌氧降解 PAEs 的最终产物是醋酸和甲烷。第一步是通过诱导酰基辅酶 A 合成酶产生酯的辅酶 A。酯的脱羧反应产生苯甲酰辅酶 A，而苯甲酰辅酶 A 被认为是单环芳香族化合物矿化的主要中间产物。随后，PAEs 会在脱羧酶作用下发生脱羧反应。苯酰胺酶还原产生 1-羧酸环己烯（cyclohex-1-ene-carboxylate），再经过环裂解及 2-氧环己烷羧酸甲酯（2-oxocyclohe xanecarboxylate）和 β-氧化生成庚二酰辅酶 A（pimelyl coA）。同时，醋酸、丙酮酸、乳酸的添加对降解产生抑制作用，且短链的降解速率比长链快，好氧降解比厌氧降解速率快。

综上，DBP 厌氧降解涉及的微生物种类、活性酶类型、影响条件及降解机理等都有待开展系统深入的研究。

8.7.1.3 DBP 及其生物降解产物检测

DBP 及其生物降解产物的检测方法主要有气相色谱法（GC）、高效液相色谱法（HPLC）、气质联用法（GC-MS）及液质联用法（LC-MS）。GC 与 HPLC 只能对已知目标组分进行定量，未知组分的定性必须与质谱联用。GC 具有检测快捷、应用范围广的优点，但是受样品挥发性限制，且需要制作标准曲线定量，分析前处理复杂，适用于各种气体和易挥发的有机物质，可用于石化工业中大部分的原料和产品的分析（如芳烃、脂肪烃、汽油添加剂等）、环境保护工作中大气和水的质量分析（如有毒有害气体、水中的多环芳烃、有机氯、有机磷农药残留、固体废弃物等）、食品质量中食品添加剂和包装材料中挥发物的分析、医学上挥发性药物和生物碱类药品的分析等。与 GC 相比，HPLC 不受试样挥发性限制，但是也需要制作标准曲线定量分析，前处理复杂，适用于高沸点、热稳定性差、相对分子量大的有机物，常用于核酸、肽类、内酯、稠环芳烃、高聚物、药物、人体代谢产物、表面活性剂、抗氧化剂、杀虫剂、除莠剂等的检测。GC-MS 可实现多组分的定性分析和半定量分析。LC-MS 本身携带萃取柱，不需前处理，然而设备运行成本高、耗时、对质谱解析专业性要求高，定性较难。目前，HPLC 与 GC-MS 是普遍采用的方法，根据目标物质的不同，进行适当的前处理，选择合理的检测器，确定 GC-MS 的程序升温条件、HPLC 的流动相、梯度洗脱条件是获得优质峰形及控制出峰时间的必要条件，也是保证目标物能够检出的前提。

综上所述，以 DBP 作为典型有机污染物，一方面符合本研究对难降解有机物深度处理的要求；另一方面，从 DBP 降解方法的解析及其降解菌研究现状来看，利用细菌降解实现 DBP 的有效去除完全可行，且若与共代谢工艺相结合，在理论上完全能够实现 DBP 的高效降解；最后，由于 DBP 的广泛存在性，对 DBP 高效降解菌进行筛选，并系统的进行 DBP 共代谢反应动力学及降解途径的研究，不但对石化废水中残存污染物的进一步去除具有重要的现实意义，而且在今后对含有 DBP 的生活、生产废水治理，甚至流域水污染治理领域均具有广阔的研究价值与应用前景。

8.7.2 DBP 高效降解菌的初筛

以 SBR 共代谢反应器中的活性污泥作为筛选 DBP 降解菌的菌源，采用倍比稀释法对菌株进行分离。根据平板中菌体的生长状态，初步挑选 11 株数量较多、生长良好的细菌作为 DBP 高效降解菌的筛选基础。各菌株的菌落特征如表 8-4 所示。

表 8-4　初步筛选的菌落特征

菌株编号	菌落特征						
	大小/（mm）	形状	颜色	边缘	光泽度	质地	隆起形状
S1	5.0	近似圆形	白色	不规则	—	干燥	—
S2	1.5	圆形	乳白色	整齐	光泽	—	—
S3	1.5	近似圆形	乳白色	不规则	—	—	扁平
S4	3.0	近似圆形	乳白色	不规则	—	—	气泡状凸起，中间略凸起
S5	1.5	圆形	黄色	整齐	光泽	—	中间凸起
S6	3.0	圆形	白色	整齐	光泽	褶皱	扁平
S7	3.0	圆形	浅黄	—	光泽	—	中间凸起
S8	1.0	圆形	乳白	规则	光泽	—	中间凸起
S9	3.0	圆形	白色	不规则	—	干燥	—
S10	1.5	梭状	黄色	透明	—	光滑	中间凸起
S11	1.0	锥状圆形	乳白色	—	光泽	厚	—

8.7.3 DBP 高效降解菌的复筛

将初步筛选的 11 株菌制成菌悬液，以 DBP 作为碳源，对菌株进行摇床培养，进行 DBP 高效降解菌的驯化及筛选。在筛选过程中，逐步增加污染物浓度，降低营养物质含量，即以无机盐培养液+普通培养基按 1∶1、2∶1、5∶1 的比例逐级递减，DBP 的投放量按 5μL、15μL、15μL 逐级递增，菌悬液的接种量为 10%，并分为加淀粉和无淀粉两组，实时监测驯化过程中各株菌的生长变化情况。结果发现，随着摇瓶中培养基含量的逐渐减小以及 DBP 浓度的逐渐增加，无淀粉的一组，虽然营养物质逐级递减，但是逐级驯化使得细菌的适应能力逐渐增强，细菌逐步适应了变化的生长条件，菌体数量基本保持在较平稳的状态；而有淀粉的一组，易降解基质淀粉的投加打破了原有的平稳状态，使得细菌均出现对营养物质的严重争夺现象，与无淀粉的一组相比，种群间竞争更强，以致现有的营养物质无法满足细菌的竞争性生长需要，菌数逐渐减少。具体如图 8-9、图 8-10 所示。

以添加 DBP 和淀粉的无机盐培养液取代普通培养基，对 11 株菌进行再驯化。全无机盐培养的第一批结果显示：有淀粉的一组中，细菌的适应能力显著增强，11 株菌的生长状况基本未受到影响，虽然菌数有所减少，但是菌种活性较好；而无淀粉一组中，除 S1～S4 这 4 株菌外，其余 7 株菌的数量与活性明显下降。因此，无淀粉一组只对 S1～S4 这 4 株菌进行下一步驯化。如表 8-5 所示。

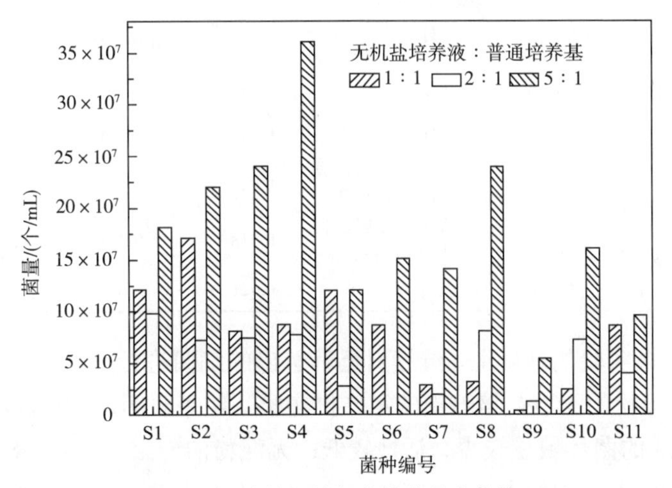

图 8-9 无淀粉组的各菌株数量变化情况

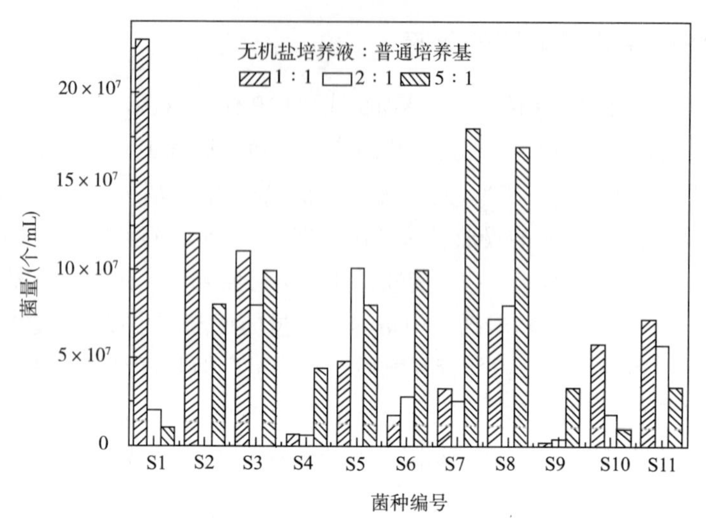

图 8-10 添加淀粉组的各菌株数量变化情况

表 8-5 无机盐培养液（一）各菌株数量与形态对比

菌株编号	有淀粉			无淀粉		
	OD_{600}	生物量/（个/mL）	生长状态	OD_{600}	生物量/（个/mL）	生长状态
S1	0.136	8×10^7	短杆、较活跃	0.030	0.50×10^7	短杆
S2	0.102	6×10^7	短杆、较活跃	0.059	0.53×10^7	短杆、有菌胶团
S3	0.052	2×10^7	短杆、较活跃	0.130	0.75×10^7	有白色沉淀物、油滴分散
S4	0.137	8×10^7	较活跃	0.143	6.00×10^7	短杆、较活跃
S5	0.132	8×10^7	略活跃	0.028	0.13×10^7	不活跃
S6	0.167	7×10^7	短杆、较活跃、少量双联杆	0.017	0.10×10^7	不活跃
S7	0.146	8×10^7	略活跃	0.023	0.13×10^7	不活跃
S8	0.106	6×10^7	短杆、略活跃	0.032	0.03×10^7	几乎看不到
S9	0.175	8×10^7	较活跃、有形成菌胶团的趋势	0.021	0	几乎没有
S10	0.175	10×10^7	短杆较活跃、长杆十分活跃	0.038	0.40×10^7	几乎看不到、不活跃
S11	0.125	4×10^7	略活跃	0.021	0	几乎没有

在第一批实验的基础上，继续对已筛选出的细菌进行培养与驯化，进行添加 DBP 和淀粉的无机盐培养液的第二批实验。结果表明，添加淀粉的培养液中，只有 S3 的菌体数量较少、活性较低；无淀粉的一组中，S1～S4 的菌体数量与活性均较差。因此上述 5 株菌均被淘汰。具体数据如表 8-6 所示。

进行添加 DBP 和淀粉的无机盐培养液的第三批实验，并降低淀粉浓度，对已筛选的菌株进行强化。在此基础上，监测各菌降解前后摇瓶中 COD 浓度变化情况。原摇瓶中添加 DBP 5μL、淀粉 100mg/L，初始 COD 为 762.22mg/L。对比经降解后各摇瓶中 COD 的变化情况，最终确定优势菌均为有淀粉的一组中的 S4、S8、S11。

表 8-6　无机盐培养液（二）各菌种生长情况

菌株编号	有淀粉			无淀粉		
	OD_{600}	生物量/（个/mL）	生长状态	OD_{600}	生物量/（个/mL）	生长状态
S1	0.200	8×10^7	较活跃、有分散油滴	0.015	0	几乎没有
S2	0.284	12×10^7	较活跃、少量菌十分活跃	0.011	0	看不到
S3	0.037	9×10^7	不活跃	0.012	0	看不到
S4	0.152	8×10^7	较活跃、有分散油滴	0.057	4×10^7	十分微小、几乎看不到
S5	0.145	8×10^7	较活跃、有分散油滴	—	—	—
S6	0.186	10×10^7	短杆、较活跃	—	—	—
S7	0.144	12×10^7	短杆、较活跃	—	—	—
S8	0.216	10×10^7	短杆、较活跃、少量十分活跃	—	—	—
S9	0.179	10×10^7	较活跃、有菌胶团	—	—	—
S10	0.180	8×10^7	较活跃、菌体对油株附着明显	—	—	—
S11	0.178	8×10^7	较活跃、少量长杆十分活跃	—	—	—

降解菌的筛选驯化过程进一步证明，利用生物共代谢技术对难降解有机物进行降解去除是可行并具有优势的。SBR 反应器中的活性污泥均无法在难降解有机物 DBP 的环境下进行正常的生长代谢，并最终实现 DBP 的降解。只有利用生物共代谢技术，在含有 DBP 污染物的环境中添加易降解基质淀粉，才能最终实现 DBP 的有效降解与去除。

8.7.4　DBP 高效降解菌的确定

在 DBP 浓度为 200mg/L、淀粉浓度为 30mg/L 的条件下，分别对 S4、S8、S11 各菌株及其混合菌进行活化，然后进行摇瓶降解实验，分别检测不同时间各菌株的 DBP 降解率并记录其生长状态，结果如表 8-7、表 8-8 所示。

表 8-7 不同时间各菌株的 DBP 降解率

菌株编号	48h		72h	
	浓度/（mg/L）	降解率/%	浓度/（mg/L）	降解率/%
空白	200.0000	—	200.0000	—
S4	181.7948	9.10	157.2686	21.36
S8	137.7268	31.14	130.3586	34.82
S11	162.6898	18.66	150.5740	24.71
混菌	200.0000	—	160.5832	19.71
		S8>S11>S4>混菌		S8>S11>S4>混菌

表 8-8 不同时间各菌株的生长状态

菌株编号	48h		72h	
	生物量/（个/mL）	生长状态	生物量/（个/mL）	生长状态
S4	13.0×10^7	菌体小、活性较差、微动	12.0×10^7	菌体小、活性较差、微动
S8	14.0×10^7	菌体小、活性较好、个别动得很快	12.0×10^7	菌体小、活性较好、个别动得很快
S11	6.4×10^7	菌体小、活性差、基本不动	4.0×10^7	菌体小、活性较差、微动
混菌	64.0×10^7	菌体小、活性差、基本不动	4.8×10^7	菌体小、活性差、基本不动

从实验结果可知，降解菌 S4、S8、S11 均对 DBP 具有一定的降解能力，且随降解时间的延长，DBP 降解率也有不同程度的提高。然而，可能由于 S4、S8、S11 的混合菌液的构建需要一定的适应时间，且 3 株细菌均有相同的碳源需求，无法避免在生长期间存在竞争现象，导致 48h 内，DBP 的浓度没有任何变化；随着反应时间的延长，3 株细菌已形成一个稳定的菌群结构，因此，72h 时 DBP 有所降解，但降解率很低，只有 19.71%。

因此，通过综合分析各菌株对 DBP 的降解效果及生长情况，菌株 S8 对 DBP 的降解效果最为显著，72h 内降解率可达到 34.82%，其菌体活性及数量也明显高于其他两株细菌及混合菌群，最终确定 DBP 的高效降解菌为 S8。

8.7.5 DBP 高效降解菌的疏水性与絮凝率

8.7.5.1 疏水性

将培养 24h 后的菌液离心分离，并用 Na_2HPO_4-NaH_2PO_4 制成菌悬液，测定菌悬液的吸光度 OD_{600nm} 为 0.532。分别取 10mL 菌液，并以 4mL、10mL、14mL、20mL、30mL、40mL 的体积梯度添加 DBP，振荡静置后，测得并计算每组实验的吸光度及疏水率（CSH），如表 8-9 所示。由实验结果可知，忽略测定过程中的人为误差，DBP 降解菌 S8 的疏水性的总体变化趋势随 DBP 添加量的增大而升高，最后稳定在 50%左右。由于菌体的疏水性在很大程度上决定了细菌与污染物接触的概率，而大多数难降解性有机污染物均为脂类物质，即疏水性物质，所以 S8 的亲脂性较好，在降解 DBP 及其他疏水性有机污染物方面具有一定的应用潜力及研究价值。

表 8-9　DBP 降解菌 S8 的吸光度和疏水率

DBP 体积/（mL）	4	10	14	20	30	40
OD_{600nm}	0.442	0.300	0.279	0.286	0.266	0.263
CSH/%	16.92	43.61	47.56	46.24	50.00	50.56

8.7.5.2　絮凝率

利用缓冲液将 DBP 高效降解菌 S8 制成菌悬液，使得菌液浓度为 OD_{600nm}0.710。分别以 10mL、20mL 菌浊液为投加量，测定细菌的絮凝率。由于絮凝率实验没有考虑菌液的浓度及投加量对絮凝效果产生的影响，故本实验中粗略的认为，每个细菌所生成的絮凝剂等量，在一定的投加量下其所产生的絮凝效果相同。因此，简单地用单个细胞的絮凝率来表征菌体的絮凝率，即 S8 的絮凝率为 17.69%，结果如表 8-10 所示。

絮凝剂作为一种常见的水处理药剂，随着水处理事业的不断发展，其总的趋势向经济实用、无毒高效的方向发展。絮凝剂总体分为无机、有机与微生物絮凝剂三大类，其中，无机絮凝剂价格低廉，但对人类健康和生态环境存在不利影响；有机高分子絮凝剂具有用量少、絮凝能力强、易分离等特点，同时对油及悬浮物去除效果好，但因其残留物的“三致”效应而大大缩小了应用范围；相比之下，微生物絮凝剂因不存在二次污染、使用方便、造价经济等特点，成为絮凝领域的发展热点，可能在未来取代传统絮凝剂。通过 S8 降解菌的絮凝率实验结果可知，S8 具有较好的絮凝效果，不仅为今后废水处理的可行性奠定了基础，更为微生物絮凝剂的研制提供了新思路。

表 8-10　DBP 降解菌 S8 的絮凝率测定

实验编号	菌液投加量/mL	OD_{550}		絮凝率/%	平均絮凝率/%
		空白	加菌液		
1	10	1.655	0.260	84.29	17.69
2	20	1.735	0.225	87.03	

8.7.6 DBP 高效降解菌的鉴定

8.7.6.1 DBP 高效降解菌的生理生化反应

不同微生物在代谢类型上存在明显差异。细菌作为独特的单细胞原核生物，具有不同的酶系统，对糖、脂肪和蛋白类物质的分解利用能力不同，代谢差异更为突出。在分子生物学技术突发猛进的今天，细菌的生理生化反应在菌种鉴定中仍有不可忽视的重要作用。所以，细菌的生理生化反应可以作为细菌分类鉴定的重要依据之一。据此，对 DBP 降解菌 S8 进行一系列的生理生化实验，实验结果如表 8-11 所示。

表 8-11 DBP 降解菌 S8 的生理生化实验结果

实验内容	实验结果
革兰氏染色	–
氧化酶实验	–
接触酶试验	+
葡萄糖氧化发酵实验	发酵、产酸、产气
糖或醇类发酵实验	产酸、产气
淀粉水解实验	+
油脂水解实验	+
甲基红实验（M. R 实验）	+
乙酰甲基醇实验（V. P 实验）	–
产吲哚（indole）实验	–
石蕊牛奶实验	产酸、还原、酸凝固
硝酸盐还原实验	+
柠檬酸盐利用实验	+
明胶液化实验	+
产硫化氢实验	+
产氨实验	+
尿素水解实验	+
生长温度实验	37℃左右
初始生长 pH 实验	$5<pH\leq 9$
需氧性实验	兼性厌氧

其中，S8 的革兰氏染色结果如图 8-11 所示（见书后彩图）。从图 8-11 可以看出，菌体 S8 的革兰氏染色均呈红色，因此确定细菌 S8 为革兰阴性菌。

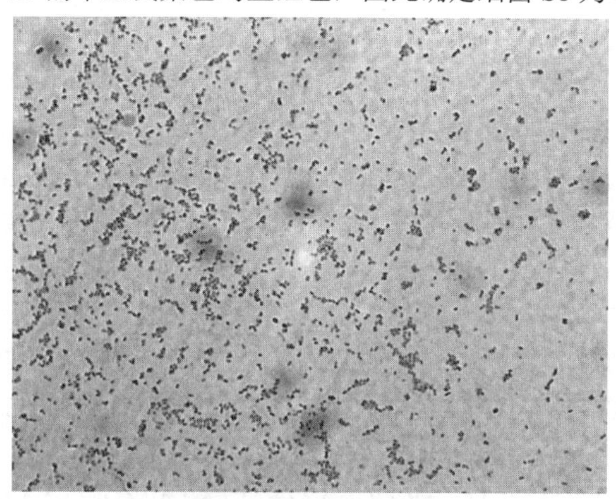

图 8-11　菌体 S8 革兰氏染色结果

氧化酶测定通常用来区分假单胞菌属及其相近的几株细菌与肠杆菌属，而假单胞菌属等大多是氧化酶阳性。降解菌 S8 的氧化酶结果为阴性，故初步分析 S8 为肠杆菌属，肠杆菌的接触酶为阳性，与 S8 的接触酶实验结果一致。油脂水解实验呈阳性，说明 S8 能产生脂肪酶，将脂肪分解为甘油和脂肪酸，这可以作为 S8 降解含油废水的可行性依据。M. R 实验与 V. P 实验可在饮用水卫生细菌学检验中用于鉴别肠杆菌，S8 的 M. R 实验为阳性、V. P 实验为阴性恰好说明 S8 为肠杆菌。一般肠杆菌均能还原硝酸盐，即硝酸盐实验为阳性。肠杆菌属的细菌一般能分泌胞外酶–明胶酶，将明胶分解为氨基酸，使其失去凝固力，从而半固体的明胶培养基变为流动的液体，S8 的明胶实验为阳性，与肠杆菌属的特征相符。肠杆菌属的最适生长温度在 37℃左右。综合对比 S8 生理生化实验各项指标，初步确定 S8 属于肠杆菌属。

8.7.6.2　DBP 高效降解菌的 16S rDNA 测序分析

DBP 降解菌S8 的菌种鉴定交由上海生物工程公司完成。分离菌株 S8 的 16SrDNA 碱基为1439bp，S8 的16SrDNA 碱基的全序列如下：CGGCAGAC
TACAATGCAGTCGAACGGTAGCACAGAGAGCTTGCTCTCGGGTGACGA
GTGGCGGACGGGTGAGTAATGTCTGGGAAACTGCCTGATGGAGGGGGA
TAACTACTGGAAACGGTAGCTAATACCGCATAACGTCGCAAGACCAAA
GAGGGGGACCTTCGGGCCTCTTGCCATCAGATGTGCCCAGATGGGATTA
GCTAGTAGGTGGGGTAACGGCTCACCTAGGCGACGATCCCTAGCTGGTC

TGAGAGGATGACCAGCCACACTGGAACTGAGACACGGTCCAGACTCCT
ACGGGAGGCAGCAGTGGGGAATATTGCACAATGGGCGCAAGCCTGATG
CAGCCATGCCGCGTGTATGAAGAAGGCCTTCGGGTTGTAAAGTACTTTC
AGCGGGGAGGAAGGTGTTGTGGTTAATAACCACAGCAATTGACGTTACC
CGCAGAAGAAGCACCGGCTAACTCCGTGCCAGCAGCCGCGGTAATACG
GAGGGTGCAAGCGTTAATCGGAATTACTGGGCGTAAAGCGCACGCAGG
CGGTCTGTCAAGTCGGATGTGAAATCCCCGGGCTCAACCTGGGAACTGC
ATTCGAAACTGGCAGGCTAGAGTCTTGTAGAGGGGGGTAGAATTCCAG
GTGTAGCGGTGAAATGCGTAGAGATCTGGAGGAATACCGGTGGCGAAG
GCGGCCCCCTGGACAAAGACTGACGCTCAGGTGCGAAAGCGTGGGGAG
CAAACAGGATTAGATACCCTGGTAGTCCACGCCGTAAACGATGTCGATT
TGGAGGTTGTGCCCTTGAGGCGTGGCTTCCGGAGCTAACGCGTTAAATC
GACCGCCTGGGGAGTACGGCCGCAAGGTTAAAACTCAAATGAATTGAC
GGGGGCCCGCACAAGCGGTGGAGCATGTGGTTTAATTCGATGCAACGC
GAAGAACCTTACCTGGTCTTGACATCCACAGAACTTAGCAGAGATGCTT
TGGTGCCTTCGGGAACTGTGAGACAGGTGCTGCATGGCTGTCGTCAGCT
CGTGTTGTGAAATGTTGGGTTAAGTCCCGCAACGAGCGCAACCCTTATC
CTTTGTTGCCAGCGGTTAGGCCGGGAACTCAAAGGAGACTGCCAGTGAT
AAACTGGAGGAAGGTGGGGATGACGTCAAGTCATCATGGCCCTTACGA
CCAGGGCTACACACGTGCTACAATGGCGCATACAAAGAGAAGCGACCT
CGCGAGAGCAAGCGGACCTCATAAAGTGCGTCGTAGTCCGGATTGGAG
TCTGCAACTCGACTCCATGAAGTCGGAATCGCTAGTAATCGTAGATCAG
AATGCTACGGTGAATACGTTCCCGGGCCTTGTACACACCGCCCGTCACA
CCATGGGAGTGGGTTGCAAAAGAAGTAGGTAGCTTAACCTTCGGGAGG
GCGCTACCACTTTGATCAGGGGGTAA。

DBP 降解菌 S8 的 16SrDNA PCR 扩增结果如图 8-12 所示。

将16SrDNA 序列结果在核糖体数据库上进行比对，比对结果如表 8-12 所示。由表 8-12 可知，菌株S8与*Enterobacter cloacae*的同源性最高，达99.1%，*Enterobacter cloacae* 为革兰阴性粗短杆菌，最适生长温度为 30℃，兼性厌氧，在自然界中分布广泛，可在人和动物的粪便水、泥土、植物中检出，是肠道正常菌种之一。且通过《伯杰氏细菌鉴定手册》对 *Enterobacter cloacae* 的描述，其生理生化性质与 DBP 降解菌 S8 的生理生化实验现象基本一致。所以，结合 DBP 降解菌 S8 的生理生化实验结果及 16S rDNA 测序结果，最终确定其为肠

杆菌属中的 *Enterobacter cloacae*。

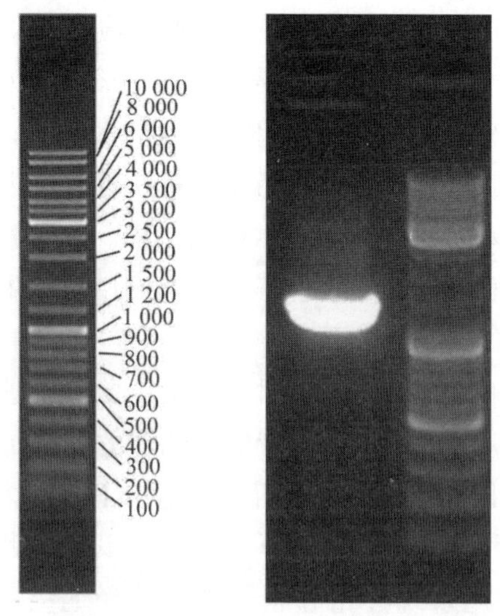

图 8-12　DBP 降解菌 S8 的 16SrDNAPCR 扩增结果

表 8-12　DBP 降解菌 S8 的 16SrDNA 测序结果比对

样品编号	匹配程度	被匹配菌登录序列长度	菌属	NCBI 登录号
S000643574	0.987	1186	*Enterobacter* sp. 5CoNi43	AM231085
S000842660	0.985	1298	*Enterobacter cloacae*	EF059833
S001153785	0.983	1167	*Enterobacter cloacae*	EU797674
S001188477	0.986	1317	*Enterobacter cloacae*	FJ194527
S001549929	0.984	1290	*Enterobacter* sp. M2	FJ973549
S002225616	0.991	1301	*Enterobacter cloacae*	HM131220
S002231885	0.984	1270	*Enterobacter* sp. IBP-VN5	HM587332

8.8　低污染水治理对策

（1）低污染水治理采取低能耗、可持续的技术，利用天然地形地势、分类分片治理，并确定各片治理重点。考虑黑龙江省的旅游功能，低污染水治理同时与景观设计相结合。

（2）黑龙江省低污染水净化系统的建设要重点进行污染治理和生态修复，构建库塘低污染水净化系统；控制水土流失带来的低污染水；低污染水处理系统处理重点为城市地表径流和污水处理厂尾水。

（3）继续开展湖滨带建设和生态保育。构建黑龙江省流域低污染水净化系统应对已建的湖滨带进行保育和生态优化，对湖滨带生物量较小、物种单一的地段开展水生植被系统完善与修复。

（4）修复入湖河流清水产流机制。河流是入湖径流的主要输送通道，只有河流输送的是清水，才能保证入湖的是清水。受长期人为干扰的影响，黑龙江省典型湖河流清水产流机制被严重破坏。修复清水产流机制，要以河流为主体进行运作，在加大对沿河、沿湖重点污染源控制的基础上，采取河流水质改善与生态修复技术。具体措施包括上游水库的治理、农灌渠来水的治理、沿河村落低污染水的治理、河流自身的水体净化、入湖口湿地生态修复等，最大限度地保证进入河流的水体为清洁水体。

（5）深度净化污水处理厂尾水。目前，由于城市化进程加快以及小城镇的建设，必须对其他已有污水处理厂或者规划待建的城镇污水处理厂排放尾水进行深度净化，采用人工湿地或生态砾石床等适用工艺，保障人口集中地的低污染水得到净化，在工程选址上可以考虑与城市建设和绿地规划相结合。

构建低污染水净化系统应充分利用现有地形地势，将库塘进行改造和生态修复。水库多位于山区，大部分进行鱼类养殖，必须调整运行管理模式，并对已污染的水塘进行治理，形成与其他低污染水净化措施互相衔接的库塘净化系统。

9

黑龙江省水生态文明建设

党的十八大指出："建设生态文明，是关系人民福祉、关乎民族未来的长远大计。"黑龙江省历来被认为是资源大省，环境良好、发展潜力大。中华人民共和国成立以来，黑龙江省为国家提供了大量的资源和商品，包括约全国七分之一的商品粮、五分之二的原油、十分之一的煤炭和三分之一的木材。在发展经济的同时，由于采用粗放经营和掠夺式经营方式，黑龙江省的生态环境也受到了极大的破坏，特别是河湖水生态环境退化日趋严重，河湖生态健康评价受到广泛关注。目前，黑龙江省主要河湖水生态文明建设处于推进发展阶段，亟待开展生态文明建设，走上健康发展轨道，使经济、生态、社会复合系统进入良性循环，为我国水生态文明建设提供科学的方法和新的思路。

9.1 水生态文明解析

9.1.1 水生态文明的提出背景

水生态文明要求在水资源的开发利用中具有科学的水生态发展意识、健康有序的水生态运行机制、和谐的水生态发展机制、全面协调可持续的发展态势，实现经济、社会、生态的良性循环与发展，保障的人和社会的全面发展。水生态文明反映的是人类处理自身活动与自然关系的进步程度，是人与社会进步的重要标志。水生态文明不能只限于局部，在全国水资源的开发利用过程中，水生态文明应该面向整个流域、整个社会，因为生态问题不是局限于特定的区域之内，水生态危机是全局性的。因此，实现水生态文明也需要从整体上、从全局的角度来考虑。加快推进水生态文明建设，是从源头上扭转水生态环境恶化趋势，是在更深层次、更广范围、更高水平上推动民生水利新发展的重要任务，是促进人水和谐、推动生态文明建设的重要实践、建设美丽中国的重要基础和支撑，也是各级水行政主管部门的重要职责（唐小平等，2012）。

水生态文明是生态文明的重要组成部分，加快水生态文明建设对推进生态文明建设具有重要意义，同时也是建设美丽中国的重要基础。水生态文明建设的城市要以"水资源可持续利用、水生态体系完整、水生态环境优美"为主要内容。水生态文明是促进生态文明建设的重要基础，是推进现代水利发展的重要抓手，是实现城市可持续发展的重要支撑。人、水和其他的自然、社会的资源构成了人类社会生命共同体，如果水要素能够满足生态，人水和谐，则生态平衡；反之，如果水要素出了问题，生态失衡，则人类社会难以发展。因此，水利部党组提出建设水生态文明的理念是一个创意，也是从实际出发建设生态文明的一个顶层设计。

9.1.2 水生态文明的概念和内涵

所谓水生态，也就是人与水相融相依的一种状态。水生态文明，其实质是使水保障生命状态永续生存发展的一种社会的、自然的文明。其本质内涵包括4个方面：①水的生态文明是通过水利工程设施和手段防治水旱灾害的一种水安全文明；②水生态文明是使水满足人类需求实现水资源永续利用的一种水资源文明；③水生态文明是提高人们的生产、生活、生存环境的一种水环境文明；④水生态文明是使人亲水、近水、爱水、惜水、保护水的一种水文化文明。

水生态文明可以理解为一种以可持续发展观为指导，以人与自然和谐共处为目的，推进社会、经济和水生态和谐统一的伦理形态。水生态文明遵循了人、水、社会和谐发展的客观规律，基于人类对于人与自然关系的反思，通过要求人们以水定需、量水而行、因水制宜，处理好水资源开发与保护的关系。水生态文明既是对传统水利工作内涵的升华，又是人类为了实现水资源永续性利用所做的努力。建设水生态文明，既要把生态文明理念融入水资源开发、利用、保护等各方面，又要深入到水利规划、建设、管理的各环节。建设水生态文明不仅要始终坚持节约保护优先、修复为主的方针，更要形成完整的水生态体系，实施水生态综合治理，实现水资源的优化合理配置，为经济社会可持续发展提供更加可靠的水利基础支撑和生态安全保障。

9.2 水生态文明建设的目的及意义

9.2.1 水生态文明建设的目的

9.2.1.1 认识水生态文明建设

水生态文明建设是水行政主管部门的重要职责。多年来，水利部高度重视水生态保护工作，开展了大量卓有成效的实践探索。一是以城市为重点，开展水生态系统保护与修复试点工作。通过采取河湖连通、城市河网湖泊治理、湿地恢复、生态水配置和地下水保护、海水入侵防治等措施，积极探索不同生态保护与修复模式，遏制局部水生态系统失衡趋势，促进城市发展与水生态系统良性循环；二是以流域为单元，积极实施生态调水，加快修复生态脆弱河湖系统。对黄河、塔里木河、黑河进行综合治理，开展水资源统一调配，连续多年实施引江济太、引黄济淀，对扎龙湿地、南四湖、衡水湖等河湖湿地进行生态补水，提高了生态脆弱地区的水资源承载能力，保障了下游地区的水生态安全；三是以江河为基础，开展全国重要河湖的健康评估工作，对中国江河湖库健康定期体检，科学评估河湖治理与保护策略，为河湖有效保护与合理开发提供了决策支持。

这些实践探索深化了水利工作的内涵，拓展了水利发展的空间，使水生态文明建设成为水利工作的重要内容。党的十八大召开后，水利部将水生态文明建设作为在更深层次、更广范围、更高水平上推动可持续发展水利与民生水利发展的重要任务，作为促进人水和谐、推动生态文明建设的重要实践，建设美丽中国的重要支撑。

9.2.1.2 把握水生态文明建设工作内容

水生态文明建设内容包括以下 5 个方面。

（1）以实行最严格水资源管理制度为内容，着力开展制度建设和行为约束。最严格制度实施的关键是水资源管理“三条红线”的严格管控，重点是大幅度降低水消耗的强度和强化节水管理，难点是用水总量控制的倒逼机制和水资源保护的水功能区监管。要通过建立“三条红线”、实施“四项制度”，从源头上规范人类供水、用水、排水行为，不断加大水资源保护与节约力度。特别要严格责任与考核制度，将水资源消耗、水环境损害、水生态效益等水生态文明建设状况的指标，纳入经济社会发展评价体系，评估水生态文明建设的进度、成效和问题，严格责任追究，使之成为推进水生态文明建设的重要导向和刚性约束。最严格水资源管理制度符合十八届三中全会提出的资源管理的改革方向，体现了源头严防、过程严管、后果严惩的管理要求。水生态文明建设第一位的工作，就是落实好最严格水资源管理制度。

（2）以江河湖库水系连通为途径，着力优化水资源配置，促进生态系统自然修复。要根据水资源综合规划、流域综合规划、防洪规划、水资源保护规划以及水功能区划，在保证连通区域水量、水质及水生态安全的前提下，充分发挥河湖水系连通的资源、环境、生态等多种功能，因势利导地开展河湖水系连通工作，重点推进规划确定的河湖水系连通骨干工程建设。要加快推进中小河流水系连通，构建格局合理、功能完备、蓄泄兼顾、引排得当、多元互补、峰枯调剂、水流通畅、环境优美的江河湖库水系连通体系，不断提高水利保障能力。要注重河湖水系连通后的水量、水质、水生态联合调度，充分发挥河湖水系连通的综合效益。在水生态文明建设中，最重要的工程形式是水系连通工程，今后在水生态文明建设中，要把水系连通作为重要工作内容加以落实。

（3）以拓展城市水利工作为重要方向，着力推动节约、集约利用水资源。据预测，到 2020 年，我国城镇化水平将有较大幅度提高，将有 60%～70%的人口生活在城市。为此，要结合城镇化建设，以水定需、量水而行、因水制宜地推动经济社会发展与水生态、水环境承载力的协调。要重视城镇水源建设与保护工作，按照水量保证、水质合格、监控完备、制度健全的要求，大力开展重要饮用水水源地的安全保障达标建设。要建立健全城市供水安全保障体系，加强城市洪水风险管理和防洪排涝体系建设，建立健全监测预警体系。要通过实施截污治污、雨污分流、河湖清淤和岸线整治等措施，大力开展城市水生态环境治理。

（4）以敏感区域的水生态系统保护与修复为重点领域，着力改善水资源、水环境、水生态状况。要从严核定水域纳污总量，把限制排污总量作为水污染防治和减排工作的重要依据，严格入河湖排污口的监督管理和入河湖排污总量的控制。要建立水功能区水质达标评价体系，保障基本生态用水需求。要定期开展河湖健康评估，推进生态脆弱河湖和地区的水生态修复，加快生态河道建设和农村沟塘综合整治。要严格控制地下水开采，深入推进水土保持生态建设，开展生态清洁小流域建设，合理开发农村水电，建设亲水景观，促进生活空间宜居适度。

（5）开展水情教育，树立水生态文明理念，着力营造有利于水生态文明建设的社会氛围。重视水文化的挖掘与历史传承，开展水文化宣传教育，提高全社会珍惜水、保护水的自觉性，营造节水、爱水、护水、亲水的社会氛围，不断增强全民节水意识、环保意识、生态意识，促进用水方式的根本转变。

9.2.2 加强水生态文明建设的意义

加强水生态文明建设的意义表现在以下 3 个方面。

（1）是改善人民群众生活，提高人民群众福祉的必然要求。党的十八大报告提出在 2020 年全面建成小康社会，并提出了一系列保障和改善民生的措施。随着经济社会发展和人民群众生活水平提高，城乡居民对喝上干净水、享有优美环境的要求越来越高。但现实的水生态环境质量离这一要求还有较大差距，不仅会对广大人民群众的健康形成直接损害，也间接影响人民群众物质生活和精神生活的质量。开展水生态文明建设，是改善人民群众生活，提高人民群众福祉的必然要求，是以人为本执政理念和民生水利发展的具体体现。

（2）是加快转变经济发展方式，实现经济、社会和生态环境和谐发展的必然要求。党的十八大报告指出："以科学发展为主题，以加快经济发展方式转变为主线，是关系我国发展全局的战略抉择。"加快经济发展方式转变，其中一个重要方面是"使经济发展更多依靠节约资源和循环经济推动"。这就要求把建设资源节约型、环境友好型社会作为转变经济发展方式的重要着力点。大力开展水生态文明建设，就是要正确处理经济社会发展和水资源条件的关系，引导各地在发展过程中主动适应水资源和水环境承载力，建设节水防污型社会，既满足经济社会发展合理需求，又满足河湖健康基本需求，推动全社会走上生产发展、生活富裕、生态良好的文明发展道路。

（3）是水利工作向纵深发展的必然要求。2011 年中央 1 号文件和中央水利工作会议提出建设水利发展四大体系，其中明确提出"力争通过 5 到 10 年努力，基本建成水资源保护和河湖健康保障体系"。党的十八大报告提出要"加大自然生态系统和环境保护力度"及"实施重大生态修复工程"。这些要求对水利工作纵深发展提出了更高挑战，不仅要加强传统的防洪、灌溉、供水等工程水利方面的工作，也要把非常规水源开发利用、水环境保护、水生态修复治理等工作摆在更加重要的位置。要上升到建设水生态文明的高度去认识水问题、解决水问题，提升水利发展的深度、质量和效益，发挥好水利的经济支撑、社会服务、民生保障、生态保护和文化传承各方面功能。

9.2.3 国外流域水生态文明建设进展分析

关于流域水生态环境保护问题，国外的研究和实践多集中于以下几方面。

（1）以流域统一管理的形式研究流域可持续发展问题。20 世纪 30 年代初美国就开始对田纳西河流域进行综合开发治理，是世界上对流域进行全面综合开发最早也是最成功的地区。欧洲莱茵河地区从传统单一的水资源为主的流域管理向以可持续发展为目标的可持续管理转变的过程中，欧盟各个国家在 20 世纪 60～70 年代纷纷修改水法，建立以整体流域管理为基础的水资源管理体制，并在大部分国家建立了流域水资源综合管理机构。英国水资源经历了一个从地方分散管理到流域统一管理的历史演变过程，当前已定型于水资源按流域统一管理与水务私有化相结合的管理体制。

（2）加强水生态环境的规划与立法。几乎所有的流域管理机构都把编制流域综合规划作为进行流域综合管理的重要手段，这些管理机构都将编制流域综合规划作为最重要和最核心的工作。编制完成的规划目标和指标常常是有法律效力的，对支流和地方的流域管理具有指导作用。1996 年洪水之后，莱茵河流域地区编制完成了《莱茵河洪水防御计划》等规划。编制流域综合管理规划成为《欧盟水框架指令》的核心。根据《欧盟水框架指令》要求，所有国家的流域管理区必须每六年制订一次流域管理规划与行动计划。

立法承担了确立流域管理目标、原则、体制和运行机制，以及对流域管理机构进行授权的作用。1965 年美国颁布《水资源规划法》要求以环境质量、区域发展、社会福利为目标对水土资源进行综合规划，同时要求建立以规划协调为主的流域机构，实施水环境的流域保护计划，极大地改善、保护了美国流域水环境，既体现了现实的需要，又充分考虑了其所能带来的效益，并从法制和技术等多方面制定了切实可行的水环境标准。俄罗斯于 1995 年 11 月颁布的新《水法》标志着俄罗斯在整个自然–资源–生态的管理和立法方面迈出了关键性的一步。南非《水法》按可持续性、公平与公众信任的原则，确立水资源所有权国有化，对水使用权重新分配，公平利用水资源，确保水生态系统的需水量，把决策权分散到尽可能低的层次，建立新的行政管理机构。

（3）运用经济手段进行生态补偿。如莱茵河流域管理机构与欧盟辅以经济手段进行管理，如果某国未达到所设标准，欧盟委员会将对其进行处罚。澳大利亚通过联邦政府的经济补贴的手段来推进各省的流域综合管理。加拿大哥伦比亚河流域把水电开发的部分收益对原住居民进行补偿，用于社区流域保护与教育活动。荷兰通过调整河漫滩的采砂权来筹措河流生态治理的资金。南非则将流域保护与恢复行动与扶贫有机地结合在一起，每年投入约 1.7 亿美元雇用弱势群体来进行流域保护，改善水质，增加水供给等。

9.3 我国水生态文明建设存在的问题及对策

9.3.1 新时期加强水生态文明制度建设总体思路

党的十八大报告指出“保护生态环境必须依靠制度”，要“加强生态文明制度建设”。水生态文明制度建设是生态文明制度建设的重要组成部分。开展水生态文明建设，需要健全的水生态文明制度作为保障。从“五位一体”的视角看，水生态文明建设要贯穿于政治、经济、文化、社会建设的各方面。开展水生态文明制度建设，要从政治、经济、文化、社会建设各个方面对相关制度予以完善。

（1）从政治建设的角度来看，加强水生态文明制度，主要是要形成有利于水生态文明建设的行政管理体制、法治体系、责任考核制度。首先，要进一步完善水行政管理体制，完善流域管理与行政区域管理相结合的水资源管理体制，加大水务体制改革力度；其次，要完善水生态文明的法治体系建设，健全涉水法律法规，形成健全的水行政执法体系和严格的法律责任落实机制；再次，要实施最严格的水资源管理制度，完善水资源管理责任考核机制，健全并严格执行水资源和水生态环境破坏的问责制度。

（2）从经济建设的角度来看，加强水生态文明制度，要形成体现水生态文明要求的科学的经济发展评价制度，要完善有利于水生态文明目标实现的经济调节机制。首先，把水资源消耗、水环境损害、水生态效益纳入经济发展评价体系，树立“绿色 GDP”制度，要从转变经济发展方式的角度上，全面衡量经济发展付出的水代价和水效益，建立体现水生态文明要求的经济发展目标评价体系，更有效地发挥水资源要素对经济的调整、优化功能；其次，建立体现水生态文明要求的经济调节机制，完善水资源有偿使用制度，具体包括水价和水资源费制度、水生态补偿机制、水权交易制度、排污权交易制度等，促进水资源的优化配置、合理利用、有效保护。

（3）从文化建设的角度来看，加强水生态文明制度，就是要在全社会广泛树立水生态文明意识。要增强全社会水忧患意识和水资源节约、保护意识，使之深入人心，成为全社会共识。在此基础上，通过广泛的宣传教育和科普推广，促使公民形成良好的用水态度、用水习惯，掌握足够的用水知识，使节约、保护水资源内化为自觉的行动准则，体现在平时活动的各个方面。要充分挖掘传统水文化中人水和谐的思想，在哲学、历史学、伦理学、文学、社会学、法学、经济学等社会科学建设中挖掘具有时代特色的水文化精神，形成符合水生态文明理念的当代水文化。

（4）从社会建设的角度来看，加强水生态文明制度，就是要创新社会管理，强化水生态文明建设的社会监督机制，大力推进水管理的科学决策和民主决策，完善公众参与机制，采取多种方式听取各方面意见，进一步提高水管理决策的透明度。

9.3.2 新时期加强水生态文明制度建设任务

9.3.2.1 加快建立和完善水生态补偿机制

党的十八大报告提出要“建立反映市场供求和资源稀缺程度，体现生态环境价值和代际补偿的资源有偿使用制度和生态补偿制度”。要制定符合我国发展实际和适应我国水资源管理特点的水生态补偿制度，围绕流域水资源合理利用和水生态环境有效保护的基本目标，处理好全流域和跨流域范围内受益者、保护者、破坏者和受害者之间的利益关系。一是要研究水源地保护建设过程中牺牲当地经济发展的补偿机制；二是要研究超计划用水和挤占生态用水补偿机制；三是要研究水环境损害和水污染补偿机制；四是要建立健全建设项目占用水利设施和水域等补偿机制；五是要健全流域水土保持生态补偿机制，六是要健全跨流域调水的生态补偿机制。

9.3.2.2　建立和完善水权和排污权交易制度

党的十八大报告提出要“积极开展节能量、碳排放权、排污权、水权交易试点”。水权交易可以使用水户的自身利益同节水效益有机结合起来，一方面使之降低用水成本，并通过出售水权获益，另一方面可促使节余水量向效益高的产业流动，收到提高用水效率和增长用水效益双重功效，很好地解决节水成本和市场动力问题。排污权交易同样能收到降低污染控制成本，调动污染者减排积极性的功效。要加快建立水权、排污权交易制度体系，具体包括完善水权和排污权分配制度、交易规则、定价机制、协商制度、监管制度、第三方影响评价和保护机制等，从而明确水权和排污权转让的条件、主体、方式、程序、期限、价格、费用管理等事项，使水权和排污权交易有章可循、切实可操作。各级水行政管理机构和环境管理机构对水权和排污权交易要加强引导、服务、管理和监督，促进水权和排污权交易有序实施。

9.3.2.3　完善水资源、水环境、水生态监管制度

党的十八大报告提出要“加强环境监管，健全生态环境保护责任追究制度和环境损害补偿制度”。首先，要求各部门切实完善协调机制，按照职责分工，各司其职，密切配合，切实把水资源、水环境、水生态监管工作做到实处，同时健全流域和区域联合水行政执法和行政监督机制，深化水行政许可审批制度改革，严格执行水资源论证、取水许可、水工程建设规划同意书、洪水影响评价、水土保持方案等制度，加强河湖执法监督；其次，完善水资源管理和水环境保护地方政府目标责任制，明确跨行政区水体水质超标判定规则，建立省界断面流量和水质达标责任制及污染物排放总量控制责任制，加强监测和考核，将责任目标完成情况作为考核和评价地方人民政府主要负责人政绩的重要内容；再次，建立完善的规划落实监督制度，保证水资源和水环境规划切实发挥综合调控作用，针对规划实施中存在的问题，对规划实施方提出处理意见；最后，健全预防为主、预防与调处相结合的水事纠纷调处机制，完善应急处置预案，建立水环境损害诉讼赔偿制度。

9.3.2.4 创新水资源社会管理，健全社会参与和监督机制

党的十八大报告提出要“在改善民生和创新管理中加强社会建设”。未来我国水资源矛盾持续突出，城乡之间和区域之间发展不平衡进一步加剧水资源社会矛盾，现代信息传播、传递方式的巨变使水资源社会矛盾很容易被凸显。相对落后的管理能力和水平对各项水资源管理制度的落实形成潜在阻碍。这些形势要求未来必须创新水资源社会管理，化解各类水资源社会矛盾。首先，宣传国情水情，营造良好舆论氛围，要求加大力度提高全社会水生态文明意识；其次，健全社会公众参与水管理机制，完善水资源社会管理程序和规则，利用听证会、政策规划立法公开咨询和征询等形式，广泛听取和吸收公众建议；再次，推进基本公共水服务均等化，着力改善民生，以发展化解水资源社会矛盾；最后，建立和完善奖励机制，鼓励各种水环境保护民间组织和个人发挥社会监督作用，形成水资源管理政府监督和社会监督相得益彰的局面。

水资源和水环境的可持续开发利用是流域内经济、社会可持续发展的基础；流域内水生态文明的建设，是全流域水生态环境可持续维护的必由之路，是促进上下游地区协调发展的迫切要求，也是建设社会主义和谐社会的重要保障。同时，希望能为城市区域发展、环境规划和环境治理战略的制定起到一定的参考作用。

9.3.3 水生态文明建设中面临的主要问题

9.3.3.1 水生态文明建设中面临的主要客观性问题

1. 水资源匮乏是制约水生态文明建设的主要“瓶颈”

水资源时空分布不均，年际变化大，汛期水多易涝，非汛期干旱缺水。水资源与耕地、人口及经济布局不匹配，加之长期以来蓄水工程建设滞后、用水浪费和水污染，使缺水矛盾进一步加剧。资源性、工程性、水质性、管理性缺水共存，水资源匮乏在很大程度上影响了水生态文明建设进程。

2. 防洪能力低是制约水生态文明建设的重要因素

长期以来由于水利建设欠账较多，防洪体系尚不完善。目前城市防洪尚未达到国家规定的防洪标准，部分堤防仍存在着不同程度的隐患，蓄滞洪区安全建设滞后，部分支流河道淤积严重，降低了防洪除涝能力，建筑物老化失修严重。受全球气候变化影响，极端天气时间明显增多，加之防灾减灾设施薄弱、应对突发事件能力不足，防洪减灾能力低，对水生态文明建设提出了巨大挑战。

3. 水生态环境脆弱是制约水生态文明建设的重要因素

水环境状况呈阶段性、脆弱性特，多数河流水质波动较大，部分区域污染仍很突出，部分河流水质明显反弹，特别是边界水污染协调处置困难，给全国的供水安全带来极大隐患。

9.3.3.2 我国水生态文明建设中面临的主要主观性问题

1. 思想认识不统一

长期以来，由于以人类自身利益为中心、不顾及自然承载力而任意开发利用自然的观念占据了主导地位，缺乏资源节约和环境友好型的执政观和政绩观，导致各级政府部门在工作中，对“让水资源服务于人类社会”考虑多，而对“人类尊重、顺应水资源发展规律”有所忽视；一些企业一味追求对水资源的高强度开发利用，忽略了水资源节约、保护，造成高耗水、高排放、高污染；百姓生活中用水浪费、污水随意排放等行为时有发生。这些充分说明我们对水生态文明的认识还不全面、不深入，没有用和谐统筹的思想指导用水实践，与水生态文明建设理念背道而驰。

2. 顶层设计不明确

从政策制度和技术标准来看，目前对水生态文明建设的理论性探讨比较多，具体实践探索比较少。即使在一些已经付诸实践的地区或流域，也大多是依托各地实际需要，自发开展水生态文明建设，“各自为战”特征明显，普遍缺乏经过实践检验的、系统全面的水生态文明建设的政策体系和技术方法。从战略布局来看，《全国重要江河湖泊水功能区划（2011～2030 年）》的批复为水生态文明建设提供了重要支撑，但其实施的分区分阶段发展战略，尤其是实施水功能区划制度的着力点还不明晰，操作性不够。这些都亟待从国家层面进行统一、规范的设计和规划。

3. 考核监督不健全

在考核方面，由于长期以来受制于技术与管理手段的不足，领导干部任用、考核仍以单纯的 GDP 模式为主，缺乏完整的绿色国民经济核算评价考核体系。一些地方政府在经济发展中一味追求 GDP 增长，对企业违法违规排污“睁一只眼、闭一只眼”，不予惩罚或处置不到位，造成严重的水污染。在监督方面，还没有建立起政府、企业和广大群众等“利益相关者”共同参与的水生态环境保护监督模式，百姓普遍缺乏对环境保护的监督意识，即使面对破坏水生态环境的行为也不知行使什么权利和如何行使权利，使得一些违法企业得不到及时监管，给水生态和水环境造成难以逆转的损害。

4. 奖惩机制不到位

我国部分生态脆弱区、江河源头区等水生态保护区的群众对于水生态文明建设缺乏积极性，重要原因之一在于奖惩机制不健全。一是缺乏对水生态保护的奖励和补偿机制，水生态保护区的群众为保护水生态环境作出了很大贡献，但由于多种原因，不仅对水生态积极保护者未能及时给予奖励，而且紧密，效果不理想，甚至个别地万还存在一边享受生态补偿、一边破坏生态的现象；二是水生态受益者履行补偿义务的意识不强，人们通常认为水生态产品属于公共产品，可以免费消费，缺乏补偿意识；三是水生态破坏者的违法成本太低，由于缺乏对破坏行为的足够的法律震慑，当获益大而惩罚力度不够时，破坏者就会铤而走险，给水生态环境带来更严重的后果。

9.3.4 流域水生态文明建设的对策

9.3.4.1 流域水生态治理与思维方式的变革

建设生态文明，将使我国生产力获得更大的发展，经济更加繁荣，社会主义民主得到充分发扬，科学文化更加进步，综合国力不断增强。流域水生态治理是建设生态文明的重要组成部分，流域水生态治理将极大提升流域人民生活水平，流域水生态治理过程还在于改变传统生活习惯和生活方式，关键是思维方式的变革。

9.3.4.2 从人类中心主义向生态自然观的转变

面对大自然的报复，人们开始反思该如何协调经济社会和生态环境的关系。我们需要重新审视人类中心主义的理论内容、文化意识、生产实践及三者之间的关系。而生态文明的提出正是人类对旧的自然哲学进行深刻反思后取得的成果。人类只有从变革传统的自然哲学入手，深刻领会生态文明建设的内涵，同时采用一些具体的实际操作手段才是解决目前人类面临的各种生态危机的有效办法和根本出路。

改变人类中心主义思想形成的耗竭式发展模式，实现经济、社会和生态环境的良好发展，是当今世界面临的最严峻的问题，也是科学研究的崭新领域。目前，这一领域的研究主要集中在经济学、社会学、生态学和系统学四个方面，通过研究具体的技术方法来寻求解决问题的途径。这些研究有其不可替代的作用，但是，每一种人与自然关系的发展模式都有其文化意识形态方面的“软件操作系统”与之匹配，都是按照“自然哲学—自然意识—社会实践”的驱动方式形成一个统一的社会系统。

要想改变目前这种生态状况，除了进行上述几方面的研究之外，还要从改变人类中心主义的自然哲学基础入手，在此基础上进一步升华为可持续发展的自然意识，并使之最终走向社会实践。

在人类中心主义无法再协调人与自然关系的情况下，我们应该建立生态中心主义的自然哲学基础。生态中心主义认为生态系统由生命系统和环境系统构成，这个系统是一个由相互依赖的各部分组成的共同体，在这个共同体内每个个体（不管是有生命的还是无生命的）都具有内在价值，是一个价值共同体。人类则处于这个价值共同体之中。因此，人类不仅应当尊重这个价值共同体内的其他伙伴，而且应当尊重价值共同体本身。在此基础上，道德关怀的对象应从人类扩展到整个生态系统。生态中心主义的实质就是把道德关怀的重点和伦理价值的范畴从生命的个体扩展到自然界的整个生态系统。因此，只有承认了流域的内在价值，把道德关怀扩展到流域，人们才会从内心发出保护流域水生态环境的愿望，从而自觉地参与到流域水生态文明的建设行动中来。

9.3.4.3 走“发展—可持续发展—科学发展”之路

当人们发现由工业文明所带来的传统发展模式无法维持人类社会和自然界平衡发展时，开始反思原有的机械自然观以及建立在该自然观基础上的传统发展观。可持续发展理论的提出和实施标志着人类社会正在从传统发展观为范式的工业文明进入到以可持续发展观为范式的新的生态文明时代。可持续发展观在发展上主张从以经济增长为中心的发展转向经济社会生态综合性的发展；主张以物为本位的发展转向以社会为中心的发展；主张从注重眼前利益的发展转向长期可持续发展。可持续发展观作为一种发展理论与以往发展观的最大不同就在可持续性，把局部和整体、当代和未来、眼前利益和长远利益有机结合起来，同时在思维方式上强调构建人与自然和谐相处以及人与人之间平等相处的互惠型的思维方式。

随着时代的发展，我党在经过多年可持续发展探索实践的基础上提出了“坚持以人为本，树立全面、协调、可持续的发展观，促进经济社会和人的全面发展”的科学发展观。科学发展观是对可持续发展的进一步补充和扩展，其主要表现如下：第一，科学发展观的内涵更为丰富，可持续发展观的核心思想在于健康的经济发展应建立在生态可持续发展能力、社会公正和人民积极参与自身发展决策的基础上，追求的目标是既要使人类的各种需要得到满足，个人得到充分发展，又要保护资源和生态环境，不对后代人的生存和发展构成威胁，而科学发展观是“坚持以人为本，树立全面、协调、可持续的发展观，促进经济社会和人的全面发展”，强调要“按照统筹城乡发展，统筹区域发展，统筹经济社会发展，统筹人与自然的和谐发展，统筹国内发展和对外开放的要求，推进改革和发展”，其内涵涉及经济、政治、文化、社会发展各个领域，并且特别强调“以人为本”，可以说，可持续发展是科学发展观的核心内容之一，而不是全部；第二，科学发展观是对人的主体地位的进一步提升，可持续发展观坚持的是“以社会为中心”的发展理念，是对“以物为中心”的传统经济增长方式的否定，强调应实现人与社会的协调，把人类放在社会环境中确立自身的地位与作用，科学发展观强调“以人为中心”的发展理念，将人类的全面发展与社会的全面进步作为出发点和落脚点，把人民群众作为社会发展的价值主体和利益主体，牢固树立人民群众在发展中的主体地位，是对人的主体地位的进一步提升。

9.3.5 进一步推进水生态文明建设的对策

9.3.5.1 建设可持续利用的水资源体系

一是完善最严格水资源管理制度框架体系，严格“三条红线”指标管理；二是完善水资源论证和取水许可制度，建立取水计量监测体系、计划用水指标管理体系、考核问责制度体系；三是推动节水型社会建设向纵深发展，继续建设节水型农业、工业，全面贯彻节水“三同时”制度，积极发展绿色循环经济，加快经济结构转型，促进水资源高效利用；四是优化水资源配置，编制水中长期供水计划和配置方案、城市供水应急预案和备用水源实施方案、防洪减灾应急预案，确保城市防洪和供水安全；五是加强地下水保护，在超采区严格控制地下水用水计划，优先利用外调水和其他水源，逐步实现采补平衡，在禁采区封停地下水取水井，严禁地下水开采，涵养地下水源；六是建立合理的水价形成机制，开展阶梯水价的试点和研究，建立合理的水价梯度。

9.3.5.2 建设健康优美的水生态体系

一是实施水系治理与修复，主要入河排污口、主要纳污河道建设生态修复工程，每个县（市、区）建成一个人工湿地水质净化工程，提高生态系统的稳定性，建设截污治污工程和水系连通工程，关化自然景观，河湖水质符合水功能区水质标准，实现河流、湖泊、水库、塘坝、沟渠等水体全面健康；二是严格入河排污口管理，建设入河排污口远程在线监测系统，严格污水达标排放；三是科学划定景区、设立保护区域和保护标志；四是建设水系林业生态保护带建设工程。

9.3.5.3 建设安全集约的供用水体系

一是以水网为依托加强涵闸、堤防、水库、蓄滞洪区建设与河道治理，构筑防洪、供水安全工程，优化工程布局与运行方式，科学调配区域各类水资源，保障生活、生产、生态用水，实施多水源多用户联合调度和优化配置；二是建设农村生活地表水供水工程，全市整建制实现城乡供水一体化；三是建设水源地保护工程，划定水源地保护区，建设水源地水质实时监测体系，建立饮用水水源地污染来源预警、水质安全应急处理和水厂应急处理三位一体的饮用水水源应急保障体系；四是建设中水回用工程，开展分质供水，实现优水优用，促进非常规水资源开发利用。

9.3.5.4 建设先进特色的水文化体系

一是探索建立“一河双人”河流生态保护制度，公开选聘有社会影响力的公众人士为河流代言人，在相关行政管理部门聘任重点河流的河长，创新“一河双人”河流生态的行政管理与公众参与联合保护模式；二是推进城市多样化亲水平台和设施建设，为市民提供更多的亲水便利，使市民在亲水活动中认识水、利用水，从而爱护水、欣赏水；三是深入发掘运河特色水文化。

9.3.5.5 建设高效有序的水管理体系

一是强化水资源统一管理，实现水资源的统一规划、统一管理和统一调度；二是推进城乡涉水事务一体化管理，对城乡供水、水资源综合利用、水环境治理和防洪排涝等实行统筹规划、协调实施；三是完善水资源管理体制，建立事权清晰、分工明确、行为规范、运转协调的水资源管理体制和工作机制。

9.4 如何加强流域水生态文明建设

9.4.1 流域水生态文明建设任务

9.4.1.1 落实最严格水资源管理制度

把落实最严格水资源管理制度作为水生态文明建设的核心，加快健全完善覆盖流域和省、市、县三级行政区域的用水总量控制、用水效率控制、水功能区限制纳污控制“三条红线”，严格用水总量控制，加快确立水资源开发、利用、配置与保护策略，强化用水需求和用水过程管理；严格控制用水总量，加强建设项目水资源论证及取水许可审批管理，切实做到以水定需、量水而行、因水制宜；严格用水效率控制，强化用水定额和用水计划管理，严格限制水资源短缺地区、生态脆弱地区发展高耗水行业；严格水功能区限制纳污控制，强化水功能区监督管理，加强饮用水水源地保护，推进水生态系统保护与修复。

9.4.1.2 优化流域水资源配置

加快推进“四横三纵、南北调配、东西互济、区域互补”的国家水资源配置格局。重点推进规划确定的河湖水系连通骨干工程建设，加强区域河湖水系连通，构建布局合理、生态良好，引排得当、循环通畅，蓄泄兼筹、丰枯调剂，多源互补、调控自如的江河湖库水系连通体系。加快实施重点水源工程建设，积极开展调水引流、生态修复、排污口整治、河湖清淤等水资源保护工程建设。

9.4.1.3 强化节约用水管理

党的十八大提出“节约资源是保护生态环境的根本之策”，强调“加强水源地保护和用水总量管理，推进水循环利用，建设节水型社会”。因此，应将节约用水贯穿于经济社会发展和群众生产生活全过程，全面优化用水结构，转变用水方式，降低水资源消耗。完善和落实高效节水灌溉技术措施，加强工业节水技术改造，合理确定工业节水目标，大力推广城乡生活节水器具，发展非常规水资源开发利用，支持低碳产业和低能耗低水耗行业发展。

9.4.1.4 严格流域水资源保护

严格控制入河湖排污总量，加强水功能区和入河湖排污口监督管理，从严核定水域纳污容量，实施水功能区分级分类监督管理，建立水功能区水质达标评价体系，全面落实全国重要江河湖泊水功能区划。严格饮用水水源地保护，进一步强化水源地应急管理。严格地下水开发利用总量和水位双控管理，加强地下水水量水质监测，实施超采区综合治理，防治地下水污染。

9.4.1.5 推进水生态系统保护与修复

充分考虑基本生态用水需求，维持河流合理流量和湖泊、水库及地下水的合理水位，维护河湖健康生态；从源头防治水污染与水质恶化，注重源头防控、中端控制、终端治理措施并重，努力实现工业废水、污水和城乡生活污水的全面处理；加大生态保护力度，综合运用调水引流、截污治污、河湖清淤、生物控制等措施，采取全方位、立体化方式，加强对重要生态保护区、水源涵养区、江河源头区和湿地保护区的保护和修复，打造绿色长廊，涵养水源。推进水土综合治理与生态修复，统筹规划建设沿江沿河绿化带、小流域生态保护区、生态旅游区，构建绿色生态人文环境等。

9.4.1.6　加强水利工程建设中的生态保护

强化水利工程建设与生态系统保护和谐发展的目标，改变以往单纯强调水利工程建设带来的经济效益而忽视工程建设对生态系统影响的观念，科学编制水利工程建设规划，在水利工程建设过程中突出对生态环境的保护，加强生态技术护岸护坡等措施以及实施严格的河湖治理与管理制度，构建水利工程建设与生态系统保护和谐发展的新局面。

9.4.1.7　提高水资源保障和支撑能力

水资源安全保障是水生态文明建设的根本目标。在功能上，要强化防洪保安及供水安全保障能力；在工作上，实施水务一体化管理，加强政府引导作用，引入市场推动机制，同时强调科技创新支撑及法治政策保障。将资源消耗、环境损害、生态效益纳入经济社会发展评价体系，建立体现生态文明要求的目标评价体系，形成适应水生态文明理念要求的制度体系，保障水生态文明建设的顺利实施与推进。

9.4.1.8　广泛开展水生态文明宣传教育

水生态文明是水环境和水生态不断改善的体现，需要社会各界和广大民众共同参与才能取得实效，需要全面加强社会伦理、道德与文化建设，使人民群众自觉参与水生态文明建设实践。营造和创新水文化氛围，传播与弘扬水文化，广泛引导全社会参与建设生态文明社会和水生态文明城市。通过水生态文明宣传教育，增强全面节约意识、环保意识、生态意识，营造爱护生态环境的良好社会风气，让水生态文明理念深入人心。

9.4.2　流域水生态治理与公众生态保护意识

9.4.2.1　提高公众生态保护意识

治理水污染，保护水环境，需要不断加强对流域内公众的生态文明教育，提高他们的生态文明意识，从而把公众保护和改善环境的积极性充分调动起来，增强他们的环境责任感。

环境教育是提高公众环保意识水平的重要途径。首先，根据不同的社会阶层选择适当的环境教育内容和方式。环保意识受地区、民族、职业、性别、文化程度等个体因素影响较大，差异十分显著。一般教师、学生和城市居民的环保意识水平较高，农民、商人和乡镇企业工人的环保意识水平较低。因此，环境教育过程中应注意不同的社会阶层要选择不同的教育内容和方式，使各阶层都能对环保的各项方针政策、法律法规及标准有深入的了解，对环保科学知识有一定的掌握，深刻领会生态文明的内涵。其次，采用多种形式开展流域内的宣传教育活动。提高公众的环保意识除进行教育外，还必须充分利用宣传手段，运用广播、电视、网络、报纸、杂志、广告牌等一切可以利用的大众传媒大力宣传环境与资源保护的方针政策，对一些热点环境事件进行及时准确地报道；向公众发放一些环境宣教资料；到一些偏远山区农村播放环保宣传教育录像和电影等，力争使环保宣传深入到社会的每个角落，最大限度地强化公众的生态和环保意识。还可以利用"地球日"、"世界环境日"等一些纪念日开展形式多样、内容丰富多彩的多层次、大范围的环境宣传教育活动。及时宣传流域内环境保护过程中涌现的先进典型事迹，通过树立典型，引导公众自觉保护生态环境，形成良好的环境卫生和符合环境保护要求的生活和消费习惯。弘扬生态文明，适时地构建生态文化，让环境保护成为人们日常生产生活中的自觉行为。

9.4.2.2 凸显民间生态保护组织的作用

环境的公共性、环境问题的公害性和环境保护公益性决定了环境保护一开始就需要公众的参与。从 20 世纪 50～60 年代起，随着生态环境不断的恶化，世界各国的民众纷纷开展环境保护的运动，自发地成立了非政府环境保护组织，这些民间的环保组织在保护环境的活动中发挥了巨大的推动作用。具体表现如下。

（1）对公众进行环保知识、环境意识宣传教育。民间环保组织通过出版书籍、印刷资料、建立环保网站等各种方式开展环保宣传活动。

（2）开展保护自然生态环境的专项活动。许多民间环保组织都在进行植树绿化、水质净化、大气污染控制、社区环境保护、资源回收再利用、保护生物多样性等活动。

（3）进行关于环境保护新技术的开发研究。有些民间环保组织集中了一批学术领域的权威和精英，他们通过开展相关学科和技术的研究和开发，积极推进了环境保护科学技术的发展。

（4）维护环境破坏受害者的合法权益。民间环保组织根植于民间，他们利用自己的法律优势和技术优势，为维护社会公众的环境权益提供帮助。

（5）开展社会监督。作为一种民间力量，对政府与企业的环境责任开展社会监督，参与环境决策，积极建言献策。

（6）推动环境法的发展。民间环保组织活动的开展，公众环保呼声的高涨，都将在一定程度上促使政府完善环境相关法律。

（7）在全球范围内进行环保交流活动。通过举办各种形式的研讨会、经验交流会来获取各国先进的环保经验。

9.4.2.3 建立科学的决策和责任体系

（1）建立水生态文明建设决策体系。需要改变长期以来水利在社会经济发展中的从属地位，将水资源消耗、水环境损害、水生态效益等纳入推动经济社会发展日常工作的前期准备、方案分析、实施推进、事后评估等决策全过程中，建立体现水生态文明要求的工作目标体系和决策体系。组织编制国家与重点区域的水生态文明建设规划，加强与国家主体功能区规划提出的优化开发、重点开发、限制开发和禁止开发等要求的衔接，推动水生态文明建设逐步走上日常化、规范化、制度化道路。

（2）改革领导干部政绩考核制度。考核机制是促使领导干部转变观念、优化行政治理行为的指挥棒，对水生态文明建设具有重要保障作用。迫切需要建立各级领导干部的水生态文明绩效档案，每年组织相关人员进行集中评绩，全面准确记录领导干部职责范围内涉及水生态文明建设的工作实际，切实把工作绩效与干部奖惩、提拔任用有机结合起来，充分激发领导干部推进水生态文明建设的主动性和创造性。

9.4.2.4 完善有效的执行和管理机制

（1）按照“五位一体”主体布局要求，在水生态文明建设中适时推进现有水法规体系的调整。如对《中华人民共和国水法》可在以下几方面考虑修订：在水资源战略规划中明确要求建立水生态文明规划；在水资源开发、利用中，必须要考虑生态环境用水需求；在城市规划编制、重大建设项目布局论证中，要增加规划水资源论证；在水功能区管理上，明确将限制排污总量意见作为环保部门实施入河湖污染物减排计划的重要依据；在法律责任中，借鉴《道路交通安全法》的做法，增加对各级政府在水生态文明建设中“不作为”应承担的法律责任认定与处罚方式等。

（2）按“源头严防”、“过程严控”、“事后严惩”的原则建立水生态文明制度体系。第一，在源头上，试点推进区位准入制度，建立以绿色核算和生态创新为核心的区位准入规范，建立投资激励和保护制度，推动区域产业结构优化升级；第二，在过程中，创新水域生态空间用途管制，探索建立水域生态空间规划，建立水资源与水环境承载能力监视预警机制，在当前用水总量控制红线之内确定“水资源-水环境承载能力红线”；第三，在事后管控上，结合最严格水资源管理制度责任落实情况，建立针对领导干部任期内的水生态环境损害责任终身追究制度，实行损害赔偿制度，建立损害鉴定评估机制和生态赔偿监管机制。

9.4.2.5 充分发挥市场机制的重要作用

按照体现市场供求关系、资源稀缺程度、生态产品公平分配的原则，利用经济杠杆倒逼节水习惯，倒逼产业结构升级，转变用水方式，转变经济发展方式，形成节约集约生态型经济结构，提高水资源配置效率和利用效率。

（1）积极推进水权交易试点，培育水市场。在进一步落实明确初始水权分配制度的基础上，推动并规范跨区域、跨行业、多用户间的水权交易实践，加快完善水权交易规则与定价机制；探索缴纳水资源使用权有偿出让金制度，选择试点地区逐步推进水权交易市场建设。

（2）加快推进水价形成机制改革。逐步建立科学合理的，充分反映市场供求、水资源稀缺程度、生态环境损害成本与修复效益等各项要求的水价形成机制；积极推行居民生活用水阶梯式水价；对非居民用水合理确定不同级别的水量基数及其比价关系，对超计划用水实行累进加价。

（3）探索建立流域、区域间的水生态补偿机制。根据水生态系统服务价值、水生态保护成本、发展机会成本，综合运用行政和市场手段，建立多渠道的水生态补偿融资机制，建立水生态补偿基金。对于生态脆弱区、江河源头区、水源涵养区、湿地保护区等生态产品受益不明确的区域，由中央或地方政府代表较大范围的生态产品受益者，通过财政负担大部分生态补偿费用，其余由生态补偿基金负担；对于重点河流省界断面、大型水利工程水生态保护等生态产品受益比较明确的区域，按照“谁受益、谁补偿”的原则，试点并实行地区间、流域上下游之间的横向水生态补偿制度。

（4）加快培育水利新兴产业。一方面，要提高传统产业层次升级，推进污水处理回用等非常规水源的开发利用，尽快开展将再生水、淡化海水等纳入水资源配置的试点工作，以水资源优化配置促进工业等用水结构转化，加快推进农业、居民生活等节水技术推广应用，促进农业与居民用水的集约节约利用；另一方面，要大力培育新兴产业，结合新型城镇化发展战略，充分发挥水系的引擎带动功能，统筹山水资源，打造亲水景观与滨水城市，促进新型旅游业和房地产的发展，带动地方财政增收。

9.4.2.6 积极构建第三方约束机制

建立生态补偿机制是推进水生态文明建设的重要内容。而水质监测等基础信息是水生态补偿机制建立的关键考核依据。但目前水质监测等依然存在水利、环保两个管理主体，站所布置、监测指标等不统一，对水生态补偿的成效影响较大。可依托有资质的科学研究机构、社会检测公司等独立第三方机构，建立水质监测结果核定等的社会化运营模式。一方面，加强监测数据校核，确保数据客观公正并及时报送政府有关部门审定；另一方面，作为生态产品的提供者和受益者的监督方，发挥中立的第三人作用，为水生态补偿合约双方按规履约提供外部约束。

9.4.2.7 加大公众参与力度

保护水生态环境离不开人民群众的共同参与，必须坚持走群众路线，请群众参与、受群众监督、由群众评判、让群众认可。要综合运用多种传媒工具搭建水生态文明建设信息平台，健全信息公开发布机制、社会监督机制，建立违法违规信息举报渠道，加大水利信访中对水生态文明情况反映的处置力度；通过公开评议、个别访谈、问卷调查等方式，充分了解群众对领导干部在水生态文明建设方面执政的认可度，把公众满意度作为领导干部考核的依据之一；开展全民水生态保护科普宣传，大力倡导节水减排，切实增强全民节约意识、环保意识、生态意识，牢固树立水生态文明观念，逐步形成合理的科学的生产生活方式，进而把节约水资源、保护水生态环境落实到行动上和实践中。

9.4.3 松辽流域水生态文明建设内容与要求

9.4.3.1 水生态文明建设重要内容与要求

水资源、水环境、水文化是水生态文明建设的重要内容。水生态文明要求在水资源的开发利用中具有科学的水生态发展意识，健康有序的水生态运行机制，和谐的水生态发展机制，全面、协调、可持续发展的态势。

9.4.3.2 松辽流域水生态文明内容现状

1. 水资源

松辽流域 1956～2000 年多年平均径流量为 1703.73 亿 m^3，近 10 年地表水资源量平均值为 1497.39 亿 m^3，与我国华北、西北地区相比，水资源是比较丰沛的。但人均水资源量在 1600m^3 左右，比全国人均水资源量少。黑龙江省、吉林省和辽宁省人均水资源量分别为 1802m^3、1396m^3 和 815m^3。东北地区水资源的空间分布极不均匀，呈现“北多南少、东多西少、边缘多、腹地少”的特点。中华人民共和国成立以来东北地区水利事业蓬勃发展，2000 年东北地区农田有效灌溉面积已达到 5.93 万 km^2，农业生产在全国具有重要地位，社会经济用水持续增长，由 1980 年的 351 亿 m^3 增加至 2000 年的 599 亿 m^3，水利为东北老工业基地和农业生产提供了有力的保障。但由于忽视了生态与环境的保护，使中西部地区生态环境受到严重损害。西部地区河湖干枯、地下水超采，造成严重的生态与环境危机；中部地区城市化和工业化发展，地表水源不足，导致地下水超采、废污水大量排放，河水污染严重，形成恶性循环。

2. 水环境

水环境污染是当前东北地区的最大环境问题，也是过去建设老工业基地中遗留的重大问题。根据中国工程院发布的《东北地区有关水土资源配置、生态与环境保护和可持续发展的若干战略问题研究综合报告》，“东北地区水环境污染主要表现有四：一是松辽流域内松花江及辽河水污染严重，流域水质呈恶化趋势；二是部分饮用水源地水质不达标；三是浅层地下水普遍受到污染且超采严重；四是渤海海域受陆源污染影响，近岸污染加重，赤潮面积逐年增大”。近年来东北地区水质达标建设虽取得一定成效，但水环境污染现状仍不容乐观，尤其是辽河流域，水质监测断面大多处于劣V类，水质一直较差。防治水环境污染已成为东北地区可持续发展的重要条件。

9.5 松花江流域水生态文明建设展望

9.5.1 东北地区城市水生态文明建设思考

9.5.1.1 水资源

东北地区虽然存在水资源时间、空间分布不均和水质污染等问题，但开发利用潜力依然巨大。黑龙江干流、乌苏里江等国际河流开发利用率极低，大量水资源流出境外。

因此水生态文明城市建设在水资源方面，应以生态文明理念为指导，在开发利用水资源时首要考虑环境需水和生态需水，在保证生态环境基本需要的前提下，从生产力布局和发展方向入手，合理配置经济发展用水，做到社会经济发展与当地自然环境相协调。

城市内工业和人口生活用水重点放在节水和治污两个方面，严格限制建设高耗水和高污染工业项目，大力推广节水工艺、节水技术和节水设备，加大中水回用力度，通过市场机制和经济手段，调动用水户的节水积极性。加大城镇生活污水处理和回用力度，在建设污水处理系统的同时，建设污水回用系统，逐步建立卫生用水和其他生活用水分开供应的体系和机制。全面推行节水型用水器具，逐步淘汰耗水量大、漏水严重的老式器具，提高生活用水效率。加大雨水等非常规水源的利用，全面推进节水型社会的建设。农业要合理控制发展规模，充分考虑生态环境用水要求。

松花江流域水资源开发利用程度较低，尤其是国际河流，可以利用综合水利工程，对国际河流丰富的水资源进行调引，用于流域城市发展。另外，对于泡沼丰富的地区，可以试点开展河湖连通工程，在提高对洪水的调控能力的同时提高区域可用水资源总量。

9.5.1.2 水环境

将东三省的大城市作为水环境污染治理重点，对城市排污口进行整治，减少废水污染物排放量，改善河流水质，适当实施重点河段疏浚清淤工程，治理内源污染。经济发达的大中城市密集地区，人口众多、工矿企业繁多，是东北地区内用排水大户，未来该区仍占据着流域内经济龙头地位。重点对区内工业行业、城市排污口进行整治，并建设中水回用工程，减少废水排放量；对大型灌区进行治理，控制面源污染，减少污染物入河量，确保实现水功能区水质目标。对沿河城市，根据地理区位及其水环境现状，重点进行河道生态工程建设，包括河流湿地建设及河岸保护工程等。主要支流口建设小型湿地，净化水质、改善水环境。

9.5.1.3 水文化

东北地区的滨江城市具有得天独厚的自然地理条件，应该依托地理区位优势，形成夏季湖光山色、清凉解暑，冬季雾凇、冰灯、雪景的城市文化。将水文化内容与城市规划建设相衔接，依托沿江、沿河水景观的建设，打造城市水文化形象。

9.5.2 松花江流域水生态文明的建议

改革开放以来松花江流域的经济得到了飞速的发展，但经济的发展造成了松花江流域水生态环境日益恶化，生态环境的恶化又反过来严重阻碍了本流域经济社会的发展。松花江流域环境污染的治理、环境的修复已迫在眉睫。松花江流域的水生态文明的建设是一个系统而复杂的工程，对生态文明提出以下几点建议。

（1）加快推进水生态文明建设顶层设计，注重城乡统筹发展和水文化传承。

立足于国家治水思路和城乡公共服务均等化需求，充分考虑我国长期以来的水文化传承需求，研究提出现阶段大力推进水生态文明建设的总体方案、基本原则、目标任务，并根据不同区域特点提出分区发展战略，设计分阶段实施方案，制订我国水生态文明建设发展规划。

（2）加快推进水生态文明建设的法制化进程，完善政策与制度体系。

开展水生态文明建设立法研究；分析我国推进水生态文明建设的政策需求，研究制订大力推进水生态文明建设的优惠扶持政策；研究制订最严格水资源管理三条红线控制目标下的水生态文明建设考核制度和责任机制；研究水生态文明建设保障机制和措施。

（3）依托循环经济发展理念，拓展绿色经济产业链，逐步推进水生态文明建设。

水生态文明建设要取得良性发展，不仅要靠“事前管理”和“事后严惩”等行政手段，更需要与优势产业经济互补结合，利用经济的手段提升水生态文明建设的吸引力和亲和力，大力探索积极发展绿色经济、循环经济，走“高技术、高效益、低耗水、低排水”的产业化发展道路。建议地方各级人民政府加大循环经济试点示范园区（企业）建设力度，在产业层面上促进水资源的提质增效，为水生态环境减压减负。

（4）加快制定水生态文明建设试点示范区（或城市）的工作推进方案。

在目前已经开展水生态文明城市建设试点工作的基础上，总结经验，制定建设试点效用评价与考核体系、考核办法等；研究制定水生态文明建设试点的工作推进方案与策略。

9.6　海绵城市的内涵、意义及原则

9.6.1　海绵城市的内涵

海绵城市是从城市雨洪管理角度来描述的一种可持续的城市建设模式，其内涵是现代城市应该具有像海绵一样吸纳、净化和利用雨水的功能，以及应对气候变化、极端降雨的防灾减灾、维持生态功能的能力。城市能够像海绵一样，在适应环境变化和应对自然灾害等方面具有良好的“弹性”，下雨时吸水、渗水、蓄水、净水，需要时将蓄存的水“释放”并加以利用。建设海绵城市，即构建低影响开发雨水系统，主要是指通过渗、滞、蓄、净、用、排等技术手段，实现城市良性水文循环，提高对径流雨水的渗透、调蓄、净化、利用和排放能力，维持或恢复城市的“海绵”功能。海绵城市建设应遵循生态优先等原则，将自然途径与人工措施相结合，在确保城市排水防涝安全的前提下，最大限度地实现雨水在城市区域的积存、渗透和净化，促进雨水资源的利用和生态环境保护。在海绵城市建设过程中，应统筹自然降水、地表水和地下水的系统性，协调给水、排水等水循环利用环节，并考虑其复杂性和长期性。

9.6.2 建设海绵城市的意义

9.6.2.1 海绵城市建设有利于解决城市水资源短缺问题

改革开放以来，我国城镇化水平快速提高。2003～2013 年，我国城镇人口由 5.24 亿增到 7.31 亿，城镇化率由 40.53%升到 53.73%。随着城市经济社会发展和人口的增加，许多城市出现水资源短缺问题。目前，全国600 多座城市中有400 多座缺水，110 多座严重缺水。随着城镇化水平的进一步提高，部分城市的水资源供需矛盾将更加突出。研究表明，自然生态系统中 80%的雨水渗透到地下，20%产生径流流走。然而随着城市硬化地面的增多，只有 20%的水能回渗到地下，80%全部流走。通过海绵城市建设，可以实现雨洪资源的有效利用，在一定程度上缓解城市水资源短缺等问题。

9.6.2.2 海绵城市建设有利于减少城市洪涝灾害

我国城市大多数坐落在江河湖海之滨，遭受不同程度洪水、内涝积水和海潮的威胁。由于城镇化过程中城市不透水面积的增加，导致地面径流汇集速度增快，洪峰流量加大，出现时间提前，增加了洪水的灾害性，并常引起城市排水系统的水力超载，导致城市内涝的发生。根据有关统计，目前全国 642 座有防洪任务的城市中仍有 340 座没有达到国家规定的防洪标准，特别是非农业人口 150 万人以上的 34 座特大城市中仅有 7 座能够达到防洪标准。通过海绵城市建设，将防、渗、排、蓄、滞和处理等措施有机结合，能有效减少城市洪涝灾害发生频率和损失。

9.6.2.3 海绵城市建设有利于改善城市生态环境

目前，我国 90%的城市河段受到不同程度污染，约一半城市市区地下水污染比较严重。其中，地面硬化是引发城市生态环境问题的一个重要因素，地面硬化直接减少了城市绿地面积，阻断了雨水补给地下水的途径，使城市地下水水位难以回升，从而加剧了城市的干旱缺水以及地面沉降等问题。雨水降落到建筑物顶层、路面、广场等下垫面上，冲刷其上大量污染物，有时暴雨还造成污水倒灌，进入城市排水系统，排入受纳水体，给城市生态系统造成严重污染。城市地面硬化还会加剧城市热岛效应，加重城市的空气污染。

9.6.3 建设海绵城市的原则

海绵城市建设的基本原则是规划引领、生态优先、安全为重、因地制宜、统筹建设。规划引领城市各层级、各相关专业规划以及后续的建设程序中，应落实海绵城市建设、低影响开发雨水系统构建的内容，先规划后建设，体现规划的科学性和权威性，发挥规划的控制和引领作用。城市开发应保护河流、湖泊、湿地、沟渠等水生态敏感区，优先利用自然排水系统与低影响开发设施，实现雨水的自然积存、渗透、净化和可持续水循环，提高水生态系统的修复能力，维护良好的生态功能。以保护人民生命财产安全和社会经济安全为出发点，综合采用工程和非工程措施提高低影响开发设施的建设质量和管理水平，消除安全隐患，增强防灾减灾能力，保障城市水安全。根据本地自然地理条件、水文地质特点、水资源状况、降雨规律、水环境保护与内涝防治要求等，合理确定低影响开发控制目标与指标，科学规划布局和选用下沉式绿地、植草沟、雨水湿地、多功能调蓄等系统。地方政府应结合城市总体规划和建设，在各类建设项目中严格落实各层级相关规划中确定的低影响开发控制目标、指标和技术要求，统筹建设。

9.6.4 国内研究现状

我国面临严峻的城市水安全风险，在做好城市排水的同时，必须转变城市水安全治理思路，顺应自然、运用自然并和谐推进城市开发，积极开展海绵城市规划建设。海绵城市在规划建设领域属于全新概念，源于城市排水（雨水）防涝和雨洪利用等，又是城市水安全的中枢机制，在理论认识、把握、适应、运用和发展等方面还处于摸索阶段。

2010 年到 2015 年 1 月，中共中央、国务院及相关部委发布累计 13 项与城市排水防涝、城市节水和雨洪利用的政策，水利部、国务院（办公厅）、住房和城乡建设部、发展改革委员会和环境保护部等单位先后针对城市内涝、城市排水防涝、气候变化和低影响开发雨水系统构建等研究或相关政策。

2014 年 2 月，《住房和城乡建设部城市建设司 2014 年工作要点》提出建设海绵型城市的新概念，计划编制《全国城市排水防涝设施建设规划》，并督促各地加快雨污分流改造，大力加快研究建设海绵型城市的政策措施。

2014 年 11 月，《住房和城乡建设部关于印发海绵城市建设技术指南——低影响开发雨水系统构建（试行）的通知建城函〔2014〕275 号》，住房和城乡建设部将组织设市城市、县、区开展海绵城市建设试点示范工作，以点带面。提出了低影响开发的理念、低影响开发雨水系统构建的规划控制目标分解、落实及其构建技术框架；应遵循“规划引领、生态优先、安全为重、因地制宜、统筹建设”的基本原则，统筹建设低影响开发雨水系统、城市雨水管渠系统、超标雨水径流排放系统，从对城市原有生态系统进行保护、生态恢复、低影响开发等方面着手实施。

2014 年年底，国家三部委（财政部、住房和城乡建设部、水利部）联合发文，利用中央财政资金开展海绵城市建设的顶层政策设计，包括资金资助办法、试点申报流程和实施方案等。

9.6.5 海绵城市建设关键技术

海绵城市建设的主要工程材料与技术包括：①城市水文监测预报系统；②暴雨计算与雨洪计算模型；③生态园林规划与工程设计；④下沉式绿地及城市湿地公园规划设计；⑤耐水蚀、吸附净化能力强的植物材料；⑥城市污水管网、排水防涝工程与材料；⑦透水件铺装与保水建筑材料；⑧绿地汇聚雨水、蓄洪排涝规划设计；⑨中水、再生水等非常规水源利用技术；⑩补充地下水回灌技术；⑪城市热岛效应与人工增雨技术；⑫滨海城市的海水利用，包括冷却与淡化技术；⑬海绵城市生态、环境净化等效应计算技术；⑭生态经济综合效益的评估技术。

9.6.6 黑龙江省海绵城市建设展望

根据财政部、住房和城乡建设部、水利部《关于开展中央财政支持海绵城市建设试点工作的通知》（财建〔2014〕838 号）和《关于组织申报 2015 年海绵城市建设试点城市的通知》（财办建〔2015〕4 号），财政部、住房和城乡建设部、水利部组织了 2015 年海绵城市建设试点城市评审工作。根据竞争性评审得分，排名在前 16 位的城市进入 2015 年海绵城市建设试点范围，名单如下（按行政区划序列排列）：迁安、白城、镇江、嘉兴、池州、厦门、萍乡、济南、鹤壁、武汉、常德、南宁、重庆、遂宁、贵安新区和西咸新区。通过海绵城市的规划、建设和管理，为我国弹性城市建设积累经验和教训，提高我国城镇化进程中的城市建设能力，增强城市雨洪管理能力做出良好的示范。

因此，黑龙江省海绵城市建设的认识主要有以下几个部分。

（1）现状调研分析。通过松花江流域自然气候条件（降雨情况）、水文及水资源条件、地形地貌、排水分区、河湖水系及湿地情况、用水供需情况、水环境污染情况调查，分析城市竖向、低洼地、市政管网、园林绿地等建设情况及存在的主要问题。

（2）制定控制目标和指标。根据松花江流域环境条件、经济发展水平等，因地制宜地确定适用于松辽流域的径流总量、径流峰值和径流污染控制目标及相关指标。

（3）建设用地选择与优化。优先考虑使用松辽流域河湖水系、自然坑塘、废弃土地等用地，借助已有用地和设施，结合城市景观进行规划设计，以自然为主，人工设施为辅。严禁城市规划建设中侵占河湖水系，对于已经侵占的河湖水系，应创造条件逐步恢复。

（4）低影响开发技术、设施及其组合系统选择。结合松辽流域气候、土壤、土地利用等条件，选取适宜当地条件的低影响开发技术和设施，主要包括透水铺装、生物滞留设施、渗透塘、湿塘、雨水湿地、植草沟、植被缓冲带等。恢复开发前的水文状况，促进雨水的储存、渗透和净化。合理选择低影响开发雨水技术及其组合系统，包括截污净化系统、渗透系统、储存利用系统、径流峰值调节系统、开放空间多功能调蓄等。

（5）设施布局。根据松辽流域内排水分区，结合项目周边用地性质、绿地率、水域面积率等条件，综合确定低影响开发设施的类型与布局。应注重公共开放空间的多功能使用，高效利用现有设施和场地，并将雨水控制与景观相结合。

9.6.7 黑龙江省水生态监测展望

结合松辽流域水环境监测站网分布特点，同时考虑入河排污口实际分布情况、现有水文站和省界水体水质监测断面的分布、水生态监测对环境要求、省界及干支流关系等情况，逐步启动水生态监测工作，并计划在松辽流域布设39个水生态站点（松花江区域布设监测站点22个），在2020年监测3个，2030年达到全部监测。松花江区域水生态监测站点情况详见表9-1。

表9-1 松花江区域水生态站点信息表

序号	站名	所在功能区	开展监测时间	备注
1	尼尔基水库	嫩江尼尔基水库调水水源保护区	2020年	先开展浮游植物监测，逐步扩项
2	88号照	松花江黑吉缓冲区	2020年	先开展浮游植物监测，逐步扩项
3	同江	松花江同江市缓冲区	2020年	先开展浮游植物监测，逐步扩项
4	石灰窑	嫩江黑蒙缓冲区1	2030年	监测藻类、鱼类、大型底栖动物和流域沉积物等
5	小兴凯湖	—	2030年	监测藻类、鱼类、大型底栖动物和流域沉积物等
6	柳家屯	甘河保留区	2030年	监测藻类、鱼类、大型底栖动物和流域沉积物等
7	萨马街	诺敏河蒙黑缓冲区	2030年	监测藻类、鱼类、大型底栖动物和流域沉积物等
8	江桥	嫩江黑蒙缓冲区3	2030年	监测藻类、鱼类、大型底栖动物和流域沉积物等
9	兴鲜	阿伦河蒙黑缓冲区	2030年	监测藻类、鱼类、大型底栖动物和流域沉积物等

续表

序号	站名	所在功能区	开展监测时间	备注
10	金蛇湾码头	雅鲁河蒙黑缓冲区	2030 年	监测藻类、鱼类、大型底栖动物和流域沉积物等
11	讷谟尔河入嫩江河口	讷谟尔河讷河市农业用水区	2030 年	监测藻类、鱼类、大型底栖动物和流域沉积物等
12	两家子水文站	绰尔河黑蒙缓冲区	2030 年	监测藻类、鱼类、大型底栖动物和流域沉积物等
13	三岔河（马克图）	嫩江黑蒙缓冲区	2030 年	监测藻类、鱼类、大型底栖动物和流域沉积物等
14	林海	洮儿河蒙吉缓冲区	2030 年	监测藻类、鱼类、大型底栖动物和流域沉积物等
15	月亮湖水库	洮儿河镇赉县、大安市渔业和农业用水区	2030 年	监测藻类、鱼类、大型底栖动物和流域沉积物等
16	霍林河入嫩江河口	霍林河前郭县渔业用水区	2030 年	监测藻类、鱼类、大型底栖动物和流域沉积物等
17	板子房	拉林河吉黑缓冲区 2	2030 年	监测藻类、鱼类、大型底栖动物和流域沉积物等
18	肖家船口	细鳞河吉黑缓冲区	2030 年	监测藻类、鱼类、大型底栖动物和流域沉积物等
19	牡丹江 1 号桥	牡丹江吉黑缓冲区	2030 年	监测藻类、鱼类、大型底栖动物和流域沉积物等
20	松花湖上游	第二松花江松花江三湖保护区	2030 年	监测藻类、鱼类、大型底栖动物和流域沉积物等
21	松花湖中游	第二松花江松花江三湖保护区	2030 年	监测藻类、鱼类、大型底栖动物和流域沉积物等
22	松花湖下游	第二松花江松花江三湖保护区	2030 年	监测藻类、鱼类、大型底栖动物和流域沉积物等

参 考 文 献

国家环境保护总局. 2002. 水和废水监测分析方法. 北京：中国环境科学出版社.

国家环境保护总局(水生生物监测手册)编委会. 1993. 水生生物监测手册. 南京：东南大学出版社.

胡鸿钧，魏印心. 2006. 中国淡水藻类——系统、分类及生态. 北京：科学出版社.

黄祥飞. 2000. 湖泊生态调查观测与分析. 北京：中国标准出版社.

蒋燮治，堵南山. 1979. 中国动物志　节肢动物门　甲壳纲　淡水枝角类. 北京：科学出版社.

金春久. 2013. 松花江流域现代水资源保护管理的理念、水质模型系统与实践. 北京：中国水利水电出版社.

金相灿. 2013. 湖泊富营养化控制理论、方法与实践. 北京：科学出版社.

李魁晓，顾继东. 2005. 红树林细菌 *Rhodococcus ruber* 1K 降解邻苯二甲酸二丁酯的研究. 应用生态学报，16（8）：1566-1568.

李文杰，张时煌. 2010. GIS 和遥感技术在生态安全评价与生物多样性保护中的应用. 生态学报，30（23）：6674-6681.

李小平，程曦，陈小华，等. 2013.湖泊学. 北京：科学出版社.

刘瑞民，杨志峰，丁晓雯，等. 2006. 土地利用/覆盖变化对长江上游非点源污染影响研究. 环境科学，27（12）：2407-2414.

刘永，邹锐，郭怀成，等. 2012. 智能流域管理研究. 北京：科学出版社.

缪灿，李堃，余冠军. 2011. 巢湖夏、秋季浮游植物叶绿素 a 及蓝藻水华影响因素分析. 生物学杂志，28（2）：54-57.

孟伟，张远，渠晓东，等. 2011. 河流生态调查技术方法. 北京：科学出版社.

沈韫芬，章宗涉，龚循矩，等. 1990. 微型生物监测新技术. 北京：中国建筑工业出版社.

唐克旺，王妍，龚家国，等. 2013. 水生态系统保护与修复标准体系研究. 北京：中国水利水电出版社.

唐小平，黄桂林，张玉钧. 2012. 生态文明建设规划：理论、方法与案例. 北京：科学出版社.

王备新，杨莲芳. 2004. 我国东部底栖无脊椎动物主要分类单元耐污值. 生态学报，24(12)：2768-2775.

王崇，王海瑞，徐晓菡，等. 2010. 光照与磷对铜绿微囊藻生长的交互作用. 环境科学与技术，33（4）：35-48.

王家辑. 1961. 中国淡水轮虫志. 北京：科学出版社.

荀尚培，杨元建，何彬方，等. 2011. 春季巢湖水温和水体叶绿素 a 浓度的变化关系. 湖泊科学，23(5)：767-772.

殷福才. 2011. 巢湖富营养化的评价与控制对策研究. 北京：中国环境出版社.

左其亭. 2013. 中国水科学研究进展报告. 北京：中国水利水电出版社.

John D，Robert G. 2003. Freshwater Algae of North America: Ecology and Classification. Boston: Academic Press.

彩　图

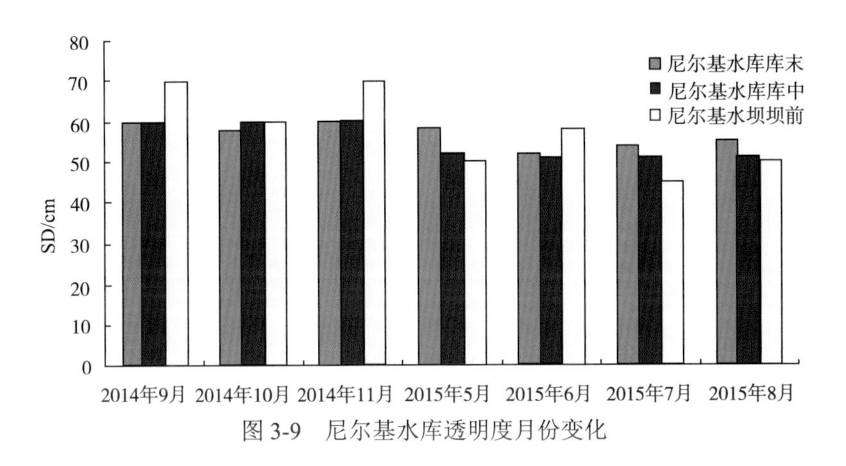

图 3-9　尼尔基水库透明度月份变化

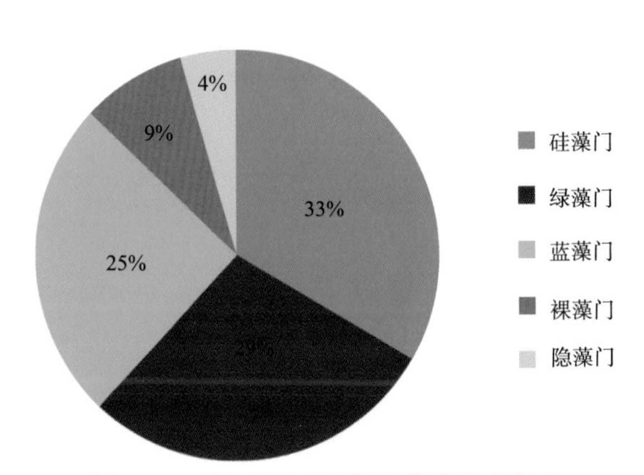

图 3-10　尼尔基水库浮游植物的种类组成

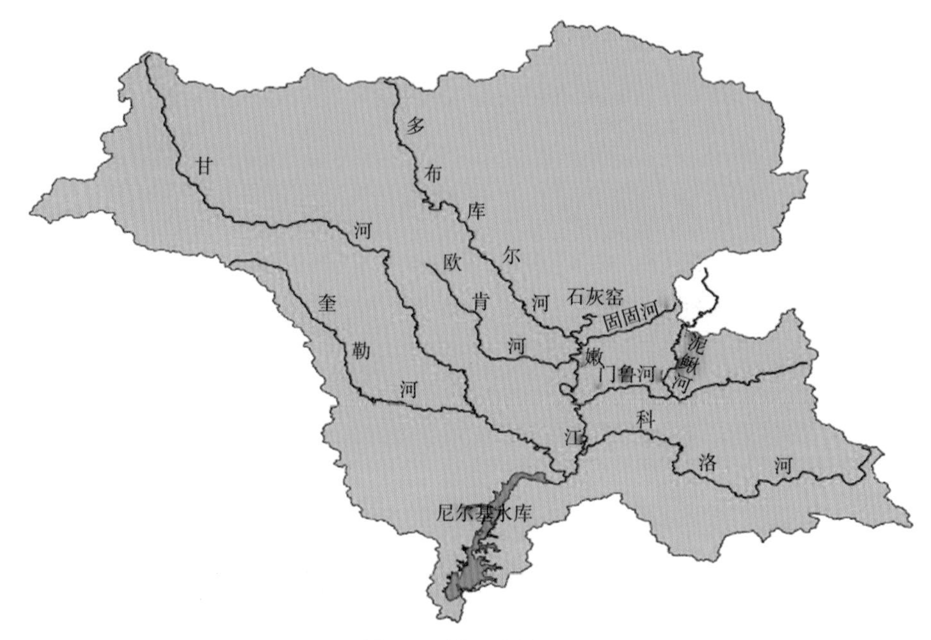

图 5-1　嫩江流域示范区

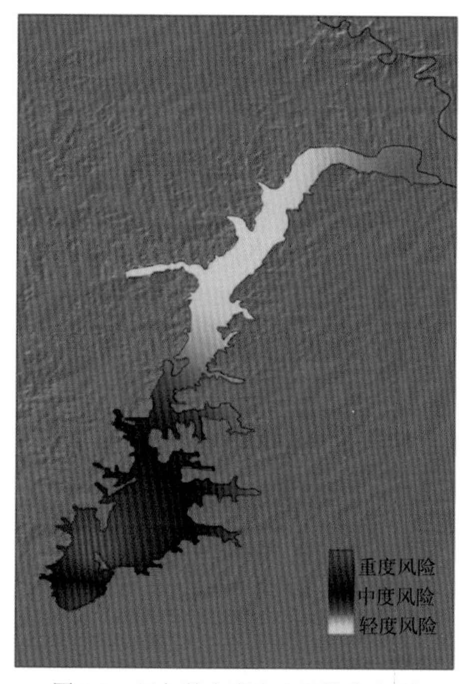

图 5-2　尼尔基水库生态风险分布图

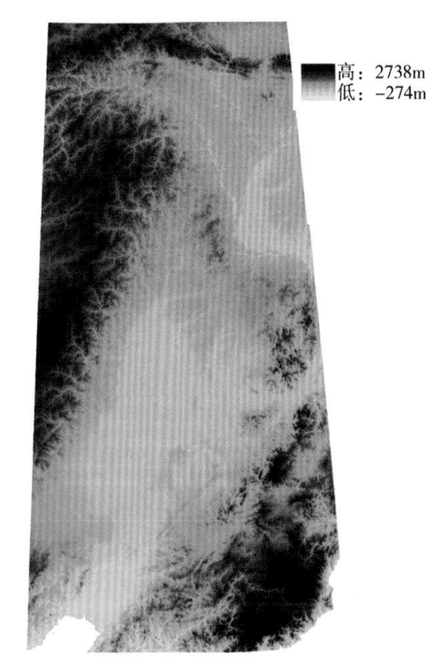

图 5-3　SRTM DEM 高程数据

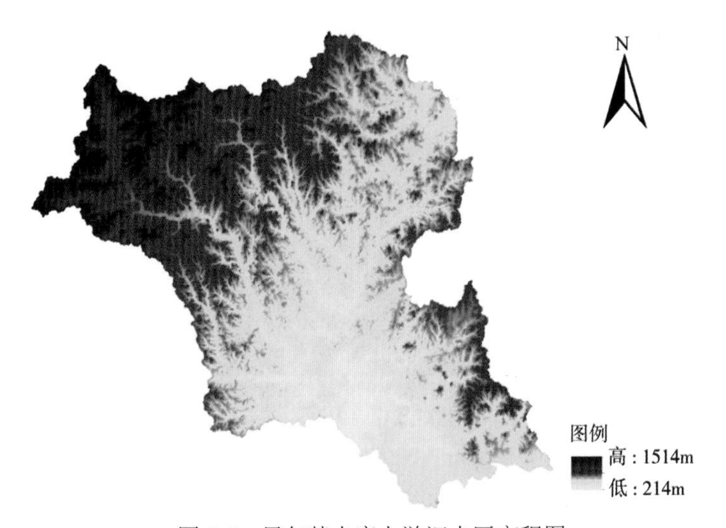

图 5-4　尼尔基水库上游汇水区高程图

图 5-5　各支流汇水区划分

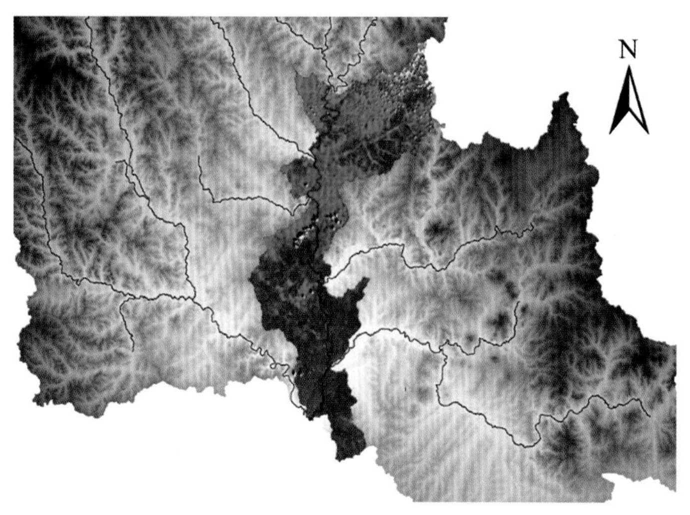

图 5-6　干流汇水区内卫星遥感图片

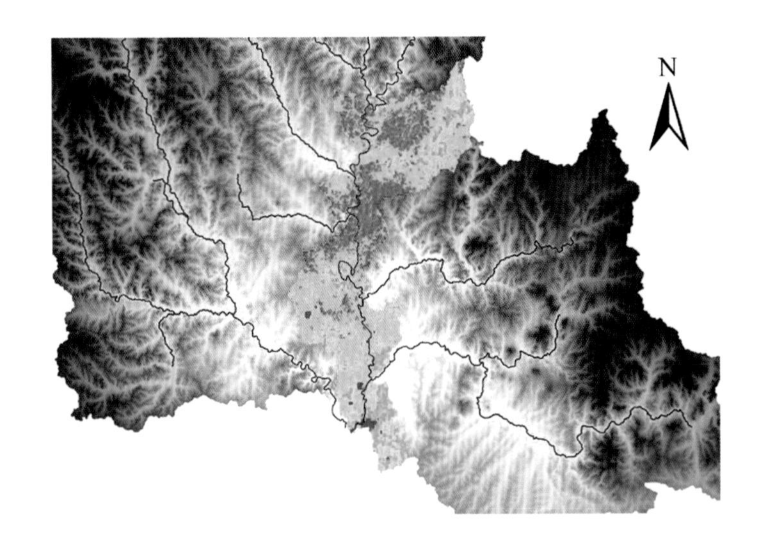

图 5-7　干流汇水区内土地利用情况图

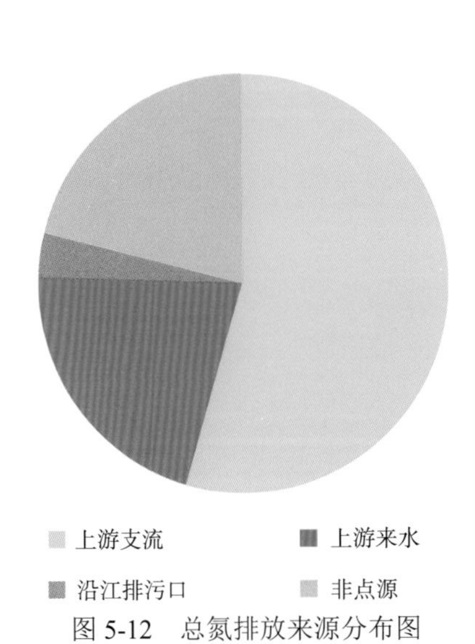

图 5-12　总氮排放来源分布图

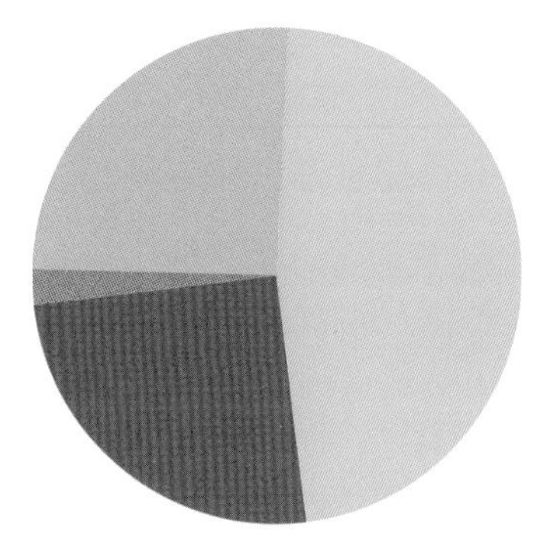

图 5-13　总磷排放来源分布图

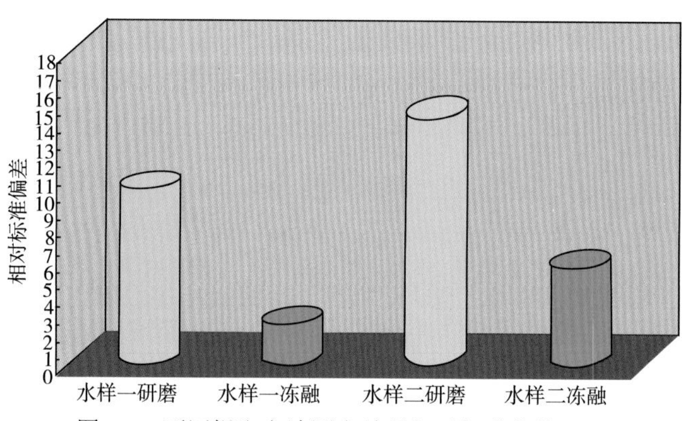

图 7-3　不同提取方法测定结果相对标准偏差对比

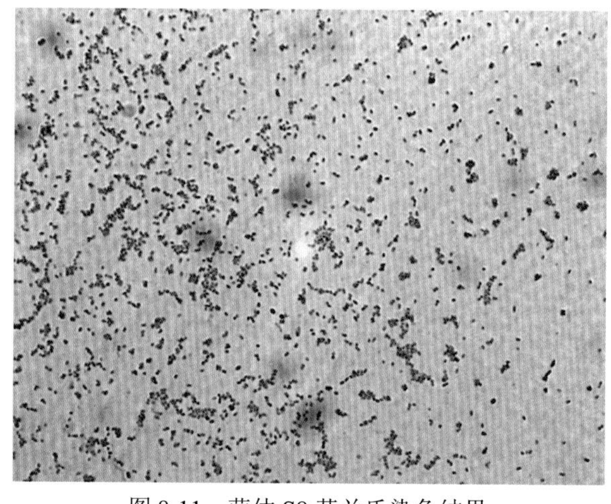

图 8-11　菌体 S8 革兰氏染色结果